21世纪高等学校计算机规划教材

21st Century University Planned Textbooks of Computer Science

Visual FoxPro数据库 程序设计实训教程

Visual FoxPro Programing

朱颖雯 刘粉香 孙勤红 主编

高校系列

人民邮电出版社

北 京

图书在版编目（CIP）数据

Visual FoxPro数据库程序设计实训教程 ／ 朱颖雯，
刘粉香，孙勤红主编. -- 北京：人民邮电出版社，
2014.2
21世纪高等学校计算机规划教材
ISBN 978-7-115-33907-2

Ⅰ. ①V… Ⅱ. ①朱… ②刘… ③孙… Ⅲ. ①关系数
据库系统－程序设计－高等学校－教材 Ⅳ.
①TP311.138

中国版本图书馆CIP数据核字(2014)第017653号

内 容 提 要

本书是根据教育部考试中心最新制定的《全国计算机等级考试（二级 Visual FoxPro 数据库程序设计）考试大纲》编写的，包括 Visual FoxPro 6.0 介绍、程序设计、数据库与表、关系数据库标准语言（SQL）、查询与视图、表单设计与应用、菜单、报表、应用程序的开发与生成、全国等级考试二级 Visual FoxPro 理论题汇总等内容。

书中实践操作知识图文并茂，文字叙述简明扼要，在图上直接标注操作步骤，给读者的学习带来方便，适合读者自主学习；紧密结合考试大纲和对数据库操作的实际应用，重点讲解知识点，同时配套有与全国等级考试真题对应的习题。通过本书的学习，使读者能够在充分掌握 Visual FoxPro 数据库程序设计基础知识的同时，掌握数据库程序设计技术，从而实现教与学的有机统一。

本书可以作为高等学校 Visual FoxPro 相关课程的教学用书和参加全国计算机等级考试(二级 Visual FoxPro 数据库程序设计）考生的参考用书，也可供各类计算机培训班和个人自学使用。

- ♦ 主　　编　朱颖雯　刘粉香　孙勤红
  责任编辑　王亚娜
  执行编辑　张海生
  责任印制　杨林杰
- ♦ 人民邮电出版社出版发行　　北京市丰台区成寿寺路 11 号
  邮编　100164　电子邮件　315@ptpress.com.cn
  网址　http://www.ptpress.com.cn
  北京隆昌伟业印刷有限公司印刷
- ♦ 开本：787×1092　1/16
  印张：18.75　　　　　　　　2014 年 2 月第 1 版
  字数：419 千字　　　　　　2014 年 2 月北京第 1 次印刷

定价：39.80 元
读者服务热线：(010)81055256　印装质量热线：(010)81055316
反盗版热线：(010)81055315

前言

本书是在教育部考试中心最新制定的《全国计算机等级考试（二级 Visual FoxPro 数据库程序设计）考试大纲》的基础上编写的。本书的作者具有较丰富的一线教学经验，长期从事计算机二级语言类课程的教学，在教学方法、教学手段和教学效果上作了较深入的思考。为了让本书更适合教学以及读者的自学，本书编写具有如下显著的特色。

◆ 实践操作以实例为引线，抓住主要知识点并将其串接起来，使读者能在纷繁的知识中迅速抓住主线进行学习。

◆ 实例的题目具有连贯性，由浅入深，由易到难。

◆ 每一章节后配有实训操作题，既考虑到巩固实例教学中介绍的知识点，又不完全是实例的翻版，让读者自行探索，培养其发散思维，能够举一反三。

◆ 操作讲解时图文并茂，文字叙述力求简明扼要，在图上直接标注操作步骤，免去既要看图又要看对应操作步骤与文字叙述的麻烦，适合读者在实践过程中自学。

◆ 为了能够把握重点，对全国等级考试的考点进行了提炼和精简，理论部分配有全国等级考试理论真题汇总，读者可以学完后进行实战练习。

本书第 1 章、第 2 章、第 4 章由刘粉香编写，第 3 章、第 5 章、第 6 章由朱颖雯编写，第 7 章～第 10 章由孙勤红编写。全书由朱颖雯统稿。在本书的编写过程中，苏兆中做了大量工作，提出了很多宝贵的建议，同时顾洪、沈凤仙、杨丽萍、张凤莲等也提出了很多宝贵意见，在此一并表示感谢。

本书可以作为高等学校 Visual FoxPro 相关课程的教学用书和参加全国计算机等级考试（二级 Visual FoxPro 数据库程序设计）考生的参考用书，也可供各类计算机培训班和个人自学使用。

由于编者水平有限，书中如有疏忽错误之处，恳请读者批评指正。

编　者
2013 年 12 月

目录

目
录

3

第 7 章 菜单 ··· 199

第 8 章 报表 ··· 229

第 9 章 应用程序的开发与生成 ······························· 242

初步认识 Visual FoxPro 6.0

1.1　Visual FoxPro 6.0 基本操作

1.1.1　Visual FoxPro 6.0 的启动和退出

1. 启动 Visual FoxPro 6.0 的基本方法

在 Windows 中启动 Visual FoxPro 的方法与运行其他应用程序相同。方法如下。

方法 1：【开始】→【程序】→【Microsoft Visual FoxPro 6.0】→【Microsoft Visual FoxPro 6.0】。

方法 2：双击桌面快捷方式"Microsoft Visual FoxPro 6.0"图标。

2. 关闭 Visual FoxPro 6.0 的基本方法

方法 1：单击"Microsoft Visual FoxPro 6.0"窗口右上角的【×】按钮。

方法 2：在 Visual FoxPro 6.0 的命令窗口中输入"quit"命令。

【例 1.1】使用 Windows 启动栏和关闭按钮，打开和关闭 Visual FoxPro 6.0（VFP6.0）软件。

操作步骤：

（1）在 Windows XP 系统下启动 VFP 6.0 的操作界面如图 1-1（a）所示。

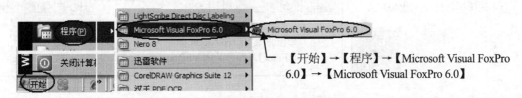

图 1-1（a）在 Windows XP 下启动 VFP 6.0

（2）在 Windows 7 系统下启动 VFP 6.0 的操作界面如图 1-1（b）所示。

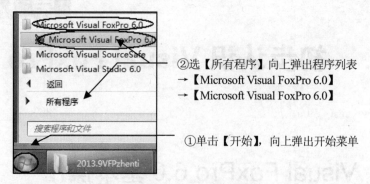

图 1-1(b) 在 Windows 7 下启动 VFP 6.0

（3）启动成功后，进入 VFP 6.0 操作窗口，如图 1-1（c）所示。

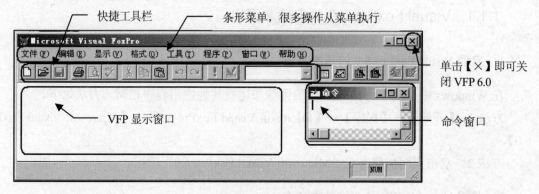

图 1-1（c）VFP 6.0 操作窗口简介

【例 1.2】采用桌面快捷图标和 quit 命令方法，打开和关闭 Visual FoxPro 6.0 软件。

操作步骤：

操作方法如图 1-2 所示。

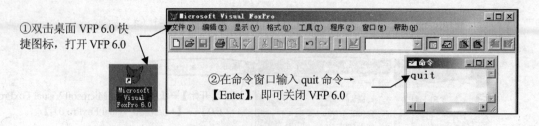

图 1-2　使用快捷图标和 quit 命令打开和关闭 Visual FoxPro 6.0

1.1.2　Visual FoxPro 6.0 主界面介绍

Visual FoxPro 6.0 菜单具有与其他 Microsoft 软件菜单相同的特点，如文件、编辑、帮助等菜单，也有与其他不同的特性。随着当前对象的不同，菜单栏会随之发生变化。

1.　Visual FoxPro 6.0 的默认目录设置

默认目录设置的目的是在进行打开、创建或生成、保存文件等操作时，均会在默认的目录（文件夹）中进行，这样程序运行时能找到相关的文件，保存文件时也不会存在其他的文件夹下。

设置默认目录有两种方法，介绍如下。

【例 1.3】设置默认文件夹为当前考生文件夹下的 ceshi 文件夹。

操作步骤：

设置默认文件夹的操作如图 1-3（a）、（b）所示。

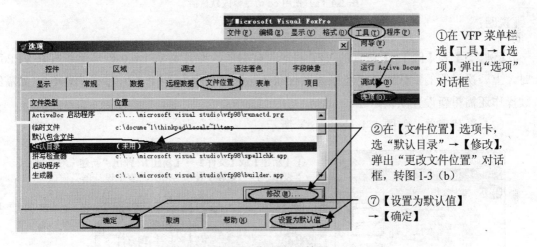

图 1-3（a）打开"选项"对话框

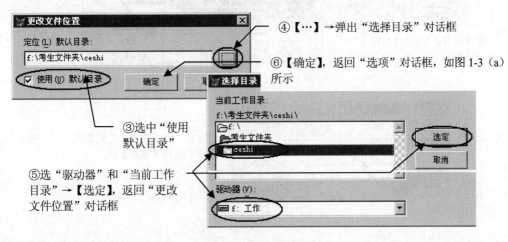

图 1-3（b）修改文件位置

【例 1.4】使用 cd 命令设置当前路径为当前考生文件夹，建立一个表单，并将其保存为 myform.scx（不要做其他任何操作）。

操作步骤：

（1）设置默认路径的操作如图 1-4（a）所示。

①在 Windows XP 系统选"我的电脑"（Windows 7 系统选"计算机"），依次按路径打开考生文件夹，在地址栏选中地址，右击→【复制】或按 Ctrl+C 组合键

②在 VFP 命令窗口中输入 cd ""，光标定位在两个引号之间，右击→【粘贴】或 CTRL+V→【Enter】，运行 CD 命令

图 1-4（a）使用 cd 命令修改默认值

说明：

【例 1.3】和【例 1.4】设置的 VFP 目录是临时的，当关闭 VFP 6.0 后再重新打开 VFP6.0 时，上一次设置的默认路径已还原为系统默认路径（一般为 VFP 6.0 的安装路径），如需继续操作还需重新设置默认路径。

（2）新建表单，如图 1-4（b）、（c）所示。

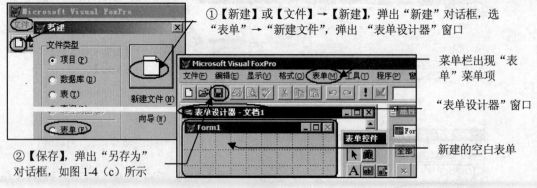

①【新建】或【文件】→【新建】，弹出"新建"对话框，选"表单"→"新建文件"，弹出"表单设计器"窗口

菜单栏出现"表单"菜单项

"表单设计器"窗口

新建的空白表单

②【保存】，弹出"另存为"对话框，如图 1-4（c）所示

图 1-4（b）新建表单

③在"保存表单为"栏输入表单名→【保存】

图 1-4（c）保存表单

2．Visual FoxPro 6.0 的命令窗口

【例 1.5】在命令窗口中，将 3 赋给 x，将 4 赋给 y，最后求 $x+y$ 的值，并在屏幕上显示。

操作步骤：

操作如图 1-5 所示。

③使用【窗口】→【命令窗口】，可将不小心关闭的命令窗口再次打开

①在命令窗口中依次输入图中语句，每输入一行均按【Enter】键运行该语句，并另起一行（问号必须为英文符号）

②在 VFP 窗口显示的是最后一行语句运行结果：7

图1-5 命令窗口的操作

3．Visual FoxPro 6.0 工具栏的调用举例

【例 1.6】使用"布局工具栏"调整表单文件 one.scx 中的 3 个命令按钮的位置为顶边对齐。

操作步骤：

操作如图 1-6（a）、（b）所示。

①【打开】（或【文件】→【打开】），在弹出的"打开"对话框中"文件类型"选"表单"、选中 one.scx 文件→【确定】，弹出"表单设计器"窗口

"表单设计器"窗口

打"√"的表示此工具栏已经调出

②选【显示】→【布局工具栏】，即调出"布局"工具栏，如图1-6（b）所示

图1-6（a） 打开表单，调用布局工具栏

③按住【Shift】键逐一单击 3 个命令按钮（或拖动鼠标框选 3 个命令按钮）

④单击"布局"工具栏的【顶边对齐】

⑤保存表单

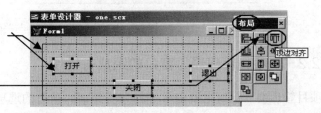

图1-6（b） 设置控件顶边对齐

说明:

关于其他工具栏的使用均可参考本题的方法,在【显示】工具栏中进行调用,不用的时候可以关闭。

1.2 Visual FoxPro 6.0 项目管理器的使用

1.2.1 项目的创建与保存

【例 1.7】在当前文件夹下新建名为 myproject.pjx 的项目文件。

操作步骤:

新建项目文件的操作如图 1-7(a)、(b)所示。

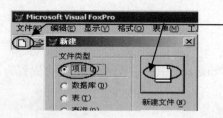
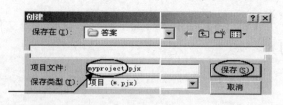

①【新建】或【文件】→【新建】,在弹出的"新建"对话框中选"项目"→【新建文件】,弹出"创建"对话框

②在"项目文件"栏输入文件名→【保存】,弹出"项目管理器"窗口,如图 1-7(b)所示

图 1-7(a) 新建项目

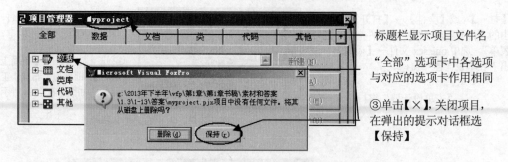

标题栏显示项目文件名

"全部"选项卡中各选项与对应的选项卡作用相同

③单击【×】,关闭项目,在弹出的提示对话框选【保持】

图 1-7(b)项目管理器界面与关闭

1.2.2 "项目管理器"窗口的组成与操作

"项目管理器"窗口主要由 6 个选项卡组成,所有的选项卡都可在"全部"选项卡中找到对应的项,功能是相同的,以下通过例题介绍各选项卡的操作方法。

项目管理器还有其他用途,如添加文件的包含与排除,主文件的设置,设置启动事件循环语句，以及连编成应用程序和可执行程序等，详见第 9 章。

1. "数据"选项卡

"数据"选项卡可以实现的功能主要包括："数据库"、"自由表"和"查询"的新建、添加、修改、运行等操作。

【例 1.8】打开项目 myproject.pjx，然后在该项目中建立一个数据库 mybase。将考生文件夹下的 3 个自由表全部添加到新建的 mybase 数据库中，并将项目中已有的自由表 xuesheng 从磁盘中删除。

操作步骤：

（1）打开项目，在项目中建立数据库，操作如图 1-8（a）所示。

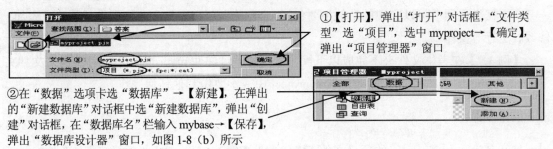

①【打开】，弹出"打开"对话框，"文件类型"选"项目"，选中 myproject→【确定】，弹出"项目管理器"窗口

②在"数据"选项卡选"数据库"→【新建】，在弹出的"新建数据库"对话框中选"新建数据库"，弹出"创建"对话框，在"数据库名"栏输入 mybase→【保存】，弹出"数据库设计器"窗口，如图 1-8（b）所示

图 1-8（a）在项目中新建数据库

（2）在数据库中添加表，操作如图 1-8（b）所示，结果见图 1-8（c）。

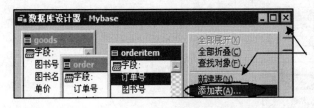

标指向数据库设计器窗口，右击→【添加表】，在弹出的"打开"对话框选中 goods 表→【确定】，同法添加其余 2 表，【×】关闭数据库设计器，返回项目管理器，如图 1-8（c）所示

图 1-8（b） 在数据库中添加表

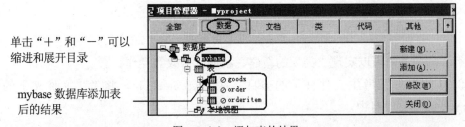

单击"＋"和"－"可以缩进和展开目录

mybase 数据库添加表后的结果

图 1-8（c） 添加表的结果

（3）删除项目中的自由表 xuesheng，操作如图 1-8（d）所示。

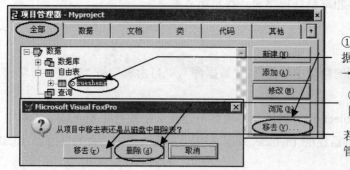

①选"全部"选项卡→"数据"→"自由表"→xuesheng →【移去】，弹出提示对话框

②选【删除】从磁盘中删除该表

若选【移去】，则表仅移出项目管理器，而不会从磁盘删除此表

图 1-8（d） 从项目管理器中删除表

2. "文档"选项卡

"文档"选项卡可以实现的功能主要包括："表单"、"报表"和"标签"的创建、添加、修改、运行等操作。

【例 1.9】在考生文件夹下完成以下操作：打开项目文件 myproject.pjx，并将考生文件夹下的 myform.scx 表单文件添加到项目 myproject 中（不要做其他任何操作）。

操作步骤：

打开名为 myproject.pjx 的项目文件（操作参见【例 1-8】），弹出"项目管理器"窗口。添加表单的操作如图 1-9 所示。

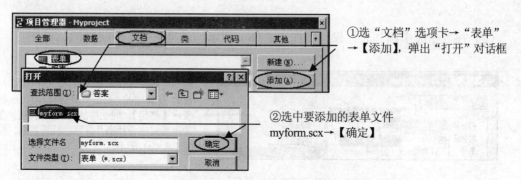

①选"文档"选项卡→"表单"→【添加】，弹出"打开"对话框

②选中要添加的表单文件 myform.scx→【确定】

图 1-9 在项目中添加表单文件

3. "类"选项卡

"类"选项卡中可以实现"类"的新建、添加、修改等操作。

【例 1.10】打开考生文件夹下的项目文件 myproject.pjx，将考生文件夹下的类文件 myclass.vcx 添加到项目中。

操作步骤：

打开项目文件 myproject.pjx（操作参见【例 1-8】），弹出"项目管理器"窗口。添加类的操作如图 1-10 所示。

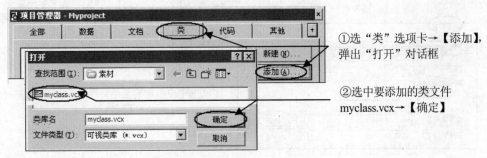

图 1-10　在项目中添加类文件

4. "代码"选项卡

"代码"选项卡中可以实现"程序"、"API 库"和"应用程序"的新建、添加、修改等操作。

【例 1.11】打开考生文件夹下的项目文件 myproject.pjx，项目中已有一个程序文件 one.prg，对其进行修改，由不换行显示修改为每输出一个数换行，并运行程序。

操作步骤：

打开项目文件 myproject.pjx（操作参见【例 1-8】），弹出"项目管理器"窗口。修改程序的操作如图 1-11 所示。

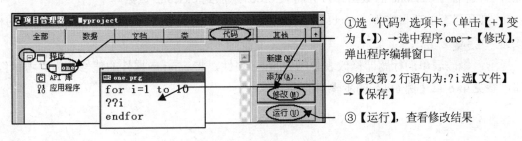

图 1-11　修改程序文件 one.prg

5. "其他"选项卡

"其他"选项卡中可以实现"菜单"、"文本文件"和"其他文件"的新建、添加、修改等操作。

【例 1.12】打开考生文件夹的项目文件 myproject.pjx，添加一个菜单文件 mymenu.mnx 到该项目中。

操作步骤：

打开项目文件 myproject.pjx（操作参见【例 1-8】），弹出"项目管理器"窗口。添加菜单文件的操作如图 1-12 所示。

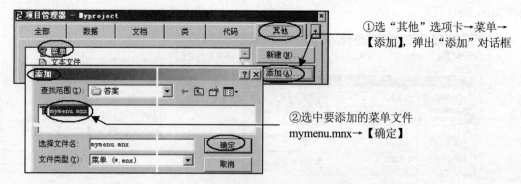

图 1-12　在项目管理器中添加菜单文件

练习 1.2

1．新建项目文件 myproject.pjx，添加自由表 orderitem 到项目中。

2．打开已有的项目文件 project_one.pjx，在项目中新建程序文件 one.prg，要求在屏幕上输出"你好"，并运行。

提示：在屏幕上输出"你好"的语句是：?　"你好"（必须是英文问号和引号）。

3．打开已有的项目文件 project_one.pjx，将项目中的自由表 goods 移去（不是从磁盘中删除），新建名为 baseone 的数据库，并将表 order 添加到 baseone 数据库中。

4．打开已有的项目文件 project_one.pjx，修改其中的表单文件 myform.scx，将表单的标题改为"考试"。

提示：修改表单的标题即修改表单的 caption 属性，将 caption 属性的值修改为"考试"，操作可参见第 6 章【例 6-4】的步骤（2）。

第 2 章

程序设计

2.1　常量与变量

常量代表一个具体的、不变的值，变量用于存储数据，一个变量在不同的时刻可以存放不同的数据。

2.1.1　常量

常量的数据类型包括数值型、货币型、字符型、日期型、日期时间型、逻辑型等。不同的常量有不同的书写格式。

- 数值型常量表示一个数量的大小，由数字 0~9、小数点和正负号构成，如 3.5、−123。在内存中占据 8 个字节。
- 货币型常量表示货币值，其书写格式与数值型类似，但要加一个前置的符号$。在内存中占据 8 个字节。
- 字符型常量也称为字符串，表示字符串时要用英文单引号或双引号或方括号把字符串括起来。
- 日期型常量表示日期，其表示方法为{^yyyy-mm-dd}。在内存中占据 8 个字节。
- 日期时间型常量由日期和时间两个部分组成，其表示方法为{^yyyy-mm-dd，hh:mm:ss}。在内存中占据 8 个字节。
- 逻辑型常量只有逻辑真和逻辑假两个值，逻辑真的表示方法为：.T.、.t.、.Y.、.y.。逻辑假的表示形式为：.F.、.f.、.N.、.n.。在内存中占据 1 个字节。

【例 2.1】在 VFP 窗口中显示数值 123 的值，并将命令保存在名为 prog1.prg 的文件中。

操作步骤：

（1）在命令窗口输入命令并运行，结果如图 2-1（a）所示

①打开 VFP 6.0，在命令窗口中输入：? 123。然后按【Enter】键执行命令

②在 VFP 窗口显示执行的结果

图 2-1（a）例 2.1 输入命令及执行结果

（2）将命令存入程序文件的操作如图 2-1（b）所示。

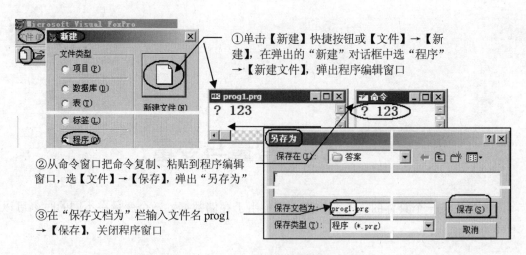

①单击【新建】快捷按钮或【文件】→【新建】，在弹出的"新建"对话框中选"程序"→【新建文件】，弹出程序编辑窗口

②从命令窗口把命令复制、粘贴到程序编辑窗口，选【文件】→【保存】，弹出"另存为"

③在"保存文档为"栏输入文件名 prog1→【保存】，关闭程序窗口

图 2-1（b）创建、编辑并保存程序文件

说明：

如果 VFP 屏幕显示的内容太多时想清除可用 clear 命令；命令窗口中的已经运行过或输入的错误的命令数量太多想清除时，可右击→【清除】；如想再次执行命令窗口上已经执行过的某条命令，或者由于刚输入命令有错需要修改并运行，操作方法如图 2-1（c）所示。

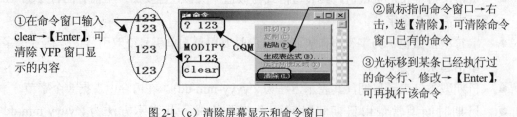

①在命令窗口输入 clear→【Enter】，可清除 VFP 窗口显示的内容

②鼠标指向命令窗口→右击，选【清除】，可清除命令窗口已有的命令

③光标移到某条已经执行过的命令行、修改→【Enter】，可再执行该命令

图 2-1（c）清除屏幕显示和命令窗口

【例 2.2】在屏幕上显示货币型数据 888，并将命令保存在名为 prog2.prg 的文件中。

操作步骤：

在命令窗口输入命令并执行的结果如图 2-2 所示。将命令窗口正确的命令存入新建的程序文件中并以 prog2 为名进行保存，操作参见【例 2.1】中的图 2-1（b）。

图 2-2 例 2.2 命令和结果

【例 2.3】在屏幕上显示 3 次"Visual FoxPro 数据库"，要求字符串采用不同的定界符：单引号、双引号和方括号表示，并将命令保存在名为 one.prg 的文件中。

操作步骤：

在命令窗口输入命令并执行的结果如图 2-3（a）所示。新建程序文件，将命令窗口中的 3 条命令复制到程序编辑窗口的操作如图 2-3（b）所示，以 one 为文件名保存程序（略）。

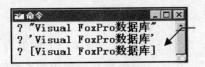

注意3种不同的字符串定界符

图 2-3（a） 例 2.3 命令和结果

②光标定位在程序窗口，右击→【粘贴】

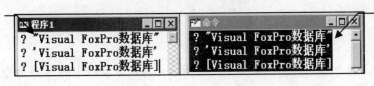

①选中 3 行命令，右击→【复制】

图 2-3（b） 将命令窗口多条命令复制到程序窗口

【例 2.4】在屏幕上显示日期 2014 年 1 月 1 日，要求年份显示 4 位，并将命令保存在名为 prog5.prg 的文件中。

操作步骤：

在命令窗口输入命令并执行的结果如图 2-4 所示。将命令窗口中 2 条命令复制到新建程序中的操作参见【例 2.3】中的图 2-3（b），以 prog5 为文件名保存程序（略）。

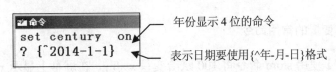

年份显示 4 位的命令

表示日期要使用{^年-月-日}格式

图 2-4 例 2.4 命令和结果

2.1.2 变量

变量的值是随时能够改变的。每个变量都有一个变量名，变量名以字母、汉字和下画线开头，后接字母、数字、汉字和下画线。变量分为字段变量和内存变量两种。

1. 简单内存变量

【例 2.5】将变量 x 的值赋为 3，将变量 y 的值赋为 7，在屏幕显示 $y-x$ 的值。将命令保存在 one.prg 文件中。

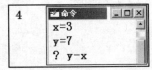

图 2-5 例 2.5 命令和结果

操作步骤：

在命令窗口输入命令并执行的结果如图 2-5 所示。将命令窗口中的 3 条命令复制到新建程序中的操作参见【例 2.3】中的图 2-3（b），以 one 为文件名保存程序（略）。

2. 数组的定义和使用

【例 2.6】定义数组 a，含有 5 个元素，给 a（1）赋值为 3，a（2）赋值为"张三"，a（3）赋值为日期 2014 年 1 月 1 日，在屏幕上依次显示数组的 5 个元素值。将命令保存在名为 one.prg 的文件中。

操作步骤：

在命令窗口输入命令并执行的结果如图 2-6 所示。将命令窗口中的 5 条命令复制到新建程序中的操作参见【例 2.3】中的图 2-3（b），以 one 为文件名保存程序（略）。

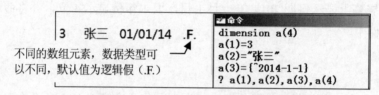

图 2-6　例 2.6 命令和结果

3. 内存变量的常用命令

【例 2.7】使用 store 命令将 100 赋给变量 x 和 y，在屏幕上显示 x 和 y 的值。将命令保存在名为 one.prg 的文件中。

操作步骤：

在命令窗口输入命令并执行的结果如图 2-7 所示。将命令窗口中的 2 条命令复制到新建程序中的操作参见【例 2.3】中的图 2-3（b），以 one 为文件名保存程序（略）。

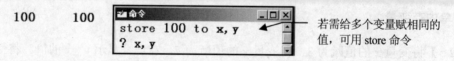

图 2-7　例 2.7 命令和结果

2.2 表达式

2.2.1 数值、字符和日期时间表达式

1. 数值表达式

【例 2.8】在屏幕上显示 15%4、−15%4、15%−4、−15%−4 求余的值。将命令保存在名为 prog16.prg 的文件中。

操作步骤:

在命令窗口输入命令并执行的结果如图 2-8 所示。将命令窗口中的命令复制到新建程序中的操作参见【例 2.1】中的图 2-1 (b),以 prog16 为文件名保存程序(略)。

```
3     1    −1    −3
命令
? 15%4, −15%4, 15%−4, −15%−4
```

图 2-8　求余运算符及运算结果

2. 字符表达式

【例 2.9】两个变量 *x* 和 *y*,*x* 的值为字符型 "Visual Foxpro "(最后有一个空格)。*y* 的值为字符型 "6.0"。在屏幕上显示 *x*+*y* 和 *x*−*y* 的值,将命令保存在名为 one.prg 的文件中。

操作步骤:

在命令窗口输入命令并执行的结果如图 2-9 所示。将命令窗口中的 4 条命令复制到新建程序中的操作参见【例 2.3】中的图 2-3 (b),以 one 为文件名保存程序(略)。

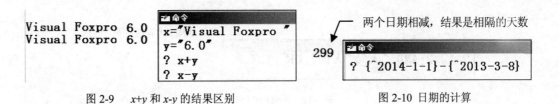

```
Visual Foxpro 6.0
Visual Foxpro 6.0
命令
x="Visual Foxpro "
y="6.0"
? x+y
? x-y
```

图 2-9　*x*+*y* 和 *x*-*y* 的结果区别

两个日期相减,结果是相隔的天数

```
299
命令
? {^2014-1-1}-{^2013-3-8}
```

图 2-10 日期的计算

3. 日期时间表达式

【例 2.10】 计算 2014 年 1 月 1 日与 2013 年 3 月 8 日相距多少天,将命令保存在名为

one.prg 的文件中。

操作步骤：

在命令窗口输入命令并执行的结果如图 2-10 所示。将命令窗口中的命令复制到新建程序中的操作参见【例 2.1】中的图 2-1（b），以 one 为文件名保存程序（略）。

2.2.2　关系表达式

【例 2.11】s1 取值为"计算机"，s2 取值为"微型计算机"，在屏幕上显示 s1 $ s2，s2 $ s1 的值，将命令保存在名为 one.prg 的文件中。

操作步骤：

在命令窗口输入命令并执行的结果如图 2-11 所示。将命令窗口中的 4 条命令复制到新建程序中的操作参见【例 2.3】中的图 2-3（b），以 one 为文件名保存程序（略）。

图 2-11　关系表达式及结果

2.2.3　逻辑表达式

【例 2.12】在命令窗口中求表达式 12>2 AND " 人 " > " 人民 " OR .T.<.F.的值，并显示在屏幕上。将命令保存在名为 one.prg 的文件中。

操作步骤：

在命令窗口输入命令并执行的结果如图 2-12 所示。将命令窗口中的命令复制到新建程序中的操作参见【例 2.1】中的图 2-1（b），以 one 为文件名保存程序（略）。

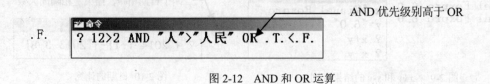

图 2-12　AND 和 OR 运算

2.3 常用函数

1. 求字符串长度函数 len

【例 2.13】在命令窗口中求字符串"数据库"和"VisualFox"的长度，结果显示在屏幕上。将命令保存在名为 one.prg 的文件中。

操作步骤：

在命令窗口输入命令并执行的结果如图 2-13 所示。将命令窗口中的命令复制到新建程序中的操作参见【例 2.1】中的图 2-1（b），以 one 为文件名保存程序（略）。

6   9   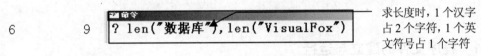   求长度时，1 个汉字占 2 个字符，1 个英文字符号占 1 个字符

图 2-13   len 函数的应用

2. 取子串函数

【例 2.14】在命令窗口中为变量 x1 赋值为"数据库应用技术"，分别从左侧取出"数据库"，从右侧取"技术"，并从中间取出"应用"，结果显示在屏幕上。将命令保存在名为 one.prg 的文件中。

操作步骤：

在命令窗口输入命令并执行的结果如图 2-14 所示。将命令窗口中的 4 条命令复制到新建程序中的操作参见【例 2.3】中的图 2-3（b），以 one 为文件名保存程序（略）。

数据库
结束
应用

```
store "数据库应用技术" to x1
? left(x1,6)
? right(x1,4)
? substr(x1,7,4)
```

图 2-14   left、right 和 substr 函数的应用

3. 系统日期函数及年份和月份函数

【例 2.15】在命令窗口中获取当前计算机系统的日期，并分别将年份、月份显示在屏幕上。将命令保存在名为 one.prg 的文件中。

操作步骤：

在命令窗口输入命令并执行的结果如图 2-15 所示。将命令窗口中的 3 条命令复制到新建程序中的操作参见【例 2.3】中的图 2-3（b），以 one 为文件名保存程序（略）。

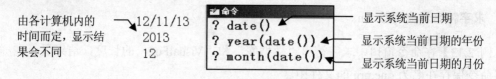

图 2-15　date、year 和 month 函数

2.4　程序与程序文件

2.4.1　程序文件的建立与运行

【例 2.16】建立一个程序，包含一条语句：? " 数据库及其应用课程 "。将其保存为 one.prg，并运行程序。

操作步骤：

新建、保存程序的操作参见【例 2.1】中的图 2-1（b），运行程序及结果如图 2-16 所示。

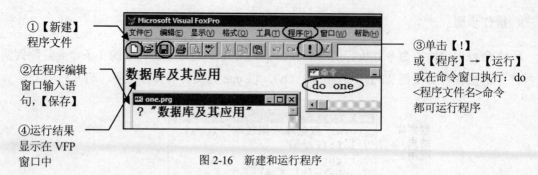

图 2-16　新建和运行程序

2.4.2　综合举例

【例 2.17】打开 one.prg 文件，程序文件中的代码如下。修改其中的一处错误，使得程序执行的结果是在屏幕上显示 2 4 6 8 10。注意：错误只有一处，文件修改之后要保存。

源程序代码：

```
i=2
DO WHILE i<=10
    ??i
    i=i+1        &&此处有【错误】
ENDDO
```

分析与改错：

【错误】：要求在屏幕显示 2 4 6 8 10，即 i 的值每次应该加 2，应改为：

```
i=i+ 2              &&下画线部分为修改内容
```

【例 2.18】打开 test.prg 文件，程序代码如下。第 2 条语句是错误的，修改该条语句（注意：只能修改该条语句），使得程序执行的结果是在屏幕上显示 10 到 1。

源程序代码：

```
i=10
DO   i>=1        &&此处有【错误】
    ? I
    i=i-1
ENDDO
```

分析与改错：

【错误】：do while…enddo 循环中的 DO 语句格式错误，应改为：

```
DO WHILE   i>=1          &&下画线部分为修改内容
```

【例 2.19】修改 three.prg 中的程序，使之能够正确地将 1000 以内能够被 3 整除的整数输出在屏幕上。

源程序代码：

```
i=2
do while i<=1000
    if i%3!=0      &&此处有【错误 1】
        ?? i
                  &&if 请增加一条语句【填空 2】
                  && 请增加一条语句 【填空 3】
enddo
```

分析与改错（填空）：

【错误 1】：if 语句的条件判断部分有错误，题目求能被 3 整除的数，应改为：

> If   i%3 __=__ 0   &&下画线部分为修改内容

【填空 2】：if 结束语句填空，if 结构为 if…endif，应填写为：

> endif

【填空 3】：do…while 循环中应有改变循环变量 i 值的语句，使循环能够在 i>1000 时终止，应填写为：

> i=i+1

程序运行结果如图 2-17 所示。

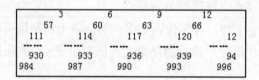

图 2-17   运行结果

【例 2.20】在考生文件夹下，修改程序 proone.prg 中带有注释的 4 条语句（修改或填充，不要修改其他的语句），使之能够正常运行，程序的功能是将大于等于 11 并且小于等于 2011 的素数显示在屏幕上。修改完成后请运行该程序。

源程序代码：

```
n=11
do while n<=2011
    f=0
    i=2
    do while i<=int(sqrt(n))
        if mod(n,i)<>0
            i=i+1
                                        &&继续内循环【填空 1】
        else
            f=1
                                        &&跳出内循环【填空 2】
        endif
    enddo
    if f=1                              &&有错请改正【错误 3】
```

```
        ?? i                        &&有错请改正【错误 4】
    endif
    n=n+1
enddo
```

分析与改错（填空）：

【填空 1】：为了结束本次循环，继续进行下一次循环应该使用 LOOP，应填写为：

```
LOOP
```

【填空 2】：跳出循环，不再执行循环应该使用 EXIT 语句，应填写为：

```
EXIT
```

【错误 3】、【错误 4】：要判断一个数 n 是否是素数，最直观的方法是用 2 到 $n-1$ 的各个整数逐一去除 n，如果都除不尽（不能整除），n 就是素数。事实上不必除到 $n-1$，只需除到 INT(srt(n)) 即可。

本例用 f 的值来标记 n 是否是素数，f=0 表示素数，f=1 表示非素数，程序段：

```
if f=1                          &&有错请改正【错误 3】
        ?? i                    &&有错请改正【错误 4】
    endif
```

目的是当 n 是素数时，在 VFP 窗口显示 n 的值。因此，两条语句应改为：

```
If  f=0                      &&下画线部分为修改内容，下同
    ?? n
```

程序运行结果如图 2-18 所示。

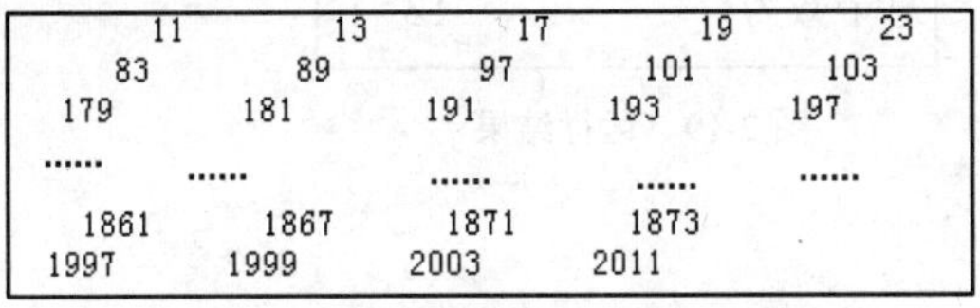

```
        11          13          17          19          23
    83          89          97          101         103
179         181         191         193         197
......      ......      ......      ......
    1861        1867        1871        1873
1997        1999        2003        2011
```

图 2-18　运行结果

【例 2.21】 给定程序 one.prg，其功能是请用户输入一个正整数，然后计算从 1 到该数字之间有几个偶数、几个奇数、几个能被 3 整除的数，并分别显示出来，最后给出总数目。请修改并调试该程序，使之正确运行。

改错要求：one.prg 代码共有 3 处错误，请修改***found***下面语句行的错误，必须在原来位置修改，不得增加或删减程序行（其中第一行的赋值语句不得减少或改变变量名）

源程序代码：

```
*******************found【错误 1】*******************
x,s1,s2,s3=0
INPUT "x=" TO x
```

```
*****************found【错误 2】*****************
do while x<0
    if    int(x/2)=x/2
            s1=s1+1
    else
            s2=s2+1
    endif
*****************found【错误 3】*****************
    if    div(x,3)=0
            s3=s3+1
    endif
    x=x-1
enddo
? "偶数个数:",s1
? "奇数个数",s2
? "被 3 整除的个数:",s3
? "总个数为:",s1+s2+s3
```

```
x=10

偶数个数:              5
奇数个数:              5
被3整除的个数:                  3
总个数为:                 13
```

图 2-19   运行结果

分析与改错（填空）:

【错误 1】: 依据题目代码可知，用来统计个数的变量 s1、s2 和 s3 应该初始化为 0，又由于在第 1 行中还有一个变量 x，这样应该将 4 个变量同时赋值为 0，应修改为:

```
store 0 to x, s1, s2, s3            &&有下画线部分为修改内容，下同
```

【错误 2】: 题目要求输入一个正整数，循环条件应为 x>0，应修改为:

```
do while  x > 0
```

【错误 3】: 判断一个数能否被 3 整除，应该使用 mod(x,3)=0 或 x%3=0，应修改为:

```
if   mod(x,3)=0
```

程序运行结果如图 2-19 所示。

【例 2.22】在考生文件夹下，编写文件名为 FOUR.PRG 的程序，根据用户输入 3 个变量 a、b、c 的值，计算组成的一元二次方程的两个根 x1 和 x2，如果无实数解，在屏幕显示"无

实数解"。注意：平方根函数为 SQRT()；程序编写完成后，运行该程序计算一元二次方程的两个根。注意，一元二次方程公式如下：

$$\frac{-b \pm \sqrt{b^2 - 4ac}}{2a}$$

分析与编程：

根据一元二次方程求解公式，如果 $a \neq 0$ 且 $b^2 - 4ac >= 0$，则有两个实数解，否则无实数解。可以使用 if…else…endif 语句实现程序的设计，实现代码如下：

```
input "A=" to A
input "B=" to B
input "C=" to C
IF A<>0 AND B*B-4*A*C >=0
  x1 =(-B+SQRT(B*B-4*A*C))/(2*A)
  x2 = (-B-SQRT(B*B-4*A*C))/(2*A)
  ? "x1=",x1
  ? "x2=",x2
ELSE
  ?"无实数解"
ENDIF
```

练习 2.4

1．在考生文件夹下有程序 two.prg，程序有 4 处填空请补充完整，并运行两次，分别输入 5 和 3，验证结果。

2．在考生文件夹下有程序 one.prg，程序的功能是根据输入的整数判断该数是奇数还是偶数，请将程序补充完整并运行。

3．在考生文件夹下有程序文件 one.prg，程序的功能是根据输入的成绩判断等级，程序中有 3 处*****found*****行下面的语句需要改错或填空，请完成该 3 行语句，使之能正确运行。

4．在考生文件夹下有程序文件 one.prg，程序的功能是使用多分支语句 DO…CASE…ENDCASE 实现多个条件的判断，由此给出成绩的等级状况。打开文件，一共有 5 处*****found*****行下面的语句行需要修改或填空，请填空或修改为正确的语句。

5．在考生文件夹下有程序文件 test.prg，程序的功能是使用 FOR 循环语句结构实现求 1~100 的和，提供的源代码中有 3 处*****found*****行下面有 1 个错误和 2 个填空，请改正并运行，最后屏幕显示结果为 S=5050。

第 3 章

Visual FoxPro 6.0 数据库与表

3.1 建立与修改表结构

3.1.1 建立表结构与修改表结构的主要步骤

1. 建立表结构

（1）在数据库设计器中创建（数据库）表结构。

打开数据库设计器（方法参见 3.3.1 节）；鼠标指向数据库设计器中的任意空白区域，右击→【新建表】；在弹出的"创建"对话框中输入要创建的表名→【保存】。

（2）用 VFP 菜单创建表结构。

【文件】→【新建】（或单击【新建】快捷按钮），在弹出的"新建"对话框中选 "表"→【新建文件】，在弹出的"创建"对话框中输入要创建的表名→【保存】。

说明：如果当前有数据库处于打开状态，创建的表是属于该数据库的表，否则创建的是自由表。

（3）用 VFP 命令创建表结构。

在命令窗口输入并运行命令：CREATE　[<表文件名> | ?]

说明：如果当前有数据库处于打开状态，创建的表是属于该数据库的表，否则创建的是自由表。

2. 修改表结构

（1）在数据库设计器中修改（数据库）表结构。

打开数据库设计器（方法参见 3.3.1 节）；鼠标指向数据库设计器中要修改的表，右击→【修改】，打开"表设计器"窗口。

（2）用 VFP 菜单修改表结构。

● 【文件】→【打开】（或单击【打开】快捷按钮），弹出"打开"对话框，文件类型选"表"→选中要修改的表→勾选"独占"选项→【确定】；

● 【显示】→【表设计器】，打开"表设计器"窗口。

（3）用 VFP 命令修改表结构。

在命令窗口输入并运行以下 2 条命令，即可打开"表设计器"窗口：

USE　<表名>

MODIFY　STRUCTURE

说明：方法（2）、（3）不仅可以修改数据库表结构，也可以修改自由表结构。

3.1.2　建立表结构与修改表结构基本操作举例

1. 建立数据库表与自由表结构的基本操作方法

【例 3.1】在"学生管理"数据库中创建 "简历"表，表中各字段及要求为：学号（字符11），身高（数值，宽度4，2 位小数），体重（整型），出生日期（日期型），党员否（逻辑型），简历（备注型），照片（通用型）。表结构建好后，暂时不输入数据。

操作步骤：

（1）打开"学生管理"数据库，操作如图 3-1（a）所示。

①【文件】→【打开】，弹出"打开"对话框

②文件类型选"数据库"，选中"学生管理.doc"→【确定】，弹出"数据库设计器"窗口。如图 3-1（b）所示

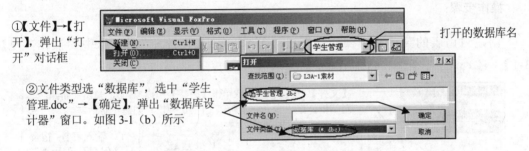

图 3-1（a）　打开数据库

（2）在数据库中创建"简历"表，操作如图 3-1（b）、（c）所示。

①鼠标指向"数据库设计器"窗口内，右击→【新建表】，弹出"新建表"对话框

②单击【新建表】，弹出"创建"对话框，在"输入表名"栏输入"简历"→【保存】，弹出"表设计器"对话框，如图 3-1（c）所示

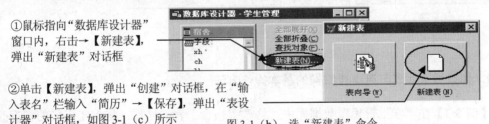

图 3-1（b）　选"新建表"命令

③按题目要求，逐行设置各字段→【确定】，关闭"表设计器"对话框

④在弹出的"现在输入数据记录吗"提示框选【否】

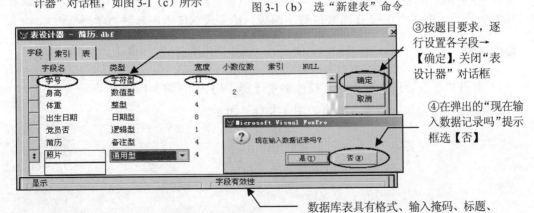

数据库表具有格式、输入掩码、标题、字段有效性等属性，自由表没有

图 3-1（c）　表设计器操作

注意:

身高字段宽度 4=整数位数 1 位+小数点 1 位+小数位数 2 位 形如 9.99 形式。

（3）查看创建的"简历"表，操作如图 3-1（d）所示。

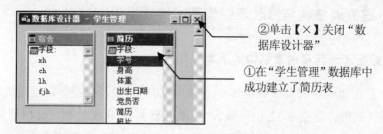

图 3-1（d） 新建的简历表

【例 3.2】创建名为"宿舍"的自由表，表中各字段及要求为：XH（字符 11），NL（数值，宽度 3，小数 0 位），LH（字符 10），FJH（字符 4）。表结构建好后，暂时不输入数据。

操作步骤:

创建自由表的菜单命令操作如图 3-2 所示，在"表设计器"对话框中的操作参见【例 3-1】（略）。

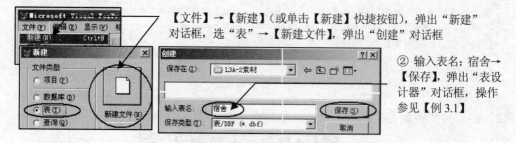

图 3-2 创建自由表菜单命

2. 修改数据库表与自由表结构的基本操作方法

【例 3.3】在"学生管理"数据库中，修改"宿舍"表的结构：将 XH 字段的宽度改为 9 位，并添加掩码，格式由字母 B 与 8 位数字组成；给字段 XH 添加标题"学号"。

操作步骤:

（1）打开"学生管理"数据库，操作参见【例 3.1】中的图 3-1（a）。
（2）修改"宿舍"表结构，操作如图 3-3（a）所示。

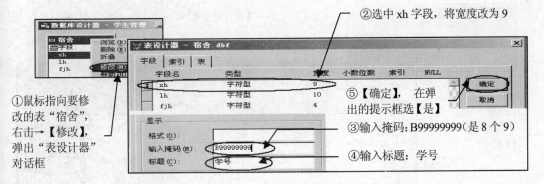

②选中 xh 字段，将宽度改为 9

①鼠标指向要修改的表"宿舍"，右击→【修改】，弹出"表设计器"对话框

⑤【确定】，在弹出的提示框选【是】

③输入掩码：B99999999（是 8 个 9）

④输入标题：学号

图 3-3（a） 修改表结构

（3）浏览"宿舍"表，观察表结构修改的结果如图 3-3（b）所示。

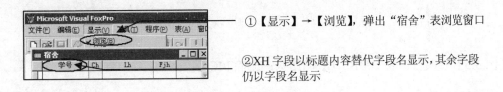

①【显示】→【浏览】，弹出"宿舍"表浏览窗口

②XH 字段以标题内容替代字段名显示，其余字段仍以字段名显示

图 3-3（b）浏览添加标题后的表

【例 3.4】在"学生管理"数据库中，修改"宿舍"表的结构：在 XH 字段后面插入字段 CH（字符型、宽度 2 位）。

操作步骤：

（1）打开"宿舍"表，操作如图 3-4（a）所示。

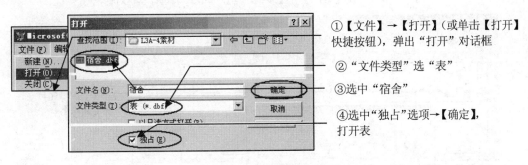

①【文件】→【打开】（或单击【打开】快捷按钮），弹出"打开"对话框

②"文件类型"选"表"

③选中"宿舍"

④选中"独占"选项→【确定】，打开表

图 3-4（a） 打开"宿舍"表

（2）打开"表设计器"对话框，修改"宿舍"表结构的操作如图 3-4（b）所示。

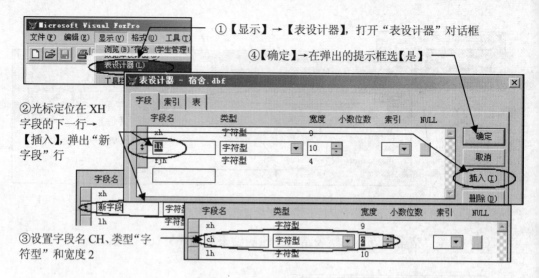

①【显示】→【表设计器】，打开"表设计器"对话框

④【确定】→在弹出的提示框选【是】

②光标定位在 XH 字段的下一行→【插入】，弹出"新字段"行

③设置字段名 CH、类型"字符型"和宽度 2

图 3-4（b）添加字段

【例 3.5】修改自由表 DMB.DBF 的结构：删除 MC 字段。

操作步骤：

（1）打开 DMB 表。

选【文件】→【打开】（或单击【打开】快捷按钮），弹出"打开"对话框，文件类型选"表"，选中 DMB 表，注意一定要选中"独占"选项→【确定】，打开表（参见【例 3.4】中的图 3-4（a））。

（2）打开"表设计器"对话框，删除 DMB 表中的 MC 字段，如图 3-5 所示。

①【显示】→【表设计器】，弹出"表设计器"对话框

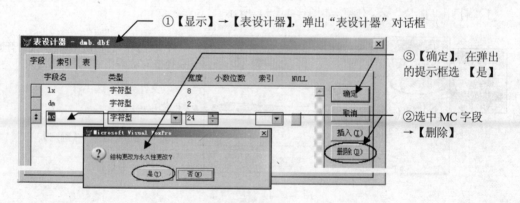

③【确定】，在弹出的提示框选 【是】

②选中 MC 字段→【删除】

图 3-5 删除字段

练习 3.1

1．打开 SELLDB 数据库，创建"客户表"（客户号，客户名，销售金额），其中：客户号为字符型，宽度为 4；客户名为字符型，宽度为 20；销售金额为数值型，宽度为 9（其中小数位 2 位）。

2．在"订单管理"的数据库中新建一个名为 customer 的表，表结构如下：客户号、字符型（4），客户名、字符型（36），地址、字符型（36）。

3．创建"学生"自由表，其中包括学号（C　10）、姓名（C　16）和年龄（I）字段。
提示：C 为字符型，I 为整型。

4．打开 SELLDB 数据库，为"部门成本表"增加一个字段，字段名为"备注"，数据类型为字符型，宽度为 20；给工资支出字段增加标题为"全年工资总支出"。

5．为自由表 orders 添加一个"金额"字段（货币类型），并删除"签订日期"字段。

3.2　表的基本操作

3.2.1　使用浏览器追加、修改、删除记录

1．使用浏览器的操作步骤

（1）打开浏览器窗口。

方法 1：（适合数据库表）

● 选【文件】→【打开】（或单击【打开】快捷按钮），在弹出的"打开"对话框中："文件类型"选"数据库"，选中要打开的数据库文件名→【确定】，打开"数据库设计器"窗口；

● 在"数据库设计器"窗口中选中要浏览的表，右击→【浏览】，弹出表的浏览窗口。

方法 2：（适合数据库表和自由表）

● 选【文件】→【打开】（或单击【打开】快捷按钮），弹出"打开"对话框，文件类型选"表"，选中要打开的表文件名，选中"独占"选项→【确定】，打开表；

● 选【显示】→【浏览】，弹出表的"浏览"窗口。

方法 3：在命令窗口输入并运行以下 2 条命令

　　USE　<表名>

　　BROWSE

（2）追加记录。

在表浏览窗口中选【显示】→【追加方式】（或【表】→【追加记录】），在表尾追加新记录。

（3）修改记录。

在表浏览窗口中直接在记录上修改。

（4）删除记录。

在表浏览窗口中删除记录分为"逻辑删除"和"物理删除"两种。

● 逻辑删除（即给记录打删除标记）：单击记录左前方的空心矩形，使其变为实心矩形。

● 物理删除（即从表中真正的删除记录）：删除前必须先将要删除的记录进行逻辑删除，然后才能进行物理删除（即只能对加了逻辑删除标记的记录进行物理删除）。删除方法：菜单【表】→【彻底删除】。

2. 基本操作举例

【例 3.6】使用浏览器窗口在"学生管理.DBC"数据库的"基本情况"表中输入 2 条记录，内容如表 3-1 所示。

表 3-1 插入基本情况.DBF 表的数据

学号	身高	体重	出生日期	党员否	简历	照片
B10027001	1.62	56	2009-8-2	F	籍贯上海	1.BMP
B10027002	1.75	65	2008-12-31	T	籍贯江苏	2.BMP

操作步骤：

（1）打开"学生管理"数据库，弹出"数据库设计器"窗口（操作参见【例 3.1】中的图 3-1（a））。

（2）在"数据库设计器"窗口打开"基本情况"表的浏览窗口，操作如图 3-6（a）所示。

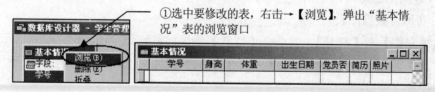

图 3-6（a） 打开表的浏览窗口

（3）插入记录。普通类型字段的输入操作如图 3-6（b）所示；备注型字段的输入操作如图 3-6（c）所示；通用型字段的输入操作如图 3-6（d）所示。

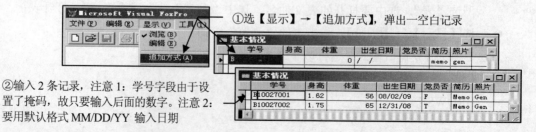

②输入 2 条记录，注意 1：学号字段由于设置了掩码，故只要输入后面的数字。注意 2：要用默认格式 MM/DD/YY 输入日期

图 3-6（b） 普通类型字段的输入操作

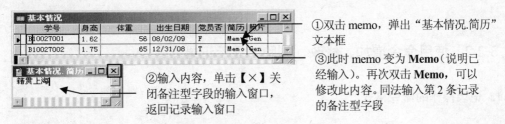

①双击 memo，弹出"基本情况.简历"文本框

②输入内容，单击【×】关闭备注型字段的输入窗口，返回记录输入窗口

③此时 memo 变为 **Memo**（说明已经输入）。再次双击 **Memo**，可以修改此内容。同法输入第 2 条记录的备注型字段

图 3-6（c） 备注型字段的输入操作

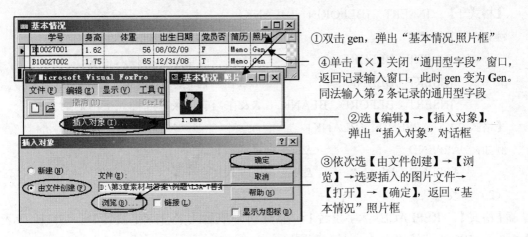

①双击 gen，弹出"基本情况.照片框"

②选【编辑】→【插入对象】，弹出"插入对象"对话框

③依次选【由文件创建】→【浏览】→选要插入的图片文件→【打开】→【确定】，返回"基本情况"照片框

④单击【×】关闭"通用型字段"窗口，返回记录输入窗口，此时 gen 变为 **Gen**。同法输入第 2 条记录的通用型字段

图 3-6（d）通用型字段的输入操作

说明：

插入记录的操作也可以使用【显示】→【编辑】命令，如图 3-6（e）所示。

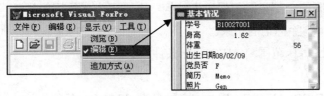

图 3-6（e） 用编辑窗口输入记录

【例 3.7】在浏览器窗口中将 KC 表中最后一条记录的课程类型改为：通修课程。彻底删除倒数第 2 条课程代码为 9428 的记录。

操作步骤：

打开"KC"表，操作参见【例 3.4】中的图 3-4（a）。修改、删除记录操作如图 3-7 所示。

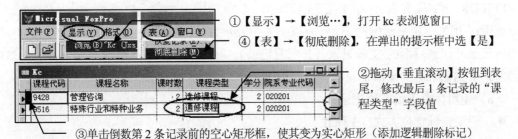

①【显示】→【浏览…】，打开 kc 表浏览窗口

④【表】→【彻底删除】，在弹出的提示框中选【是】

②拖动【垂直滚动】按钮到表尾，修改最后 1 条记录的"课程类型"字段值

③单击倒数第 2 条记录前的空心矩形框，使其变为实心矩形（添加逻辑删除标记）

图 3-7 修改与删除记录

3.2.2 使用命令增加、修改、删除、显示记录

1. 记录操作的命令格式

（1）增加记录。

【格式 1】 INSERT [BEFORE] [BLANK]

例如： INSERT &&在当前记录后面插入记录

INSERT BEFORE &&在当前记录前面插入记录

INSERT BLANK &&在当前记录后面插入空白记录

INSERT BEFORE BLANK &&在当前记录前面插入空白记录

【格式 2】 APPEND [BLANK]

例如： APPEND &&在表尾插入记录

APPEND BLANK &&在表尾插入空白记录

（2）修改记录。

【格式】 REPLACE <字段名 1> WITH <表达式 1> [, <字段名 2> WITH <表达式 2>] ... [FOR <逻辑表达式 1>] [范围]

（3）删除记录。

【格式 1】 逻辑删除：DELETE [<范围>] [FOR <条件>]

【格式 2】 物理删除加了逻辑删除标记的记录：PACK

【格式 3】 物理删除全部记录但保留表结构，不需事先进行逻辑删除：ZAP

（4）恢复加了逻辑删除标记的记录。

【格式】 RECALL [<范围>] [FOR <条件>]

（5）显示记录。

【格式】 LIST | DISPLAY [FIELDS <字段名表>] [FOR <条件表达式>] [范围] [OFF] [TO PRINTER [PROMPT] | TO FILE<文件名>]

其中，LIST：滚动显示直到最后记录。DISPLAY：分屏显示，记录较多时 DISPLAY 较为方便。同时缺省<范围>和 <条件>子句时：DISPLAY 只显示当前的一条记录，LIST 默认显示全部记录。

【主要参数描述】

FIELDS <字段名表>：用来指定显示的字段。

范围：用来指定显示哪些记录。有以下 4 种表示方法：①ALL：所有记录。②NEXT N：从当前记录开始到后面的 N 条记录（含当前记录）。③RECORD N：第 N 条记录。④REST：从当前记录到记录尾的全部记录（含当前记录）。

（6）使用命令查询定位记录。

● 记录指针定位方式（3 种）：

【绝对定位格式】 GO <数值表达式 1> | TOP | BOTTOM

【相对定位格式】　SKIP　[<数值表达式 1>]

【查询定位格式】　LOCATE　FOR　<逻辑表达式 1>　[范围]

● 记录测试函数

RECNO( )：记录号测试，返回当前记录号。

BOF( )：表文件首测试，返回：.T. / .F.。

EOF( )：表文件尾测试，返回：.T. / .F.。

RECCOUNT( )：记录个数测试，返回表中的记录总数。记录个数包括添加了逻辑删除标记的所有记录。

2. 使用命令编辑记录举例

【例 3.8】　通过 INSERT 和 APPEND 命令，分别在 CJ 表的第 1 条记录前面和表的尾部插入一条空记录，并将相应命令存储在程序文件 ONE.PRG 中（注意不要重复执行插入操作）。

分析：

打开 CJ 表的"浏览器"窗口浏览表记录（操作参见【例 3.4】），分析插入空白记录的位置，确定使用的命令格式，如图 3-8（a）所示。

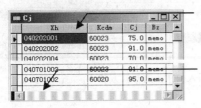

① "第 1 条记录前面…"即在 xh 为 "040202001" 的记录的上方插入一条空白记录，应使用：INSERT BEFORE BLANK 命令

② "表的尾部…"即在 xh 为 "040701002" 的记录的下方插入一条空白记录应使用：APPEND BLANK 命令

图 3-8（a）　分析插入记录的位置

操作步骤：

（1）新建程序文件，输入命令，保存、运行程序等操作如图 3-8（b）所示。

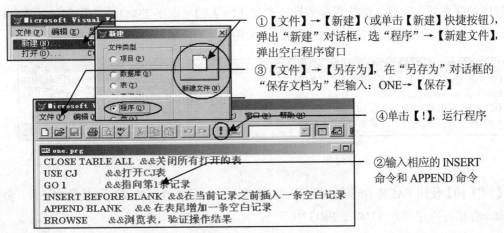

①【文件】→【新建】（或单击【新建】快捷按钮），弹出"新建"对话框，选"程序"→【新建文件】，弹出空白程序窗口

③【文件】→【另存为】，在"另存为"对话框的"保存文档为"栏输入：ONE→【保存】

④单击【!】，运行程序

②输入相应的 INSERT 命令和 APPEND 命令

```
CLOSE TABLE ALL  &&关闭所有打开的表
USE CJ       &&打开CJ表
GO 1        &&指向第1条记录
INSERT BEFORE BLANK &&在当前记录之前插入一条空白记录
APPEND BLANK   && 在表尾增加一条空白记录
BROWSE     &&浏览表，验证操作结果
```

图 3-8（b）　新建、编辑、保存并运行程序

（2）查看 CJ 表在运行（插入记录）程序后的结果如图 3-8（c）所示。

程序运行后，CJ 表处于打开状态，此时，选【显示】→【浏览】，弹出表的浏览器窗口

表的首条记录为插入的空白记录

表的尾部插入一条空白记录

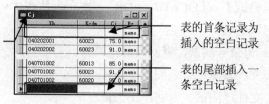

图 3-8（c）查看插入记录的结果

说明：

如果不小心多次单击了【！】按钮（即重复执行了插入操作），补救方法如图 3-8（d）所示。

①图中是多插入了两条记录：单击多余记录前面的空心矩形，使之变为实心矩形，即设置逻辑删除标记

②【表】→【彻底删除】，再次【显示】→【浏览…】，弹出 CJ 表的浏览窗口，可查看删除情况

③如果由于 INSERT 或 APPEND 命令有错而造成插入的记录有误，同样可用步骤①、②删除记录，然后改正语句，再次运行程序

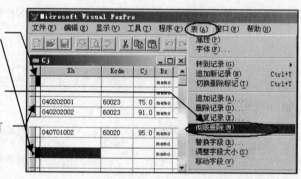

图 3-8（d）反复执行插入操作后的补救方法

【例 3.9】使用 DELETE 命令逻辑删除 CJ 表中 CJ 字段（标题为"成绩"）小于 60 分的记录，并将相应命令存储在程序文件 TWO.PRG 中。

操作步骤：

新建程序文件，保存、运行程序等操作参见【例 3.8】，程序 TWO 中的语句如图 3-9（a）所示，CJ 表在执行（删除记录）程序后的结果如图 3-9（b）所示。

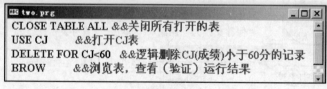

图 3-9（a）程序内容

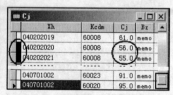

图 3-9（b）逻辑删除记录的结果

【例 3.10】使用 PACK 命令物理删除 DMB 表中 LX 字段值为"政治面貌"的记录，并将相应命令存储在程序文件 THREE.PRG 中。

操作步骤：

新建程序文件，保存、运行程序等操作参见【例 3.8】。程序 THREE 中的语句如图 3-10（a）所示，DMB 表在执行（物理删除记录）程序后的结果如图 3-10（b）所示。

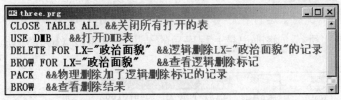

图 3-10（a）程序内容

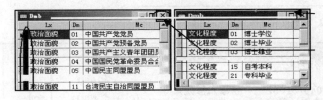

程序执行到第 4 条"浏览"命令时，弹出浏览窗口，可看到加了逻辑删除标记的记录，单击【×】则继续运行，最后显示结果如图 3-10（b）右图所示

图 3-10（b）PACK 物理删除记录的结果

【例 3.11】使用 ZAP 命令物理删除 KC 表中全部记录，并将相应命令存储在程序文件 FOUR.PRG 中。

操作步骤：

新建程序文件，保存、运行程序等操作参见【例 3.8】，程序 FOUR 中的语句如图 3-11（a）所示，KC 表在执行（物理删除记录）程序后的结果如图 3-11（b）所示。

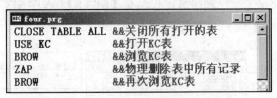

图 3-11（a）程序内容

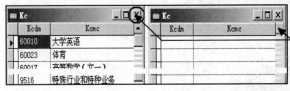

程序执行到第 3 条浏览命令时显示表中记录，单击【×】继续运行，执行 ZAP 命令弹出删除提示框，选【是】，最后的浏览命令可见记录已全部删除（见图 3-11（b）右图）

图 3-11（b）ZAP 物理删除记录的结果

说明：

Visual FoxPro 的 ZAP 命令只是删除全部记录，执行完此命令后表结构依然存在。

【例 3.12】使用 REPLACE 命令将 CJ 表中 XH（学号）为 040701002 的 CJ 字段的值减

少 5，并显示打印到屏幕中，将相应命令存储在程序文件 FIVE.PRG 中。

操作步骤：

（1）查看修改前的记录值，如图 3-12（a）所示，以便修改后核对。

（2）新建程序文件，保存、运行程序等操作参见【例 3.8】，程序 FIVE 中的语句如图 3-12（b）左图所示，CJ 表在执行（修改记录）程序后的结果如图 3-12（b）右图所示。

图 3-12（a）查看修改前的记录值

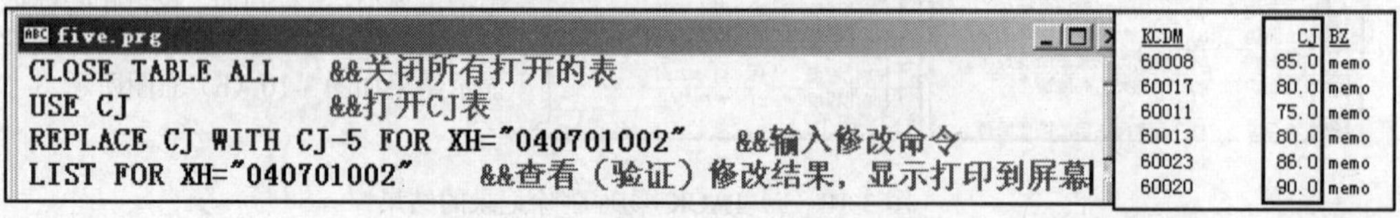

图 3-12（b）程序及 CJ 表修改后结果

【例 3.13】使用 REPLACE 命令将 CJ 表中第 2 条记录的 CJ 字段的值减少 1 并显示打印到屏幕中，将相应命令存储在程序文件 SIX.PRG 中。

操作步骤：

（1）查看修改前的记录值，如图 3-13（a）左图所示，以便修改后核对。

（2）新建程序文件，保存、运行程序等操作参见【例 3.8】。程序 SIX 中的语句如图 3-13（b）所示，运行结果如图 3-13（a）右图所示。

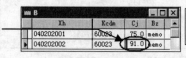

鼠标移到第 2 条记录，记下 CJ 字段的值 91

图 3-13（a）CJ 表修改前、后记录值

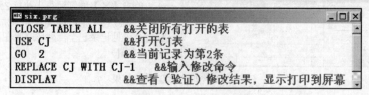

图 3-13（b）程序内容

【例 3.14】用 REPLACE 命令将 CJ 表中所有学生的 CJ 字段的值清 0 并显示打印到屏幕中，将相应命令存储在程序文件 SEVEN.PRG 中。

操作步骤：

新建程序文件，保存、运行程序等操作参见【例 3.8】。程序 SEVEN 中的语句如图 3-14 左图所示，CJ 表在执行（修改记录）程序后的结果如图 3-14 右图所示。

图 3-14 程序及运行结果

【例 3.15】查询定位命令和记录测试函数。

将相应命令存储在程序文件 EIGHT.PRG 中并观察运行结果。

操作步骤：

新建程序文件，保存、运行程序等操作参见【例 3.8】，程序 EIGHT 中的语句如下，运行结果见相应语句行的注释。

```
CLOSE TABLES ALL        &&关闭所有打开的表
USE XS                  &&打开 XS 表
? RECNO()               &&返回当前记录号，显示 1
? RECCOUNT()            &&返回记录总条数，显示 150
********尾记录与文件尾********
GO BOTTOM               &&绝对定位到尾记录
? RECNO()               &&返回当前记录号，显示 150
? EOF()                 &&测试是否是文件尾，显示.F.
SKIP                    &&相对当前记录向后移动 1 条记录
? RECNO()               &&返回当前记录号，显示 151
? EOF()                 &&测试是否是文件尾，显示.T.
*说明："尾记录"并不是"文件尾"，"文件尾"是指最后一条记录后面的文件结束标志！
********首记录与文件首********
GO TOP                  &&绝对定位到首记录
? RECNO()               &&返回当前记录号，显示 1
? BOF()                 &&测试是否是文件首，显示.F.
SKIP -1                 &&相对当前记录向前移动 1 条记录
? RECNO()               &&返回当前记录号，仍显示 1
? BOF()                 &&测试是否是文件首，显示.T.
*说明："首记录"并不是"文件首"，"文件首"是指第一条记录前面的文件起始标志！
********条件定位********
```

```
CLOSE TABLES ALL      &&关闭所有打开的表
USE XS                 &&打开 XS 表
LOCATE FOR XB="女"    &&定位到 XB 为女的第 1 条记录
DISPLAY                &&显示到屏幕中
```

练习 3.2

1．使用浏览器将如下 2 条记录插入到"客户"表中。

43100112　沈红霞　浙江省杭州市 83 号信箱　13312347008　shenhx@sohu.com

442257601　唐毛毛　河北省唐山市 100 号信箱　13184995881　tangmm@bit.com.cn

2．使用浏览器将"零件信息"表中零件号为"p4"的零件的单价更改为 1090。

3．使用浏览器从"零件信息"表物理删除单价小于 600 的所有记录。

4．使用 DELETE 和 PACK 命令从 CJ 表物理删除成绩大于 90 的学生记录。将相应命令存储在程序文件 ONE.PRG 中并运行程序。

5．使用 ZAP 命令删除 DMB 表中的所有记录。 将相应命令存储在程序文件 TWO.PRG 中并运行程序。

6．使用 REPLACE 命令将 Client 表中客户号为"061009"的客户的性别改为"男"。将相应命令存储在程序文件 THREE.PRG 中并运行程序。

7．使用 REPLACE 命令将"金牌榜"表中所有记录的"奖牌总数"字段值设为"金牌数"、"银牌数"、"铜牌数"三项之和。将相应命令存储在程序文件 FOUR.PRG 中并运行程序。

3.3　表与数据库操作

3.3.1　数据库的基本操作与主要步骤

1．建立数据库

（1）在项目管理器中建立数据库。

● 打开要创建数据库的"项目管理器"（参见第 1 章【例 1.8】）。

● 在"项目管理器"窗口中，依次单击【数据】选项卡、"数据库"选项→【新建】，弹出"新建数据库"对话框，输入要创建的数据库名→【保存】，系统创建数据库并打开该数据库的数据库设计器。

（2）用 VFP 菜单创建数据库。

● 选【文件】→【新建】（或单击【新建】快捷按钮），弹出【新建】对话框，文件类型选"数据库"→【新建文件】，弹出"创建"对话框；

● 在"创建"对话框中输入要创建的数据库名→【保存】，系统立即创建数据库并打开该数据库的数据库设计器。

（3）用 CREATE DATABASE 命令创建数据库。

【格式】CREATE　DATABASE [<数据库名> | ?]

说明：与其他建立数据库的方法相比，使用命令建立数据库后不打开数据库设计器，只是数据库处于打开状态，即紧接着的后续操作不必再使用 OPEN DATABASE 命令来打开数据库。

2．打开数据库

（1）在项目管理器中打开数据库。

打开数据库所在的"项目管理器"窗口，选"数据"选项卡→"数据库"，选中要打开的数据库→【打开】或【修改】。单击【修改】按钮在打开数据库的同时还打开"数据库设计器"窗口。

（2）用 VFP 菜单打开数据库。

选【文件】→【打开】（或单击【打开】快捷按钮），弹出"打开"对话框，文件类型选"数据库"，选中数据库名→【确定】，弹出指定数据库的"数据库设计器"窗口。

（3）使用 OPEN DATABASE 命令打开数据库。

【格式】OPEN　DATABASE　[<数据库名> | ?] [Exclusive | Shared] [Noupdate] [Validate]

【主要参数描述】

Exclusive：以独占方式打开数据库。等效于在"打开"对话框选择"独占"复选框。

在 VFP 的命令中还有一条编辑数据库的命令：

【格式】MODIFY　DATABASE　[<数据库名> | ?]

OPEN　DATABASE 仅打开数据库，但不打开"数据库设计器"窗口。而 MODIFY DATABASE 在打开数据库的同时还打开"数据库设计器"窗口。

3．修改数据库

所谓修改数据库，是指在数据库设计器中进行数据对象的建立、修改和删除操作。在修改数据库之前必须先打开数据库设计器。

4．关闭数据库

在删除数据库之前，必须先关闭数据库。一般删除数据库时，数据库中的表并不删除而自动成为自由表。

关闭数据库可在"项目管理器"窗口选"数据"选项卡→"数据库"，选中要关闭的数据库→【关闭】或使用 CLOSE DATABASE 命令。例如：

CLOSE　　DATABASE：关闭当前数据库。

CLOSE　　DATABASE　[<数据库名>]：关闭指定名字的数据库。

CLOSE　　DATABASE　ALL：关闭所有打开的数据库。

CLOSE　　ALL：关闭所有打开的对象，如数据库、表、索引和项目管理器等。

5. 删除数据库

（1）在项目管理器中删除数据库。

打开"项目管理器"窗口，选"数据"选项卡→"数据库"，选中要删除的数据库→【移去】，弹出提示对话框，可选择【移去】或【删除】。

移去：从项目管理器中删除数据库，但并不从磁盘上删除相应的数据库文件。

删除：从项目管理器中删除数据库，并从磁盘上删除相应的数据库文件。

（2）使用 DELETE　　DATABASE 命令删除数据库。

【格式】DELETE　　DATABASE　<数据库名>|？[Deletetables] [Recycle]

【主要参数描述】

Deletetables：选择该参数会在删除数据库文件的同时从磁盘上删除该数据库所含的表（DBF 文件）等。

Recycle：选择该参数会将删除的数据库文件和表文件等都放入 Windows 的回收站中，如果需要的话，还可以还原它们。

6. 将自由表添加到数据库和从数据库中删除表

操作方法参见有关例题。

3.3.2　数据库的基本操作举例

1. 建立数据库与添加表

【例 3.16】在当前文件夹中打开名为"教学管理.PJX"的项目，并在项目中创建名为 SJK3.DBC 的数据库，在当前数据库中添加 DMB.DBF 表。

操作步骤：

操作参见第 1 章【例 1.8】。

【例 3.17】在当前文件夹中创建名为 SJK1.DBC 的数据库，并将 XS.DBF 表添加到数据库中。

操作步骤：

（1）创建数据库，操作如图 3-15（a）所示。

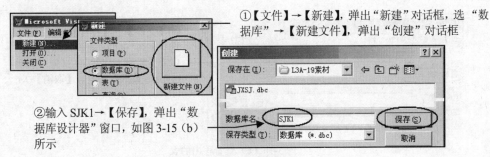

①【文件】→【新建】,弹出"新建"对话框,选"数据库"→【新建文件】,弹出"创建"对话框

②输入 SJK1→【保存】,弹出"数据库设计器"窗口,如图 3-15(b)所示

图 3-15(a)创建数据库

(2)在数据库中添加表,操作如图 3-15(b)所示。

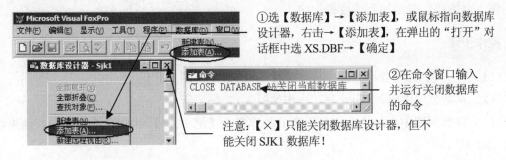

①选【数据库】→【添加表】,或鼠标指向数据库设计器,右击→【添加表】,在弹出的"打开"对话框中选 XS.DBF→【确定】

②在命令窗口输入并运行关闭数据库的命令

注意:【×】只能关闭数据库设计器,但不能关闭 SJK1 数据库!

图 3-15(b)添加表

2. 修改数据库与删除表

【例 3.18】打开项目文件 myproject,将数据库 mybase 中的教师表移出数据库。

操作步骤:

(1)打开名为 myproject.pjx 的项目,操作如图 3-16(a)所示。

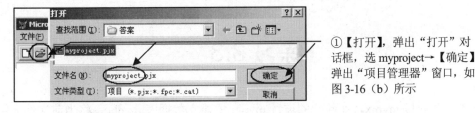

①【打开】,弹出"打开"对话框,选 myproject→【确定】弹出"项目管理器"窗口,如图 3-16(b)所示

图 3-16(a)打开项目管理器

(2)移出 mybase 数据库中的"教师表",操作如图 3-18(b)所示。

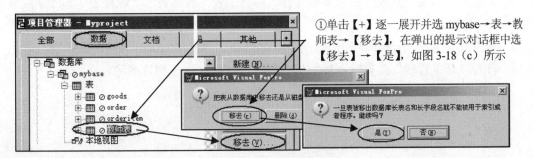

①单击【+】逐一展开并选 mybase→表→教师表→【移去】,在弹出的提示对话框中选【移去】→【是】,如图 3-18(c)所示

图 3-16(b)在项目管理器中移出表

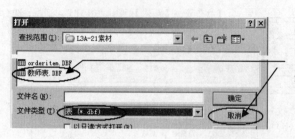

① 【文件】→【打开】，文件类型
选"表"，借助"打开"对话框可
以看到教师表依然存在（但不属于
mybase 数据库的表），【取消】关
闭"打开"对话框

图 3-16（c）查看移出的表

【例 3.19】打开考生文件夹下的数据库 SPORT，首先永久删除该数据库中的 temp 表，然后将"金牌榜"表添加到该数据库中。

操作步骤：

（1）打开 SPORT 数据库，操作参见【例 3.1】中的图 3-1（a）。

（2）从数据库中删除 temp 表，操作如图 3-17（a）所示。

（3）往数据库中添加"金牌榜"表的操作参考【例 3.17】中的图 3-15（b），结果如图 3-17（b）所示。

选中 temp 表，选【数据库】→【移去】，或右击→【删除】，在弹出的提示框
中选【删除】，再在弹出的提示框中选【是】将表文件从磁盘上彻底删除

图 3-17（a）　删除数据库中的表　　　图 3-17（b）　数据库添加表后结果

练习 3.3

1．新建一个项目 mypjx，在新建的项目 mypjx 中建立数据库 mydbc，将当前文件夹中的 3 个自由表 god、ord、ordritem 全部添加到新建的 mydbc 数据库中。

2．新建一个名为"学校"的数据库文件，将自由表"教师表"、"课程表"和"学院表"添加到数据库中。

3．修改项目文件 myproject 中的数据库 ecommerce，将 orderitem 表移出数据库。

4．打开"订单管理"数据库，然后从中删除 customer 表（物理删除）。

3.4 索引

3.4.1 建立、修改、使用、删除索引的主要步骤

1. 在表设计器中建立与修改索引

● 打开表设计器（参见 3.1.1）。
● 在"表设计器"窗口选"索引"选项卡，可新建、编辑、删除索引。
注意：主索引只有数据库表才可以建立，且每个数据库表只能建立一个主索引。

2. 用命令方式建立索引

● 打开表。
● 建立索引。
【格式】INDEX ON <索引关键字表达式> TO <单索引文件> | TAG <标识名>

　　　　　　[OF 索引文件名] [UNIQUE | CANDIDATE]

例如：

INDEX ON <索引关键字表达式> TO <单索引文件>　　&&建立普通索引
INDEX ON <索引关键字表达式> TO <单索引文件>　UNIQUE　&&建立唯一索引
INDEX ON <索引关键字表达式> TO <单索引文件>　CANDIDATE &&建立候选索引
注意：此命令方式不能建立主索引。

3. 用命令方式删除索引

【格式】DELETE TAG <索引名>
例如：DELETE　TAG　ALL　　&& 删除全部索引

3.4.2 建立、修改、使用、删除索引举例

1. 建立索引

【例 3.20】给 jxsj.dbc 数据库中的 KH 表建立索引如下：（1）普通索引，索引表达式为"性别"，索引名为 S1，按性别降序排序；（2）主索引，索引表达式为"客户号"，索引名为 KHH ；（3）普通索引，索引表达式为：year(出生日期), 索引名为 NF。

操作步骤:

打开表设计器, 参见【例 3.4】或【例 3.3】。在表设计器中建立索引,操作如图 3-18 所示。

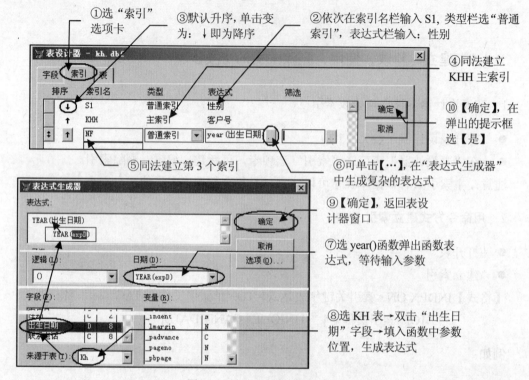

图 3-18　在表设计器建立索引

【例 3.21】使用 INDEX 命令给 KH 表建立普通索引,索引表达式为"性别+联系电话",索引名为 S2。将相应命令存储在程序文件 TWO.PRG 中。

操作步骤:

新建程序文件,保存、运行程序等操作参见【例 3.10】。程序 TWO 中语句如图 3-19 所示。

图 3-19　用 INDEX 命令建立索引

2. 修改索引

【例 3.22】将 KH 表中名为 S2 的索引名改为 S3。

操作步骤:

打开表设计器,参见【例 3.4】或【例 3.3】。修改索引名的操作如图 3-20 所示。

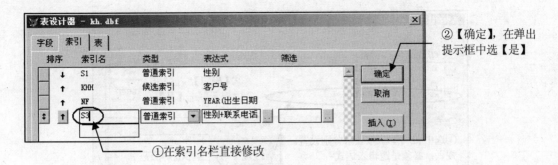

②【确定】，在弹出提示框中选【是】

①在索引名栏直接修改

图 3-20 在表设计器中修改索引

练习 3.4

1．打开数据库文件"大学管理"，为"课程表"和"教师表"分别建立主索引和普通索引，索引字段和索引名均为"课程号"。

2．利用表设计器为 employee 表创建一个普通索引，索引表达式为"姓名"，索引名为 xm。

3．使用 INDEX 命令，将"课程表"中的"课程号"定义为候选索引，索引名是 temp，并将该语句存储在文件 one.prg 中。

4．将"职称表"的主索引 indexone 的类型定义为候选索引。

3.5 数据完整性

3.5.1 域完整性与约束规则

【例 3.23】 在 XS 表中，设置"性别"字段有效性规则为：性别只能为男或女。信息设置为："性别只能为男或女"，默认值为女。

操作步骤：

打开 XS 表设计器，操作参见【例 3.4】。设置约束规则如图 3-21 所示。

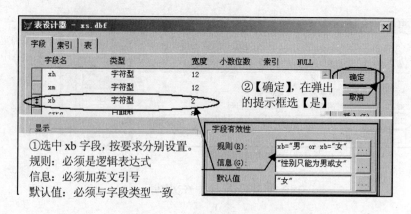

图 3-21　在表设计器中设置约束规则

【例 3.24】在订货管理数据库的职工表中，设置"工资"字段的有效性为：在 1000~3000 元，当输入的工资不在此范围时给出出错提示"工资必须在 1000~3000"，工资的默认值为 1200。

操作步骤：

打开职工表的表设计器，操作参见【例 3.3】。设置约束规则如图 3-22 所示。

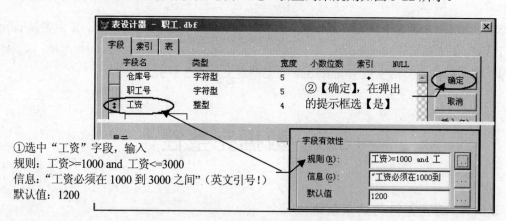

图 3-22　在表设计器中设置约束规则

3.5.2　永久联系与参照完整性

1. 建立永久联系与设置参照完整性的主要步骤

（1）建立永久联系。

方法：打开数据库设计器，选中父表的主索引，按住鼠标左键并拖至子表对应索引松开，两表间出现（1 对多）关系线。

删除关系：右击关系线→【删除关系】。

编辑关系：右击关系线→【编辑关系】(或直接双击连线)，在弹出的"编辑关系"对话框进行编辑。

（2）设置参照完整性。

- 【数据库】→【清理数据库】；
- 【数据库】(或鼠标指向"数据库设计器"，右击)→【编辑参照完整性】。

2. 建立永久联系与设置参照完整性举例

【例 3.25】在 JXSJ 数据库中，通过字段 XH 建立 XS1 表与 CJ1 表之间的永久联系。其中：XS1 表的 XH 字段已建名为 XH 的主索引，CJ1 表的 XH 字段已建名为 XH 的普通索引。

操作步骤：

打开 JXSJ 数据库设计器，操作参见【例 3.1】中的图 3-1（a）。建立永久联系如图 3-23 所示。

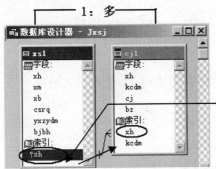

选中父表的主索引 XH，按住鼠标左键并拖至子表对应索引 XH 松开，两表间弹出（1 对多）关系线
注意：必须从父表的主索引或候选索引拖向子表的普通索引，不能反方向拖动。

图 3-23 建立表间永久联系

【例 3.26】在 JXSJ 数据库中，设置 XS1 表和 CJ1 表的参照完整性为删除限制，即当父表 XS1 中记录被删除时，若子表 CJ1 中有该学生的成绩记录则禁止删除 XS1 表中的记录。

操作步骤：

打开 JXSJ 数据库设计器，操作参见【例 3.1】中的图 3-1（a），设置参照完整性如图 3-24（a）、（b）所示。

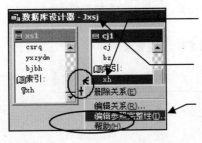

①查看两表是否已经建立永久联系，如没有，则按【例 3.25】的方法建立永久联系。

②单击当前"数据库设计器"窗口，VFP 菜单栏出现【数据库】菜单项，选【数据库】→【清理数据库】(如弹出"不能清理"提示时，则关闭数据库并再次打开数据库，重选【数据库】→【清理数据库】)

③鼠标指向关系线，右击→【编辑参照完整性】或【数据库】→【编辑参照完整性】，弹出"参照完整性生成器"窗口，如图 3-24（b）所示

图 3-24 （a）设置参照完整性之一

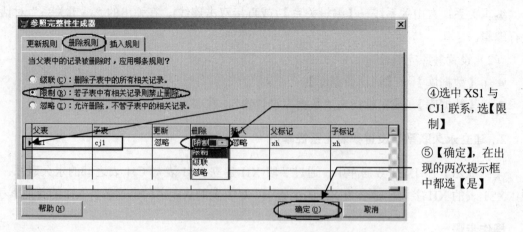

④选中 XS1 与 CJ1 联系，选【限制】

⑤【确定】，在出现的两次提示框中都选【是】

图 3-24（b） 设置参照完整性之二

3.5.3 表之间的临时联系

1. 设置临时联系的命令

【格式】SET RELATION TO [<关键字段表达式>|<数值表达式>]
        [INTO <别名> |<工作区号>]

2. 设置临时联系举例

【例 3.27】 设置 XS 表和 CJ 表之间的临时联系，使得当 XS 表记录的指针指向 XH 为 040202010 的记录时，那么 CJ 表记录的指针自动指向 XH 为 040202010 的第 1 条记录（已知 XS 表有 XH 主索引，CJ 表有 XH 普通索引）。

操作步骤：

（1）设置默认目录为当前文件夹，操作参见第 1 章【例 1.3】。

（2）在命令窗口输入如下命令，如图 3-25（a）所示。

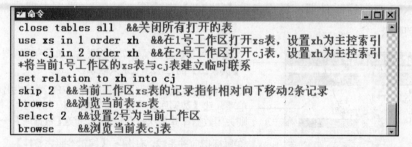

```
close tables all   &&关闭所有打开的表
use xs in 1 order xh   &&在1号工作区打开xs表，设置xh为主控索引
use cj in 2 order xh   &&在2号工作区打开cj表，设置xh为主控索引
*将当前1号工作区的xs表与cj表建立临时联系
set relation to xh into cj
skip 2   &&当前工作区xs表的记录指针相对向下移动2条记录
browse   &&浏览当前表xs表
select 2   &&设置2号为当前工作区
browse   &&浏览当前表cj表
```

图 3-25（a） 建立两表之间的临时联系

（3）观察显示结果如图 3-25（b）所示。

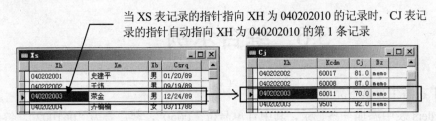

当 XS 表记录的指针指向 XH 为 040202010 的记录时，CJ 表记录的指针自动指向 XH 为 040202010 的第 1 条记录

图 3-25（b） 显示结果

练习 3.5

1. 为表"金牌榜"增加一个字段"奖牌总数"（整数型），同时为该字段设置有效性规则为：奖牌总数>=0。

2. 修改 CJ.DBF 表的结构：给 XH 字段增加字段有效性规则：XH 的左边 2 位字符为"04"，其提示信息为："学号前 2 位必须是 04"。

提示：用 LEFT 函数。

3. 为 order 表的"订单日期"字段定义默认值为系统的当前日期。

4. 打开数据库 employee_m，然后为其中的 employee 表建立一个普通索引，索引名为 nf，索引表达式为 year(出生日期)。通过 department 表的"部门号"与 employee 表的"部门"在两个表之间建立一个一对多的永久联系（需要建立必要的索引）。为上述建立的联系设置参照完整性约束：更新规则为限制，删除规则为级联，插入规则为限制。

5. 打开考生文件夹下的数据库 College，为"课程表"建立一个主索引，索引表达式和索引名均为"课程号"，并为"课程表"和"教师表"根据"课程号"建立一对多联系。设置其参照完整性规则为更新级联、删除限制、插入限制。

6. 为数据库"外汇管理"中的 rate_exchange 和 currency_sl 表分别建立主索引和普通索引，索引表达式和索引名均为"外币代码"，并通过此索引字段建立二者之间的一对多永久联系。

7. 为"入住"表创建一个主索引，主索引的索引名为 fkkey，索引表达式为：客房号+客户号；根据各表的名称、字段名的含义和存储的内容建立表之间的永久联系，并根据要求建立相应的普通索引，索引名与建索引的字段名相同，升序排序。

提示：由于客户表和入住表基于客户号存在一对多关系，故需对入住表建立基于客户号表达式的普通索引；由于客房表和入住表基于客房号存在一对多关系，故需对入住表建立基于客房号表达式的普通索引；由于房价表和客房表基于类型号存在一对多关系，故需对客房表建立基于类型号表达式的普通索引。

3.6　综合示例

【例 3.28】在考生目录下完成下列操作。

（1）在 orders 表中添加一条记录，其中订单号位"0050"，客户号为"061002"，签订日期为 2010 年 10 月 10 日。

（2）将 orders 表中订单号为"0025"的订单的签订日期改为 2010 年 10 月 10 日。

（3）为 orders 表添加一个"金额"字段（货币类型）。

（4）使用 VFP 的 DELETE 命令从 orderitems 表中逻辑删除订单号为"0032"且商品号为"C1003"的记录。

操作步骤：

操作方法请参考有关例题，主要结果及操作要领如图 3-26（a）、（b）所示。

①在"打开"对话框中打开 orders 表时一定要选中"独占"选项，才可插入、修改记录。

②输入、修改日期要用默认格式 MM/DD/YY

图 3-26（a）　添加记录与修改记录

图 3-26（b）　逻辑删除记录的命令与结果

【例 3.29】在考生文件夹下完成如下操作。

（1）打开"订单管理"数据库，然后从中删除 customer 表（物理删除）。

（2）为 employee 表建立一个普通索引，索引名为 xb，索引表达式为"性别"，升序索引。

（3）为 employee 表建立一个普通索引，索引名为 xyz，索引表达式为"str(组别,1)+职务"，升序索引。

（4）为 employee 表建立主索引，为 orders 建立普通索引，索引名和索引表达式均为"职员号"。通过"职员号"在 employee 表和 orders 表之间建立一个一对多的永久联系，并设置参照完整性约束：删除为"级联"，插入为"限制"。

操作步骤：

操作方法请参考有关例题，主要结果及操作要领如图 3-27（a）、（b）、（c）所示。

① 右击 customer→选【删除】时要在
弹出的提示对话框中选【删除】

图 3-27（a） 删除表操作

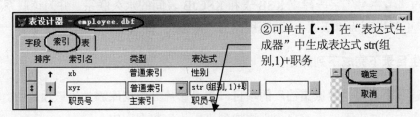

② 可单击【…】在"表达式生成器"中生成表达式 str(组别,1)+职务

图 3-27（b）建立索引操作

① 要先建立永久联系，再执行
【清理数据库】命令

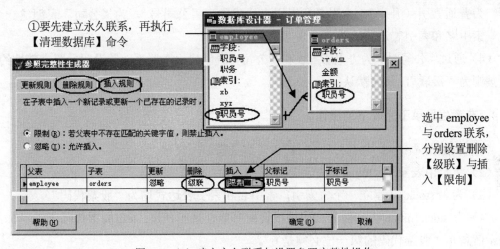

选中 employee
与 orders 联系，
分别设置删除
【级联】与插
入【限制】

图 3-27（c）建立永久联系与设置参照完整性操作

练习 3.6

1. 在考生目录下完成下列操作。

（1）打开"订单"的数据库，在"订单"数据库中创建"订单表"（订单号，单价，数量），其中，订单号为字符型，宽度为 4；单价为数值型，宽度为 9（其中 2 位小数）、数量为整型。

（2）将 employee 表添加到"订单"数据库中，并为 employee 表的职务字段设置有效性规则：职务只能为"组长"或"组员"，错误信息为"职务只能是组长或组员"，默认值为"组员"。

2. 在考生文件夹下，打开招生数据库 SDB，完成如下操作。

（1）在 KSB 表中增加一个名为"备注"的字段、字段数据类型为字符型、宽度为 30。

（2）在考生成绩表 KSCJB 中给成绩字段设置有效性规则和默认值，成绩>=0 AND 成绩<=150，默认值为 0。

（3）通过"考生号"字段建立 KSB 表和 KSCJB 表间的永久联系，并为该联系设置参照完整性约束：更新规则为"级联"；删除规则为"限制"；插入规则为"忽略"。

3. 在考生目录下完成下列操作。

（1）新建一个名为"电影集锦"的项目，将"影片"数据库添加进该项目中。

（2）将考生文件夹下的所有自由表添加到"影片"数据库中。

（3）为"电影"表创建一个主索引，索引名为 PK，索引表达式为"影片号"；再设置"公司号"为普通索引（升序），索引名和索引表达式均为"公司号"。为"公司"表创建一个主索引。索引名和索引表达式均为"公司号"。

（4）通过"公司号"为"电影"表和"公司"表创建永久联系，并设置参照完整性约束；更新规则为"级联"，其他默认。

4. 在考生目录下完成下列操作。

（1）从数据库 stock 中移去表 stock_fk（不是删除，仅移去）。

（2）将自由表 stock_name 添加到数据库中。

（3）为表 stock_sl 建立一个主索引，索引名和索引表达式均为"股票代码"。

（4）为 stock_name 表的股票代码字段设置有效性规则，是：left(股票代码，1)='6'，错误提示信息是"股票代码的第一位必须是6"。

5. 在考生文件夹下，完成如下操作。

（1）建立一个"客户"表，表结构如下：客户编号 C（8），客户名称 C（8），联系地址 C（30），联系电话 C（11），电子邮件 C（20）。

（2）建立一个"客户"数据库，并将"客户"表添加到该数据库中。

（3）将如下几列插入到"客户"表中。

50132900 刘云亭 北京市 1010 号信箱　　　13801238769 liuyt@ait.com.cn

30691008 吴敏霞 湖北省武汉市 99 号信箱　　13002749810 wumx@sina.com

41229870 王衣夫 辽宁省鞍山市 88 号信箱　　13302438008 wangyf@abbk.com.cn

6. 在考生文件夹下，完成如下操作。

（1）将 student 表中学号为 99035001 的学生的院系字段值改为"经济"。

（2）将 score 表的"成绩"字段的名称修改为"考试成绩"。

（3）利用表设计器为 student 表建立一个候选索引，索引名和索引表达式都是"学号"。

（4）利用表设计器为 course 表建立一个候选索引，索引名和索引表达式都是"课程编号"。

7. 在考生目录下完成下列操作。

（1）在考生文件夹下建立一个名为"外汇管理"的数据库。

（2）将表 currency_sl 和表 rate_exchange 添加到新建立的数据库中。

（3）将表 rate_exchange 中"买出价"字段的名称改为"现钞卖出价"。

（4）通过"外币代码"字段为表 rate_exchange 和 currency_sl 建立一对多永久联系（需要首先建立相关索引)。

关系数据库标准语言 SQL

4.1 数据操纵

SQL 的数据操纵功能是指对数据库表中数据（记录）的插入、更新和删除操作。

4.1.1 插入数据

1. 插入数据命令的格式

Visual FoxPro 支持两种 SQL 数据插入命令的格式，第一种格式是 SQL 标准格式，第二种是 Visual FoxPro 的特殊格式。

【格式 1】标准格式

INSERT INTO <表名> [（字段名 1 [，字段名 2，…，]）]

　　　　VALUES （字段值 1[，字段值 2，…] ）

【格式 2】Visual FoxPro 的特殊格式

INSERT INTO <表名> FROM ARRAY <数组名> | FROM MEMVAR

【主要参数描述】

INSERT INTO <表名>：向指定的表名为<表名>的表中追加记录。如果指定的表没有打开，则 Visual FoxPro 先在一个新的工作区中以独立的方式打开表，然后再追加新的记录到表中；如果所指定的表是打开的，INSERT 命令就将新记录追加到这个表中。

[（字段名 1 [，字段名 2，…，]）]：指定新记录的字段名，INSERT 命令将向这些字段中插入字段值。如果省略了字段名，将按表结构中的字段顺序依次插入字段值。

VALUES （字段值 1[，字段值 2，…] ）：按指定的顺序插入记录的字段值。如果省略了字段名，那么这些值将按照表结构定义的字段的顺序来插入字段值。

FROM ARRAY <数组名>：<数组名>指定的一个数组中的数据将被插入到新记录中。从第 1 个数组元素开始，数组中每个元素的内容依次插入到记录的对应字段中。

2. 插入数据操作举例

【例 4.1】使用 SQL INSERT 语句在 Client 表中添加一条学号为"061005"，姓名为"李一铁"，性别为"男"，出生日期为 1982 年 10 月 25 日，身高为 1.80 米的记录。将相应的 SQL

语句存储在程序文件 TWO.PRG 中（注意不要重复执行插入操作）。

分析：

打开 Client 表，查看表结构，确定使用何种 INSERT 语句的格式，了解各字段的类型，以便正确设置 VALUES 子句，如图 4-1（a）所示。

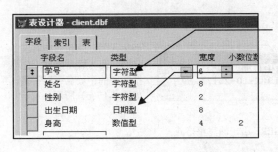

①依题意：是添加一条包含全部字段的记录，可用 INSERT INTO 表名 VALUES（对应的字段值）格式

②5 个字段涉及 3 种字段类型，字段值的格式如下：
字符型：字段值要加引号
日期型：{^年-月-日}
数值型：直接填写

图 4-1（a）分析表结构以便正确设置 INSERT 语句

操作步骤：

（1）新建程序文件，操作如图 4-1（b）所示。

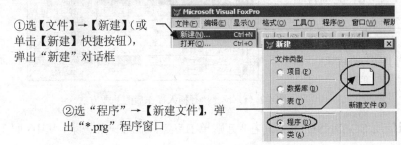

①选【文件】→【新建】（或单击【新建】快捷按钮），弹出"新建"对话框

②选"程序"→【新建文件】，弹出"*.prg"程序窗口

图 4-1（b） 新建程序文件

（2）输入 INSERT 语句，保存、运行程序如图 4-1（c）所示。

②【文件】→【另存为】，在"另存为"对话框的"保存文档为"栏输入 TWO→【保存】

③单击运行按钮【!】运行程序，注意只能单击 1 次! 如图 4-1（d）所示

①输入 INSERT 语句，依次输入各字段值，注意字符型、日期型、数值型字段值的格式

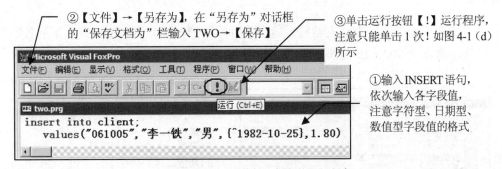

图 4-1（c） 编辑、保存并运行程序

（3）查看 Client 表在执行（插入记录）程序后的结果如图 4-1（d）所示。

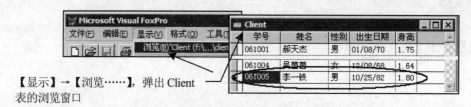

【显示】→【浏览……】，弹出 Client
表的浏览窗口

图 4-1（d）查看插入记录的结果

说明：

● INSERT 语句的完整格式如图 4-1（e）所示。

当插入的记录包含所有字
段时，表名后面括弧、连同
括弧中的字段名可以省略，
如图 4-1（c）所示

图 4-1（e）INSERT 语句的完整格式

● 题目已经提示"注意不要重复执行插入操作"，如果不小心多次单击了【!】按钮（即
重复执行了插入操作），补救方法如图 4-1（f）所示。

③如果由于 INSERT 语句有错而
造成插入的记录有误，同样可用
步骤①、②删除记录，然后改正
INSERT 语句后再次运行程序

①图中是多插入了一条记
录：单击多余记录前面的矩
形，使其变为实心矩形，即
设置逻辑删除标记

②【表】→【彻底删除】

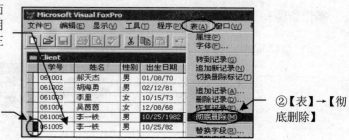

图 4-1（f）反复执行插入操作后的补救方法

【例 4.2】使用 SQL INSERT 语句在"订购单 B"表中添加一条记录，其中：职工号为"E8"，
订购日期为 2010 年 1 月 21 日，总金额为 6500。将相应的 SQL 语句存储在文件 ONE.PRG
中（注意不要重复执行插入操作）。

分析：

打开"订购单 B"表，查看表结构，确定使用何种 INSERT 语句的格式，了解各字段的
类型，以便正确设置 VALUES 子句，如图 4-2（a）所示。

①依题意：是添加一条记录中部分字段的
值，必须用 INSERT 完整语句格式

②3 个字段涉及 3 种字段类型，字段值的
格式如下：
字符型：字段值要加引号
日期型：{^年-月-日}
数值型：直接填写

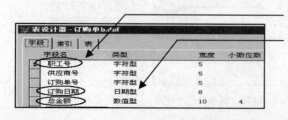

图 4-2（a）分析表结构以便正确设置 INSERT 语句

操作步骤：

新建、保存、运行程序等操作参见【例 4.1】。程序 ONE 中的 INSERT 语句如图 4-2（b）所示。查看“订购单 B”表在执行（插入记录）程序后的结果如图 4-2（c）所示。

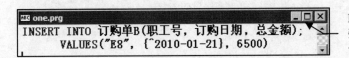

one.prg
INSERT INTO 订购单B(职工号，订购日期，总金额);
VALUES("E8", {^2010-01-21}, 6500)
INSERT 语句中表名后面的括弧内容如图所示，字段顺序与记录中的字段顺序要一致

图 4-2（b） 编辑、保存并运行程序

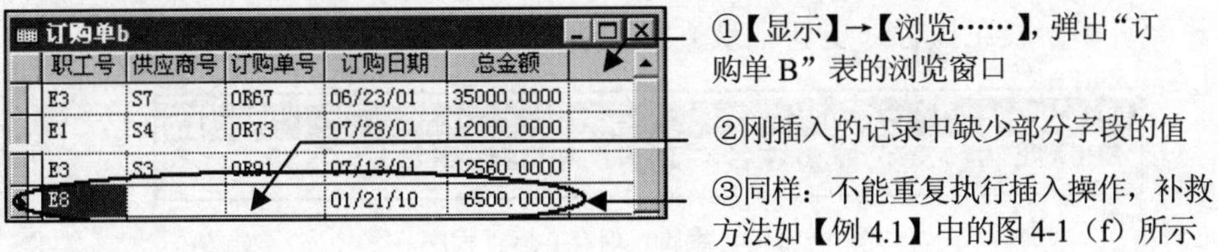

订购单b
职工号 供应商号 订购单号 订购日期 总金额
E3 S7 OR67 06/23/01 35000.0000
E1 S4 OR73 07/28/01 12000.0000
E3 S3 OR91 07/13/01 12560.0000
E8 01/21/10 6500.0000
①【显示】→【浏览……】，弹出“订购单 B”表的浏览窗口
②刚插入的记录中缺少部分字段的值
③同样：不能重复执行插入操作，补救方法如【例 4.1】中的图 4-1（f）所示

图 4-2（c）查看插入记录的结果

4.1.2 更新数据

1. 更新数据命令的格式

SQL 的数据更新命令格式如下：

UPDATE <表名>

SET 要更新的字段 1 = 字段的新值 1[，要更新的字段 2 = 字段的新值 2…]

WHERE <条件>

【参数描述】

UPDATE <表名>：指定要更新记录的表名。

SET 要更新的字段 1 = 字段的新值 1[，要更新的字段 2 = 字段的新值 2…]：指定要更新的字段以及这些字段的新值。如果省略了 WHERE 子句，则每条记录的字段都用相同的值更新。

WHERE <条件>：指定要更新的记录所满足的条件。

2. 更新数据操作举例

【例 4.3】使用 SQL UPDATE 语句将 GY 表中雇员号为“E3”的元组的雇员姓名改为“赵勇”，将相应的 SQL 语句存储在文件 THREE.PRG 中。

分析：

打开 GY 表，查看表结构，了解各字段的类型，以便正确设置 UPDATE 语句，如图 4-3（a）所示。

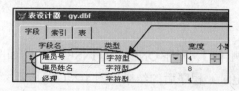

题目中涉及的 2 个字段"雇员号"、"雇员姓名"都是字符型；所以 SQL 语句中涉及字段值时要加引号

图 4-3（a）分析表结构了解各字段的类型

操作步骤：

新建、保存、运行程序等操作参见【例 4.1】。程序 THREE 中的 UPDATE 语句如图 4-3（b）所示。查看 GY 表在执行（更新记录）程序后的结果如图 4-3（c）所示。

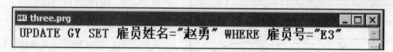

图 4-3（b） 编辑、保存并运行程序

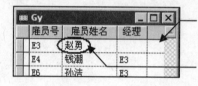

①【显示】→【浏览……】，弹出 GY 表的浏览窗口

②雇员号为 E3 的记录的雇员姓名已经改为"赵勇"

图 4-3（c）查看更新记录的结果

【例 4.4】使用 SQL UPDATE 语句将"仓库 A"表中所有的面积增加 5%，将相应的 SQL 语句存储在文件 FOUR.PRG 中（注意不要重复执行更新操作）。

分析：

打开"仓库 A"表，了解面积字段的类型（略），浏览表，分析题意如图 4-4（a）所示。

①依题意：即要将"面积"字段的值增加 5%，比如 388 变为 388*1.05=407（面积字段的类型为整型）

②由于要将表中所有记录"面积"字段的值增加 5%，因此 UPDATE 语句中不要加 WHERE 子句

图 4-4（a）分析表

操作步骤：

新建、保存、运行程序等操作参见【例 4.1】。程序 FOUR 中的 UPDATE 语句如图 4-4（b）所示。查看"仓库 A"表在执行（更新记录）程序后的结果如图 4-4（c）所示。

图 4-4（b） 编辑、保存并运行程序

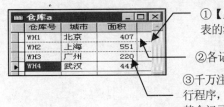

①【显示】→【浏览……】，弹出"仓库 A"
表的浏览窗口

②各记录的面积值都增加了 5%

③千万注意不能重复执行更新程序！例如：再次执
行程序，第一条记录的面积值变为 407*1.01=427，
其余记录面积值也相应增加 5%

图 4-4（c） 查看更新记录的结果

【例 4.5】使用 SQL 语句更改表"金牌榜"中所有记录的"奖牌总数"字段值，该值应
为"金牌数"、"银牌数"、"铜牌数"3 项之和。请将该 SQL 语句存储在文件 TWO.PRG 中，
否则不得分。

分析：

打开表"金牌榜"，浏览表，分析题意如图 4-5（a）所示。

①依题意：每条记录"奖牌总数"的字段值应是"金
牌数"、"银牌数"、"铜牌数"3 项字段值之和，例如：
国家代码为 001 记录的奖牌总数=32+17+14=63

②由于要更新表中所有记录"奖牌总数"的值，因
此 UPDATE 语句中不要加 WHERE 子句

图 4-5（a）分析表

操作步骤：

新建、保存、运行程序等操作参见【例 4.1】。程序 TWO 中的 UPDATE 语句如图 4-5（b）
所示。查看"金牌榜"表在执行（更新记录）程序后的结果如图 4-5（c）所示。

```
two.prg
update 金牌榜 set 奖牌总数=金牌数+银牌数+铜牌数
```

图 4-5（b） 编辑、保存并运行程序

①【显示】→【浏览……】，弹出"金
牌榜"表的浏览窗口

②各记录的奖牌总数值已经填入

③与【例 4.4】不同的是，本题的更新程序可重
复执行，可见是否可重复执行与更新表达式有关

图 4-5（c）查看更新记录的结果

第 4 章 关系数据库标准语言 SQL

4.1.3 删除数据

1. 删除数据命令的格式

SQL 的数据删除命令格式如下：

DELETE FROM <表名> [WHERE <条件>]

【参数描述】

FROM <表名>：指定从哪个表中删除记录。

WHERE <条件>：指定要删除的记录所满足的条件。此子句是可选项，如果不使用 WHERE 子句，则删除表中的所有记录。

2. 删除数据操作举例

【例 4.6】使用 SQL 语句逻辑删除 HIGHSAL 表中工资为 1250 的元组。将相应的 SQL 语句存储在文件 SIX.PRG 中。

分析：

打开 HIGHSAL 表，查看表结构了解各字段的类型如图 4-6（a）所示。

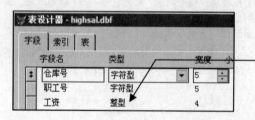

DELETE 语句要涉及表中"工资"字段的类型为整型，所有语句中用到该字段值是应直接填写

图 4-6（a）分析表

操作步骤：

新建、保存、运行程序等操作参见【例 4.1】。程序 SIX 中的 DELETE 语句如图 4-6（b）所示。查看 HIGHSAL 表在执行（删除记录）程序后的结果如图 4-6（c）所示。

图 4-6（b） 编辑、保存并运行程序

①【显示】→【浏览……】，弹出 HIGHSAL 表的浏览窗口

②满足工资为 1250 的记录（2 条）加了逻辑删除的标记（实心矩形）

图 4-6（c）查看删除记录的结果

说明：

SQL DELETE 语句只能对表中记录执行逻辑删除的操作。如果要物理删除表中的记录，则要先对表中记录进行逻辑删除的操作，然后运行 Visual FoxPro 的 PACK 命令完成物理删除。

练习 4.1

1．用 SQL INSERT 语句插入元组（"p7"，"PN7"，1020）到"零件信息"表（注意不要重复执行插入操作），将相应的 SQL 语句存储在文件 ONE.PRG 中。

2．使用 SQL 语句向自由表 golden.dbf 中添加一条记录（"011"，9，7，11）。请将该 SQL 语句存储在文件 TWO.PRG 中，否则不得分（注意不要重复执行插入操作）。

3．使用 SQL INSERT 语句在 client 表中添加一条记录，其中客户号为"071009"，姓名为"杨晓静"，性别为"女"，出生日期 1991 年 1 月 1 日，然后将该语句保存在命令文件 stwo.prg 中。（注意：只能插入一条记录）

4．使用 SQL INSERT 语句在 orders 表中添加一条记录，其中订单号为"0050"，客户号为"061002"，签订日期为 2010 年 10 月 10 日，然后将该语句保存在命令文件 sthree.prg 中。（注意不要重复执行插入操作）

5．使用 SQL UPDATE 语句将 client 表中客户号为"061009"的客户的性别改为"男"，并将相应的 SQL 语句存储在文件 SONE.PRG 中。

6．用 SQL UPDATE 语句将"零件信息"表中零件号为"p4"的零件的单价更改为 1090，并将相应的 SQL 语句存储在文件 Three.prg 中。

7．使用 SQL 命令将"歌手信息"表中歌手编号为 111 的歌手的年龄修改为 20 岁，将相应 SQL 命令存储在文件 mypro.prg 中。

8．使用 SQL UPDATE 语句将 orders 表中订单号为"0025"的订单的签订日期改为 2010 年 10 月 10 日，然后将该语句保存在命令文件 sfour.prg 中。

9．用 SQL DELETE 语句在"零件信息"表中删除单价小于 600 的所有记录，并将相应的 SQL 语句存储在文件 two.prg 中。

10．使用 SQL DELETE 语句从 orderitems 表中删除订单号为"0032"且商品号为"Cl003"的记录，然后将该语句保存在命令文件 sfour.prg 中。

11．打开文件 four.prg，使用 SQL DELETE 语句以及 VFP 物理删除语句，物理删除"职工 C"表中仓库号为"WH8"的元组，并将相应的 SQL 语句存储在文件 four.prg 中。

提示：程序中有 2 条语句，一条为逻辑删除记录语句，另一条为物理删除记录语句。

4.2 数据定义

标准 SQL 的数据定义功能非常广泛，本节主要介绍 Visual FoxPro 支持的表定义功能。

4.2.1 定义表

1. 定义表命令的格式

SQL 的表定义命令格式如下：

CREATE TABLE | DBF <表名 1> [NAME 长表名] [FREE]

  （<字段名 1> 字段类型 [（字段宽度 [，小数点后的位数])] [NULL | NOT NULL]

  [CHECK <表达式 1> [ERROR <错误信息 1>]]

  [DEFAULT <默认表达式 1>]

  [PRIMARY KEY | UNIQUE]

  [REFERENCES <表名 2> [TAG <索引名 1>]]

  [NOCPTRANS]

  [，<字段名 2> ……]

  [PRIMARY KEY <字段或字段组合 2> TAG <索引标识 2>

  |，UNIQUE <字段或字段组合 3> TAG <索引标识 3>]

  [，FOREIGN KEY <字段或字段组合 4> TAG <索引标识 4> [NODUP]

  REFERENCES <表名 3> [TAG <索引标识 5>]]

  [，CHECK <表达式 2> [ERROR <错误信息 2>]])

  | FROM ARRAY <数组名>

【主要参数描述】

- CREATE TABLE | DBF <表名>：指定要创建的表的表名。其中 TABLE 和 DBF 作用相同，可任选其一。

- <字段名 1>：指定所创建的表的字段名。

- 字段类型 [（字段宽度 [，小数点后的位数])]：指定新字段或待修改字段的字段类型、宽度和精度（小数点后的位数），如表 4-2 所示。

表 4-2   数据类型说明

字段类型 FieldType	字段宽度 nFieldWidth	字段精度 nPprecision	说明
C	n	—	宽度为 n 的字符型字段
D	—	—	日期型字段
T	—	—	日期时间型字段

续表

N	*n*	*d*	数值型字段，宽度为 *n*，小数位为 *d*
F	*n*	*d*	浮点型字段，宽度为 *n*，小数位为 *d*
I	—	—	整型字段
B	—	—	双精度型字段
Y	—	*D*	货币型字段
L	—	—	逻辑型字段
M	—	—	备注型字段
G	—	—	通用型字段
P	—	—	图片型字段

对于 D、T、I、Y、L、M、G、P 型数据，参数 nFieldWidth 和 nPprecision 是固定的，不必输入，如果 N、F、B 没有给出 nPprecision 的值，则默认值为 0。

- NULL / NOT NULL：字段中允许（或不允许）null 值。
- CHECK <表达式 1>：指定字段有效性规则表达式。
- ERROR <错误信息 1>：指定当字段规则产生错误时显示的错误信息。
- DEFAULT <默认表达式 1>：指定字段的默认值表达式。
- PRIMARY KEY：将此字段作为主索引。索引名与主索引字段名相同。
- UNIQUE：将此字段作为一个候选索引，候选索引名与其对应的字段名相同。
- PRIMARY KEY <字段或字段组合 2> TAG <索引标识 2>：指定要创建的主索引。<字段或字段组合 2> 指定表中任意一个字段或字段组合。TAG <索引标识 2> 指定要创建的主索引的名称。因为表只能有一个主索引，如已经创建了一个主索引，则命令中不能包含本子句。
- UNIQUE <字段或字段组合 3> TAG <索引标识 3>：创建候选索引。<字段或字段组合 3> 指定表中任意一个字段或字段组合。但是，如果已经用一个 PRIMARY KEY 选项创建了一个主索引，则不能包含指定为主索引的字段。TAG <索引标识 3> 为要创建的候选索引指定候选索引的名称。
- FOREIGN KEY <字段或字段组合 4> TAG <索引标识 4> [NODUP]：创建一个外部索引（非主索引），并建立与父表的关系。<字段或字段组合 4> 指定外部索引关键字表达式，TAG <索引标识 4>为要创建的外部索引指定外部索引的名称，包含 NODUP 来创建一个候选外部索引。
- REFERENCES <表名 3> [TAG <索引标识 5>]：指定与本表建立永久关系的父表（<表名 3>），可以包含 TAG <索引标识 5>来与父表建立一个基于索引标识的关系。
- CHECK <表达式 2> [ERROR <错误信息 2>]：指定表的有效性规则。ERROR <错误信息 2>指定当执行有效性规则产生错误时显示的错误信息。
- FROM ARRAY <数组名>：指定一个已经存在的数组名称，数组中包含表的每个字段的名称、类型、宽度及精度。

2. 定义表操作举例

【例 4.7】在商品销售数据库 CDB 中使用 SQL 的 CREATE TABLE 语句创建数据库表：销售明细表（顺序号，日期，商品号，商品名，金额），其中：顺序号为字符型，宽度为 6；日期为日期型；商品号为字符型，宽度为 6；商品名为字符型，宽度为 10；金额为数值型，宽度为 10（其中小数 2 位）；表的主关键字为"顺序号"。将创建表的 SQL 语句存放在文件 ONE.PRG 中。

操作步骤：

（1）打开数据库 CDB，如图 4-7（a）所示。

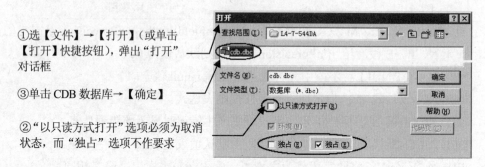

图 4-7（a） 打开数据库

说明：

本题创建的表含有主索引，因此必须是数据库中的表，如果 CDB 数据库不打开，用 CREATE TABLE 语句就无法正确创建表"销售明细表"。

（2）新建程序文件。单击【新建】快捷按钮，在弹出的"新建"对话框中选"程序"→【新建文件】，弹出"*.prg"程序窗口，如图 4-7（b）所示（操作参见【例 4.1】）。

（3）输入 CREATE TABLE 语句，保存、运行程序如图 4-7（b）所示。

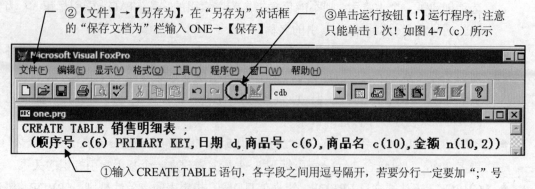

图 4-7（b） 编辑、保存并运行程序

（4）查看执行（创建表）程序后，CDB 数据库中是否添加了"销售明细表"及其表结构是否正确，如图 4-7（c）所示。

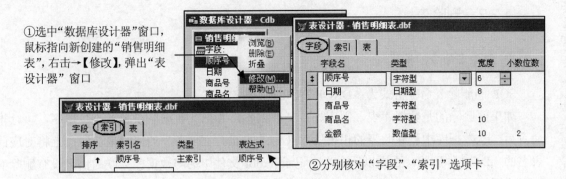

①选中"数据库设计器"窗口，鼠标指向新创建的"销售明细表"，右击→【修改】，弹出"表设计器"窗口

②分别核对"字段"、"索引"选项卡

图 4-7（c）查看创建的表

说明：

一般会有两种错误情况：一种是由于程序有错误而无法生成"销售明细表"表，可以找出错误，修改程序中的语句后，再次运行程序；另一种是"销售明细表"表已经生成，但有错误，这时除了找出错误，修改程序中的语句，还必须将已经生成的表从数据库中删除后（参见第 3 章 3.3.2 节数据库的基本操作举例），才能再次运行修改后的程序。

【例 4.8】使用 SQL 建立表的语句建立一个与自由表"金牌榜"结构完全一样的自由表 golden.dbf。请将该 SQL 语句存储在文件 one.prg 中，否则不得分。

分析：

打开表"金牌榜"，查看表结构，了解各字段名及其类型，是否有索引等，如图 4-8（a）所示。

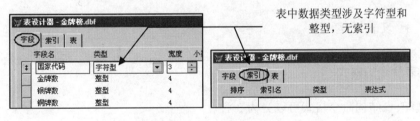

表中数据类型涉及字符型和整型，无索引

图 4-8（a）分析表

操作步骤：

新建、保存、运行程序参见【例 4.7】。输入 SQL SELECT 语句如图 4-8（b）所示。由于创建的表与"金牌榜"的结构完全一样，因此执行（创建表）程序后的结果可参见图 4-8（a）。

```
create table golden(国家代码 C(3),金牌数 I,银牌数 I,铜牌数 I)
```

图 4-8（b）编辑程序的结果

4.2.2 删除表

1. 删除表命令的格式

SQL 的删除表命令格式为：DROP TABLE <表名>

如果要删除的是数据库表，则应先打开数据库，并把此数据库设为当前数据库，执行本命令后，从数据库中删除此表的相关信息（记录在.dbf 文件中）的同时也从磁盘上将对应此表名的 .dbf 文件删除；否则以后会由于记录在.dbf 文件中的与数据库关联的信息没有删除而出现错误提示。

2. 删除表操作举例

【例 4.9】在当前文件夹中，使用 SQL 删除表的语句删除"教师"表。请将该 SQL 语句存储在文件 sone.prg 中，否则不得分。

操作步骤：

新建、保存、运行程序参见【例 4.7】。输入 SQL 删除表语句如图 4-9 所示。可以通过资源管理器查看当前文件夹中的"教师.dbf"文件是否不存在（操作略）。

图 4-9 编辑程序的结果

4.2.3 修改表结构

1. 修改表命令的格式

SQL 的修改表结构命令格式可以分为 3 种。

【格式 1】主要用于添加新字段（ADD）或修改（ALTER）已有的字段。

ALTER TABLE <表名 1> ADD | ALTER [COLUMN] <字段名 1>

　　字段类型 [（字段宽度 [，小数点后的位数] ）] [NULL | NOT NULL]

　　[CHECK <表达式 1> [ERROR <错误信息 1>]] [DEFAULT <默认表达式 1>]

　　[PRIMARY KEY | UNIQUE]

　　[REFERENCES <表名 2>　[TAG <索引标识 1>]]

【格式 2】主要用于定义、修改和删除有效性规则和定义默认值。

ALTER TABLE <表名 1> ALTER [COLUMN] <字段名 2> [NULL | NOT NULL]

　　[SET DEFAULT <新默认值 2>] [SET CHECK <表达式 2> [ERROR <错误信息 2>]]

　　[DROP DEFAULT] [DROP CHECK]

【格式 3】主要用于删除字段，修改字段名，定义、修改和删除表的有效性规则等，还可以定义（添加）候选索引或删除候选索引。

    ALTER TABLE <表名 1>

    [DROP [COLUMN] <字段名 3>

    [SET CHECK <表达式 3> [ERROR <错误信息 3>]]

    [DROP CHECK]

    [ADD PRIMARY KEY <关键字表达式 3> TAG <索引标识 2> [FOR <表达式 4>]

    [DROP PRIMARY KEY]

    [ADD UNIQUE <关键字表达式 4> [TAG <索引标识 3> [FOR <表达式 5>]]]

    [DROP UNIQUE TAG <索引标识 4>]

    [ADD FOREIGN KEY [<关键字表达式 5>] TAG <索引标识 4> [FOR <表达式 6>]

    REFERENCES <表名 2> [TAG <索引标识 5>]]

    [DROP FOREIGN KEY TAG <索引标识 6>] [SAVE]]

    [RENAME COLUMN <字段名 4> TO <字段名 5>]

【主要参数描述】

  参数：字段类型 [（字段宽度 [，小数点后的位数])]、NULL / NOT NULL、CHECK <表达式 1>、ERROR <错误信息 1>、DEFAULT <默认值表达式> 的描述与 CREATE TABLE 命令相同。其他参数描述如下。

- <表名 1>：指定要修改结构的表的表名。
- ADD [COLUMN] <字段名 1>：指定要添加的字段名。
- ALTER [COLUMN] <字段名 1>：指定要修改的字段名（字段已经存在）。
- PRIMARY KEY：创建主索引标识。索引标识与主索引字段名相同。
- UNIQUE：创建与字段同名的候选索引标识。

注意：在主索引或候选索引字段中，不允许有 NULL 值和重复记录。

- REFERENCES <表名 2> TAG <索引标识 1>：指定与本表建立永久关系的父表（<表名 2>）。参数 TAG <索引标识 1>指定父表的主索引标识，关系建立在此父表索引标识基础上。
- ALTER [COLUMN] 字段名 2：指定要修改的字段名。
- SET DEFAULT<新默认值 2>：指定已有字段的新默认值。
- SET CHECK <表达式 2>：指定已有字段新的有效性规则。
- ERROR <错误信息 2>：指定有效性检查出现错误时显示的错误信息。
- DROP DEFAULT：删除已有字段默认值。
- DROP CHECK：删除已有字段的有效性规则。
- DROP [COLUMN] 字段名 3：从表中删除一个由字段名 3 指定的字段。
- SET CHECK <表达式 3>：指定表的有效性规则。
- ERROR <错误信息 3>：指定表的有效性检查出现错误时显示的错误信息。
- DROP CHECK：删除表的有效性规则。
- ADD PRIMARY KEY <关键字表达式 3> TAG <索引标识 2> [FOR <表达式 4>]：往

表中添加主索引。<关键字表达式 3>指定主索引关键字表达式，<索引标识 2>指定主索引标识。如果省略<索引标识 2> 而<关键字表达式 3> 是一个字段，则主关键索引标识与指定的<关键字表达式 3>同名。

包含 FOR <表达式 4> 子句，可以指定只有满足筛选表达式<表达式 4>的记录才可以显示和访问。

- DROP PRIMARY KEY：删除主索引及其标识。
- ADD UNIQUE <关键字表达式 4> TAG <索引标识 3> [FOR <表达式 5>]：往表中添加候选索引。<关键字表达式 4>指定候选索引关键字表达式，<关键字表达式 4>指定候选索引标识。如果省略 TAG <索引标识 3>而<关键字表达式 4>为单个字段，则候选索引标识与指定的<关键字表达式 4>中指定的字段同名。

2. 修改表操作举例

【例 4.10】使用 SQL ALTER 语句为"学生"表增加字段：性别 C（2）。性别字段的有效性规则是：必须为男或女，出错提示信息为"性别必须为男或女"，默认值为男，然后将该语句保存在命令文件 xone.prg 中。

分析：

为"学生"表增加字段并设置其有效性规则应选用【格式 1】，语句如图 4-10（a）所示。

操作步骤：

新建、保存、运行程序参见【例 4.7】。输入 ALTER TABLE 语句如图 4-10（a）所示。查看执行程序后"学生"表的结构如图 4-10（b）所示。

```
ALTER TABLE 学生 ADD 性别 C(2) ;
 CHECK 性别="男" or 性别="女" ERROR "性别必须为男或女" DEFAULT "男"
```

图 4-10（a）编辑、保存并运行程序

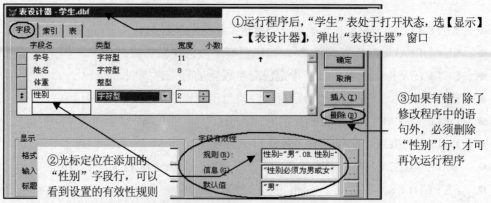

①运行程序后，"学生"表处于打开状态，选【显示】→【表设计器】，弹出"表设计器"窗口

②光标定位在添加的"性别"字段行，可以看到设置的有效性规则

③如果有错，除了修改程序中的语句外，必须删除"性别"行，才可再次运行程序

图 4-10（b）查看"学生"表的结构

【例 4.11】使用 SQL ALTER 语句将"学生"表中"体重"字段的类型改为整型，然后将该语句保存在命令文件 xtwo.prg 中。

分析：

查看"学生"表的表结构如图 4-11（b）左图所示。修改"学生"表中"体重"字段的类型应选用【格式 1】，语句如图 4-11（a）所示。

操作步骤：

新建、保存、运行程序参见【例 4.7】。输入 ALTER TABLE 语句如图 4-11（a）所示。查看执行程序后"学生"表的结构如图 4-11（b）右图所示。

图 4-11（a） 编辑、保存并运行程序

图 4-11（b）查看"学生"表的结构

【例 4.12】使用 SQL ALTER 语句将"职工"表的"工资"字段有效性规则改为：工资大于等于 1600，错误信息为"工资应>=1600"，然后将该语句保存在命令文件 xthree.prg 中。

分析：

查看"职工"表结构中"工资"字段的有效性规则，如图 4-12（a）所示。修改"职工"表的"工资"字段有效性规则应选用【格式 2】，语句如图 4-12（b）所示。

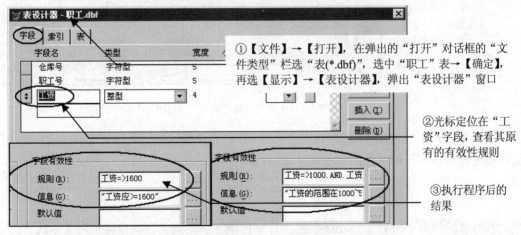

图 4-12（a）查看原"工资"字段的有效性规则

操作步骤：

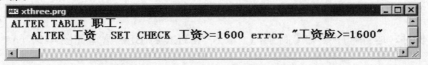

图 4-12（b） 编辑、保存并运行程序

新建、保存、运行程序参见【例 4.7】。输入 ALTER TABLE 语句如图 4-12（b）所示。查看执行程序后"职工"表的结构如图 4-12（a）所示。

【例 4.13】使用 SQL 语句的 ALTER TABLE 命令为"评委表"的"评委编号"字段增加有效性规则： 评委编号的最左边两位字符是 11（使用 LEFT 函数），并将该 SQL 语句存储在文件 three.prg 中，否则不得分。

分析：

为"评委表"的"评委编号"字段增加有效性应选用【格式 2】。因为是增加，说明原"评委编号"字段无有效性规则，可不必查看表的结构。根据题意语句如图 4-13（a）所示，注意 LEFT 函数的使用方法。

操作步骤：

新建、保存、运行程序参见【例 4.7】。输入 ALTER TABLE 语句如图 4-13（a）所示。查看执行程序后 "评委表"的结构如图 4-13（b）所示。

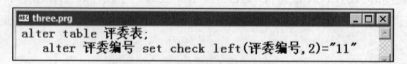

图 4-13（a） 编辑、保存并运行程序

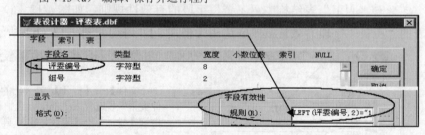

运行程序后，"评委表"处于打开状态，选【显示】→【表设计器】，查看"评委编号"字段的有效性规则

图 4-13（b）查看"评委编号"字段增加的有效性规则

【例 4.14】使用 SQL ALTER 语句为 order 表的"订单日期"字段定义默认值为系统的当前日期，然后将该语句保存在命令文件 xfour.prg 中。

分析：

查看表的结构（略）。为 order 表的"订单日期"字段定义默认值应选用【格式 2】。根据题意语句如图 4-14（a）所示，注意"系统的当前日期"的使用方法。

操作步骤：

新建、保存、运行程序参见【例 4.7】。输入 ALTER TABLE 语句如图 4-14（a）所示。查看执行程序后 order 表的"订单日期"字段定义的默认值，如图 4-14（b）所示。

图 4-14（a） 编辑、保存并运行程序

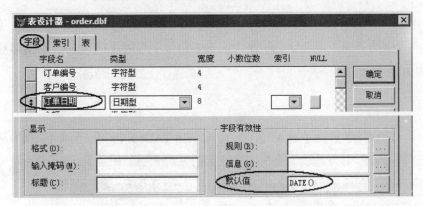

图 4-14（b）查看"订单日期"字段定义的默认值

【例 4.15】使用 SQL ALTER 语句删除"仓库"表中"面积"字段的有效性规则，然后将该语句保存在命令文件 xfive.prg 中。

分析：

查看"仓库"表中"面积"字段原有效性规则如图 4-15（a）所示。删除"仓库"表中"面积"字段的有效性规则应选用【格式 2】。根据题意语句如图 4-15（b）所示。

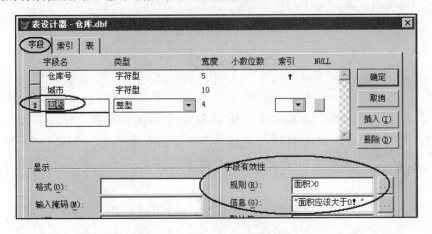

图 4-15（a）"面积"字段原有效性规则

操作步骤：

新建、保存、运行程序参见【例 4.7】。输入 ALTER TABLE 语句如图 4-15（b）所示。查看执行（ALTER）程序后，"仓库"表中"面积"字段原有效性规则略。

图 4-15（b） 编辑、保存并运行程序

【例 4.16】使用 SQL 语句 ALTER TABLE…UNIQUE…将"教师表"中的"职工号"字段定义为候选索引，索引名是"职工号"，并将该语句存储在文件 XSIX.PRG 中，否则不给分。

分析：

将"教师表"中的"职工号"字段定义为候选索引，应选用【格式 3】。根据题意语句如图 4-16（a）所示。

操作步骤：

新建、保存、运行程序参见【例 4.7】。输入 ALTER TABLE 语句如图 4-16（a）所示。查看执行程序后"教师表"中为"职工号"字段定义的候选索引如图 4-16（b）所示。

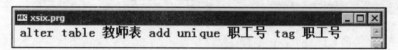

图 4-16（a） 编辑、保存并运行程序

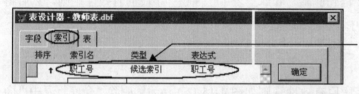

运行程序后，"教师表"表处于打开状态，选【显示】→【表设计器】，选"索引"选项卡

图 4-16（b） 查看定义的候选索引

练习 4.2

1. 打开名为"学生管理"的数据库，使用 SQL Create 语句在"学生管理"数据库中建立"学生"表，"学生"表中包括：学号（字符型、宽度 11），姓名（字符型、宽度 8），体重（数值型、2 位整数 1 位小数），学号为主关键字。并将该 SQL 语句存储在文件 jone.prg 中。

2. 使用 SQL 建立表的语句建立一个与自由表 GOODS.DBF 结构完全一样的自由表 SGOODS.DBF。请将该 SQL 语句存储在文件 JTWO.PRG 中，否则不得分。（注意考察是否有索引）

3. 使用 SQL 语句为 orders 表添加一个"金额"字段（货币类型）。请将该 SQL 语句存储在文件 JTHREE.PRG 中，否则不得分。

4. 使用 SQL 语句为表"金牌榜"增加一个字段"奖牌总数"（整数型），同时为该字段设置有效性规则：奖牌总数>=0。请将该 SQL 语句存储在文件 one.prg 中，否则不得分。

5．使用 SQL ALTER 语句为 client 表的"性别"字段设置有效性规则：性别必须为男或女。然后将该语句保存在命令文件 sthree.prg 中。

6．使用 SQL 语句为"教师表"的"职工号"字段增加有效性规则：职工号的最左边 4 位字符是"1102"，并将该 SQL 语句存储在文件 three.prg 中，否则不得分。

7．利用 SQL ALTER 语句为 orderitem 表的"数量"字段设置有效性规则：字段值必须大于零。然后把该 SQL 语句保存在 sone.prg 文件中。

8．使用 SQL 语句 ALTER TABLE…UNIQUE…将"课程表"中的"课程号"字段定义为候选索引，索引名是 temp，并将该语句存储在文件 one.prg 中，否则不给分。

9．修改程序 five.prg 并执行。程序的功能如下。

（1）建立数据库表"学生"（表结构为"姓名"20 个字符，"学号"10 个字符，其中学号为主键）。

（2）为刚建立的"学生"表增加一个字段："总分"，整型。

（3）定义"总分"的有效性规则："总分"大于等于 0 并且小于等于 800。

（4）插入一条记录("林红"、"20100808"、788)到"学生"表中。

（5）将刚插入的学号为"20100808"的记录的总分修改为 786。

10．打开"大学管理"数据库，修改并执行程序 four.prg。程序 four.prg 的功能如下。

（1）建立一个"工资表"（各字段类型和宽度与"教师表"的对应字段相同），其中"职工号"为关键字。

（2）插入一条"职工号"、"姓名"和"工资"分别为"11020034"，"宣喧"和 4500 的记录。

（3）将"教师表"中所有记录的相应字段插入"工资表"。

（4）将工资低于 3000 元的职工工资增加 10%。

（5）删除姓名为"Thomas"的记录。

注意，只能修改标有错误的语句行，不能修改其他语句，修改以后请执行一次该程序，如果多次执行，请将前一次执行后生成的表文件删除。

4.3　数据查询

SQL 的核心是查询，其查询命令也称为 SELECT 命令。Visual FoxPro 6.0 支持的 SQL SELECT 命令的简明语法格式如下：

SELECT [DISTINCT] [TOP <数字表达式> [PERCENT]]

　　[<匹配项的名称>.] <字段、常量或表达式> [AS <列标题>]

　　[，[<匹配项的名称>.] <字段、常量或表达式> [AS <列标题>] …]

　　FROM [FORCE]

　　[<数据库名>!] <表名> [[AS] <临时名称>]

　　[[INNER]　JOIN <数据库名>!] <表名> [[AS] <临时名称>]

　　[ON <连接条件> …]

　　[[INTO Destination] | [TO FILE <文本文件名> [ADDITIVE]]]

　　[WHERE <连接字段> [AND　<连接字段> …]

　　[AND | OR <条件> [AND | OR <条件> …]]]

　　[GROUP BY <分组字段> [，<分组字段> …]]

　　[HAVING　<条件>]

　　[ORDER BY <排序字段、常量或表达式> [ASC | DESC] [，<排序字段、常量或表达式> [ASC | DESC…]]

【主要参数描述】

<字段、常量或表达式>：指定查询结果中所包含的字段、常量或表达式。

DISTINCT：在查询结果中去除重复行。

- TOP　<数字表达式>　[PERCENT]：不使用 PERCENT 时，<数字表达式>为 1~32767 间的整数，说明显示前几个记录；当使用 PERCENT 时，<数字表达式>为 0.01~99.99 间的整数，说明显示结果中前百分之几的记录，注意：TOP 短语必须与 ORDER BY 短语同时使用才有效。

- <匹配项的名称>. ：限定匹配项的名称。<字段、常量或表达式>指定的每一项在查询结果中都生成一列。如果多个项具有相同的名称，则应在这些项名前加上表的别名和一个句点，以防止出现重复的列。

- AS <列标题> ：指定查询结果中列的标题。

- FROM：列出所有从中检索数据的表。如包含 FORCE 关键字，则严格按照在 FROM 子句中声明的顺序连接表。

- <数据库名>!：当包含表的数据库不是当前数据库时，<数据库名>!指定此数据库的名称。"！"为数据库与表名的分隔符。

- [AS] <临时名称>：为 <表名> 中的表指定一个临时名称。如果指定本地别名，那么在整个 SELECT 语句中必须都用这个别名代替表名。

- [INNER] JOIN：只有在其他表中包含对应记录（一个或多个）的记录才出现在查询结果中，INNER 可省略。
- ON <连接条件>：指定连接条件。
- INTO Destination：Destination 主要是下列子句之一。
  - Δ   ARRAY <数组名>：将查询结果保存到数组中。
  - Δ   CURSOR <临时表名>：将查询结果保存到临时表中。
  - Δ   DBF | TABLE <表名>：将查询结果保存到一个表（扩展名为.DBF）中，SELECT 语句执行结束后，表仍然保持打开状态。
- TO FILE <文件名> [ADDITIVE]：将查询结果输出保存到名为<文件名>的 ASCII 码文件（文本文件）中，ADDITIVE 使查询结果以追加方式，输出到<文件名>指定的文本文件中。
- WHERE：指定筛选条件。
  - Δ   <连接字段> [AND   <连接字段> …]：参见简单连接查询。
  - Δ   <条件>：指定将包含在查询结果中记录必须符合的条件。
- GROUP BY <分组字段>：按列的值对查询结果进行分组，参见分组与计算查询。
- HAVING   <条件>：必须跟随 GROUP BY 子句使用，用于限定分组必须满足的条件。
- ORDER BY <排序字段、常量或表达式> [ASC | DESC]：对查询结果进行排序。ASC 为默认选项，指定查询结果依据排序项升序排序，DESC 指定查询结果依据排序项降序排序。

4.3.1 基本查询

【例 4.17】使用 SQL 命令根据"教师表"产生一个结构和数据完全一致的"高校教师"表，并按职工号递增排序，请将该 SQL 语句存储在文件 two.prg 中，否则不得分。

分析：

【例 4.8】中要求使用 SQL 创建表结构的语句建立一个与已知表结构完全一样的表。本例与【例 4.8】相比区别有两点：其一，没有要求一定要用 SQL 创建表结构语句创建表；其二，要建立的"高校教师"表不仅要与"教师表"有一致的结构，还要有"教师表"中的所有数据（即记录），且记录要按照职工号递增排序。因此只要用一条 SQL 的查询语句（如图 4-17）即可实现。

当然，如果【例 4.8】不要求一定要用 SQL 建立表结构的语句创建表结构，也可以用 SQL SELECT 语句生成，因为只要生成表结构，所以还要加一句 VFP 的物理删除记录的语句 ZAP。

操作步骤:

新建程序文件,输入 SELECT 语句,保存、运行程序等如图 4-17 所示,浏览生成的"高校教师"表与"教师表"相同,所以不再列出。

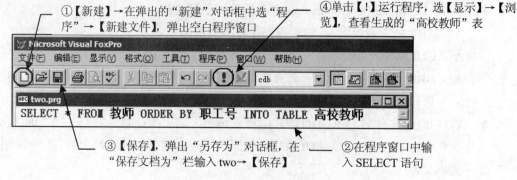

①【新建】→在弹出的"新建"对话框中选"程序"→【新建文件】,弹出空白程序窗口

④单击【!】运行程序,选【显示】→【浏览】,查看生成的"高校教师"表

③【保存】,弹出"另存为"对话框,在 "保存文档为"栏输入 two→【保存】

②在程序窗口中输入 SELECT 语句

图 4-17 编辑、保存并运行程序

【例 4.18】使用 SQL 命令查询年龄小于 30 岁(含 30 岁)的会员的信息(来自表 Customer),列出会员号、姓名和年龄,查询结果按年龄降序排序存入文本文件 cut_ab.txt 中,SQL 命令存入命令文件 cmd_ab.prg。

分析:

分析题意,本例只涉及一个表 Customer,SQL SELECT 语句如图 4-18(a)所示,语句中涉及 SELECT、FROM、WHERE、ORDER BY、TO FILE 子句。

操作步骤:

(1)新建、保存、运行程序等操作参见【例 4.17】。输入 SELECT 语句如图 4-18(a)所示。

图 4-18(a) 编辑、保存并运行程序

(2)查看执行(查询)程序后生成的文本文件,操作如图 4-18(b)所示。

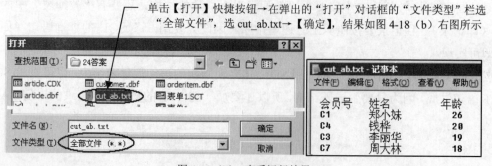

单击【打开】快捷按钮→在弹出的"打开"对话框的"文件类型"栏选"全部文件",选 cut_ab.txt→【确定】,结果如图 4-18(b)右图所示

图 4-18(b) 查看运行结果

【例 4.19】在考生文件夹下有 customer(客户)表和 order(订单)表 ,用 SQL SELECT

语句查询所有客户的订单信息，要求在结果中包括"公司名称"、"订单编号"、"金额"和"送货方式" 4 个字段的信息，并先按公司名称升序排序再按订单编号升序排序，查询结果存放在文件 results.dbf 中，并要求将完整的 SQL SELECT 语句保存在文件 SQL.PRG 中。

分析:

打开数据库，分析题意如图 4-19（a）所示。

查询涉及
输出字段: 公司名称、订单编号、金额和送货方式 4 个字段
排序字段: 公司名称、订单编号
均来自 2 个表，两表关联字段为: 客户编号
输出字段分别来自 2 个表，所以书写 SQL 语句时可不加表名前缀，SELECT 语句如图 4-19（b）所示

图 4-19（a） 查看数据库表

操作步骤:

新建、保存、运行程序等操作参见【例 4.17】。输入 SELECT 语句如图 4-19（b）所示。查看执行（查询）程序后生成的 results 表，操作如图 4-19（c）所示。

图 4-19（b） 编辑、保存并运行程序

公司名称	订单编号	金额	送货方式
红太阳	9001	12345.65	空运
红太阳	9007	987.36	空运
灵芝新式公司	9006	6548.23	铁路
新光	9004	5612.00	铁路

程序运行后 results 表处于打开状态，可用【显示】→【浏览】查看表

图 4-19（c） 查看运行结果

【例 4.20】查询哪些课程有不及格的成绩，将查询到的课程名称存入文本文件 new.txt，并将相应的 SQL 语句存储到命令文件 two.prg 中。

分析：

分析题意如图 4-20（a）所示。

查询涉及

输出字段：课程名称，来自 Course 表
筛选条件：成绩<60，成绩字段来自 Score 表
两表关联字段为：课程编号

课程编号为 1001 的记录有多条成绩<60，查询输出时将出现多条课程名称相同（大学英语）的记录，因此要加 DISTINCT 短语，SELECT 语句如图 4-20（b）所示

图 4-20（a） 查看查询涉及的表

操作步骤：

新建、保存、运行程序等操作参见【例 4.17】。输入 SELECT 语句如图 4-20（b）左图所示。查看执行（查询）程序后生成的文本文件结果如图 4-20（b）右图所示（操作参见【例 4.18】中的图 4-18（b））。

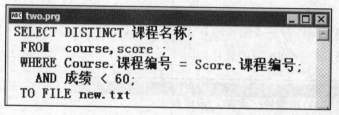

```
SELECT DISTINCT 课程名称;
  FROM   course,score ;
  WHERE Course.课程编号 = Score.课程编号;
    AND 成绩 < 60;
  TO FILE new.txt
```

图 4-20（b） 编辑、保存并运行程序及结果

【例 4.21】 使用 SQL SELECT 语句查询每个学生的平均成绩，结果包括 "姓名"（出自 student 表）和"平均成绩"（根据 score 表的"成绩"字段计算）两个字段，并按"平均成绩"字段降序，平均成绩相等时按"姓名"升序将查询结果存储在表 avgscore.dbf 中，并将 SELECT 语句保存在文件 SQLA.PRG 中。

分析：

打开数据库，分析题意如图 4-21（a）所示。

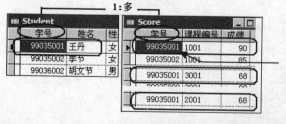

查询涉及

输出字段：姓名（出自 student 表），平均成绩（根据 score 表的成绩字段计算）
排序字段：平均成绩、姓名
分组字段：学号
两表关联字段为：学号
SELECT 语句如图 4-21（b）左图所示

图 4-21（a） 查看查询涉及的表

操作步骤：

新建、保存、运行程序等操作参见【例 4.17】。输入 SELECT 语句如图 4-21（a）左图所示。查看执行（查询）程序后生成的 avgscore 表，如图 4-21（b）右图所示。

图 4-21（b） 编辑、保存并运行程序及结果

【例 4.22】请修改程序文件 three.PRG，其功能如下。

查询 2006 年各部门商品的年销售利润情况。查询内容为：部门号、部门名、商品号、商品名和年销售利润，其中年销售利润等于销售表中一季度利润、二季度利润、三季度利润和四季度利润的合计。查询结果按部门号升序，然后按年销售利润降序排序，并将查询结果输出到表 TABA 中。表 TABA 的字段名分别为："部门号"、"部门名"、"商品号"、"商品名"和"年销售利润"。

请打开程序文件 three.prg，修改其中的错误，然后运行该程序。

原程序内容：

```
SELECT  部门表.部门号, 部门名, 销售表.商品号, 商品名,;
    一季度利润 + 二季度利润 + 三季度利润 + 四季度利润 as 年销售利润;
 FROM   部门表, 销售表, 商品代码表 ;
ON   销售表.商品号 = 商品代码表.商品号 ;
  ON   部门表.部门号 = 销售表.部门号;
 WHERE  销售表.年度 = "2006";
 ORDER 1, 5;
 TO TABLE TABA
```

分析与改错：

SELECT 语句中的第 3、7、8 行有错。

【第 3 行】：FROM 子句中表与表之间的逗号应改为 INNER JOIN，才能与下面的 ON 子句匹配，应改为（有下画线部分为修改内容，下同）：

```
FROM   部门表 INNER JOIN 销售表 INNER JOIN 商品代码表 ;
```

【第 7 行】：ORDER 子句缺 BY，年销售利润字段为降序排序要加 DESC，应改为：

ORDER BY 1, 5 DESC;

【第 8 行】：查询去向为表时，子句格式为 INTO TABLE <表名>，所以应改为：

INTO TABLE TABA

【例 4.23】请修改并执行程序 temp.prg，该程序的功能是：根据"教师表"和"职称表"计算每位教师的"应发工资"，每位教师的"应发工资"等于：与"职称级别"相符的"基本工资"+"课时"×80×职称系数。教授的职称系数为 1.4，副教授的职称系数为 1.3，讲师的职称系数为 1.2，助教的系数为 1.0。计算结果存储于自由表 salary.dbf 中，salary.dbf 中的字段包括姓名、系号和应发工资，并按"系号"降序排列，"系号"相同时按"应发工资"升序排列。

注意，只能修改标有错误的语句行，不能修改其他语句行。

原程序内容：

```
CREATE  职称系数表 (职称名 c(6),职称系数 f(10,2))   &&有错误【1】
INSERT INTO  职称系数表  VALUE ("教授",1.4)
INSERT INTO  职称系数表  VALUE ("教授",1.3)         &&有错误【2】
INSERT INTO  职称系数表  VALUE ("讲师",1.2)
INSERT INTO  职称系数表  VALUE ("助教",1.0)
SELECT  姓名，系号,课时*80*职称系数+基本工资 as 应发工资;
FROM  职称系数表,教师表;
    WHERE  职称表.职称级别 = 教师表.职称级别 ;
    OR  职称表.职称名 = 职称系数表.职称名;
    INRO DBF salary.dbf;
    ORDER BY 系号 desc,应发工资
```

分析与改错：

【第 1 行】：创建表的语句格式有错，缺 TABLE，应改为（有下画线部分为修改内容，下同）：

CREATE TABLE 职称系数表 (职称名 c(6),职称系数 f(10,2))

【第 3 行】：职称名为"教授"的记录已经插入，第 2 条插入语句应该插入职称名是"副教授"的记录，所以应改为：

INSERT INTO 职称系数表 VALUE ("副教授",1.3)

原程序第 7、9 行（即 SELECT 语句中第 2、4 行）有错：

【第 7 行】：SELECT 子句中的输出字段涉及"姓名"、"系号"、"课时"均来自"教师表"，"职称系数"来自"职称系数表"，"基本工资"来自"职称表"，所以 FROM 子句中缺少"职称表"，应改为：

【第 9 行】: FROM 子句中有 3 个表,WHERE 子句中表与表之间的连接表达式就应有两个,而且是同时满足的关系,应将 OR 改为 AND:

AND 职称表.职称名 = 职称系数表.职称名;

【例 4.24】 考生文件夹下已有程序文件 pone.prg,但其中有 6 处内容缺失(分别标注了【1】~【6】),请填充。不要修改程序的其他内容。程序的功能是:从 department 和 employee 表中统计各部门男女职员的人数。统计结果依次包含部门名、人数_男、人数_女和总人数 4 项内容,其中人数_男表示男职员人数,人数_女表示女职员人数。各记录按部门名降序排序,查询去向为表 tableone。最后要运行该程序文件。

原程序内容:

```
SELECT Department.部门名, count(*) as 总人数;
 FROM   employee_m!department INNER JOIN employee_m!employee ;
   ON   Department.部门号 = Employee.部门;
【1】;
 INTO TABLE tone.dbf

SELECT Department.部门名, count(*) as 人数_男;
 FROM   employee_m!department INNER JOIN employee_m!employee ;
   ON   Department.部门号 = Employee.部门;
【2】;
【3】;
 INTO TABLE ttwo.dbf

SELECT tone.部门名, ttwo.人数_男, 【4】 as 人数_女, tone.总人数;
  FROM tone INNER JOIN ttwo ;
【5】;
【6】;
  INTO TABLE tableone
```

分析与填空:

程序涉及的表以及分析如图 4-22(a)所示:

图 4-22（a）department 和 employee 表

（1）填空【1】：第 1 个 SELECT 语句的功能是统计各部门的总人数，并将部门名、总人数存入 tone 表中，tone 表数据如图 4-24（b）所示，此语句缺少分组子句，【1】应填写为：

GROUP BY department.部门名;

（2）填空【2】、【3】：第 2 个 SELECT 语句的功能是统计各部门的男职员人数，并将部门名、男职员人数存入 ttwo 表中，ttwo 表中数据如图 4-22（b）所示，此语句也缺少分组子句，有两种方法。

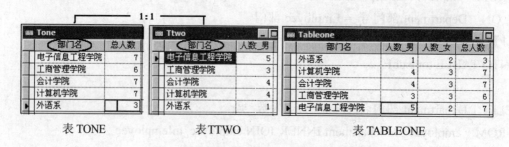

表 TONE   表 TTWO   表 TABLEONE

图 4-22（b） 程序生成的表

方法 1：

【2】、【3】：先按部门分组，同一部门中再按性别分组，并对分组设置条件：性别="男"。

GROUP BY department.部门名,Employee.性别 ;
HAVING   Employee.性别="男";

方法 2：

【2】、【3】：筛选出全部男职员，在此基础上按部门号或部门名分组。

WHERE Employee.性别="男";
GROUP BY department.部门名;

（3）填空【4】、【5】、【6】：第 3 个 SELECT 语句是用第 1、2 条 SELECT 语句生成的 tone 表和 ttwo 表，查询生成表 tableone，表中数据如图 4-22（b）所示。要求："结果依次包含部门名、人数_男、人数_女和总人数 4 项内容，其中人数_男表示男职员人数，人数_女表示女职员人数。各记录按"部门名"降序排序，……"。分析并填写如下。

【4】：输出字段"人数_女"可用每个部门的总人数减去该部门男职员的人数实现。

【5】：FROM tone INNER JOIN 子句缺少两表的关联子句。

【6】：SELECT 缺少"按部门名降序排序"子句，所以应填写如下：

SELECT tone.部门名, ttwo.人数_男, <u>tone.总人数-ttwo.人数_男 as 人数_女</u>, tone.总人数;
<u>On tone.部门名=ttwo.部门名;</u>
<u>ORDER BY 1 desc ;</u>

4.3.2 复杂查询

【例 4.25】程序文件 modil.prg 中 SQL SELECT 语句的功能是查询哪些零件（零件名称）目前用于 3 个项目，并将结果按升序存入文本文件 results.txt。给出的 SQL SELECT 语句中在第 1、3、5 行各有一处错误，请改正并运行程序（不可以增删语句或短语，也不可以改变语句行）。

原程序内容：

SELECT 零件名称 FROM 零件信息 WHERE 零件号 =;
(SELECT 零件号 FROM 使用零件;
GROUP BY 项目号 HAVING COUNT(项目号) = 3) ;
ORDER BY 零件名称 ;
INTO FILE results

分析与改错：

程序涉及的表以及分析如图 4-23 左图所示，查询结果数据如图 4-23 右图所示。

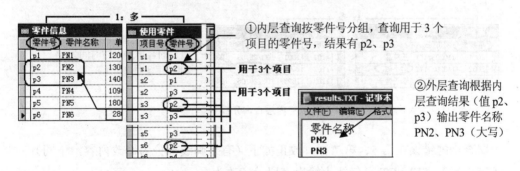

图 4-23 程序涉及的表以及分析

【第 1 行】：内层查询的结果"零件号"是一个字符集合，外层查询中 WHERE 子句应使用 IN 运算符，所以应改为（有下画线部分为修改内容，下同）：

SELECT 零件名称 FROM 零件信息 WHERE 零件号 <u>IN</u>;

【第 3 行】：根据"使用零件"表（如图 4-25）分析，内层查询应按"零件号"分组，找出"项目号"个数等于 3 的零件号，所以应改为：

GROUP BY 零件号 HAVING COUNT(项目号) = 3) ;

【第 5 行】：查询去向为文本文件时，子句格式为：TO FILE <文件名>，应改为：

TO FILE results

【例 4.26】修改一个名称为 THREE.PRG 的命令文件。该命令文件用于查询与"姚小敏"同一天入住宾馆的每个客户的客户号、身份证、姓名、工作单位，查询结果包括"姚小敏"本人。查询结果输出到表 TABC 中。该命令文件在第 3 第、第 5 行、第 7 行和第 8 行有错误（不含注释行），打开该命令文件，直接在错误处修改，不可改变 SQL 语句的结构和短语的顺序，不允许增加、删除或合并行。修改完成后，运行该命令文件。

原程序内容：

```
OPEN DATABASE 宾馆
SELECT 客户.客户号,身份证,姓名,工作单位;
FROM 客户 JOIN 入住;
WHERE 入住日期 IN;
( SELECT ;
FROM 客户,入住;
WHERE 姓名 = "姚小敏");
TO TABLE TABC
```

分析与改错：

（1）内层查询分析与改错。

内层查询涉及的表以及分析如图 4-24（a）所示。

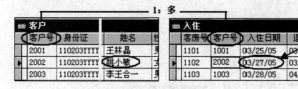

图 4-24（a） 内层查询分析

内层查询的错误在第 5、第 7 行，改正如下（有下画线部分为修改内容，下同）：

【第 5 行】：SELECT 子句缺少输出字段，应改为：

(SELECT 入住日期;

【第 7 行】：WHERE 子句除了条件"姓名 = "姚小敏""外，对应第 6 行"FROM 客户,入住"应该有"客户"表和"入住"表的关联的语句，应改为：

WHERE 姓名 = "姚小敏" and 客户.客户号=入住.客户号);

修改后，内层查询完整语句（第 5、6、7 行）如下：

(SELECT 入住日期 ;

FROM 客户,入住 WHERE 姓名 = "姚小敏" and 客户.客户号=入住.客户号)

（2）外层查询分析与改错。

外层查询涉及的表以及分析如图 4-24（b）所示。

外层查询：根据内层查询结果，将所有入住时间为
03/27/05 的客户相关信息输出到表 TABC

图 4-24（b） 外层查询分析与结果表数据

外层查询语句（第 3 行至第 8 行）在未改错之前的格式如下：

SELECT 输出字段列表 FROM 客户 JOIN 入住 WHERE 入住日期 IN(内层查询);
TO TABLE TABC   &&为突出外层查询，内层查询略去

外层查询的错误在第 3、第 7、第 8 行，改正如下：

【第 3 行】："FROM 客户 JOIN 入住"中两个表用 JOIN 连接时必须紧跟 ON 子句，而
其后面紧跟的是 WHERE 子句。所以应将 JOIN 改为逗号：

FROM 客户 , 入住;

【第 7 行】：在 WHERE 子句中添加关联子句"AND 客户.客户号=入住.客户号"，其位置
应在内层查询外面，改正如下：

WHERE 姓名 = "姚小敏" and 客户.客户号=入住.客户号) and 客户.客户号=入住.客户号;

注意：右括弧左边的关联子句"and 客户.客户号=入住.客户号"是内层查询要添加的。

【第 8 行】：查询去向为表时，子句格式为 INTO TABLE <表名>，所以应改为：

INTO TABLE TABC

修改后外层查询语句（第 3 行至第 8 行）完整的格式如下：

SELECT 输出字段列表 FROM 客户, 入住 WHERE 入住日期 IN ;
(内层查询) and 客户.客户号=入住.客户号 ;
INTO TABLE TABC

4.3.3 综合举例

【例 4.27】歌手比赛分为 4 个组，"歌手表"中的"歌手编号"字段的左边两位表示该歌
手所在的组号。考生文件夹下的程序文件 five.prg 的功能是：根据"歌手表"计算每个组的歌
手人数，将结果填入表 one.dbf。表 one.dbf 中有两个字段："组号"和"歌手人数"。程序中

有 3 处错误，请修改并执行程序。

注意：只能修改标有错误的语句行，不能修改其他语句，数组名 A 不允许修改。

原程序内容：

```
CLOSE DATA
USE one                &&打开 ONE 表
GO TOP                 &&指向表中第一条记录
WHILE.NOT. EOF()       &&【错误1】
zuhao=组号             &&将当前记录中的组号内容送变量 zuhao
*以下语句【错误2】
SELECT COUNT(*) FROM 歌手表 WHERE 歌手编号=zuhao INTO ARRAY  A
REPLACE 歌手人数 INTO A      &&【错误3】
SKIP                   &&记录指针下移1
ENDDO
```

程序中的注释为编者添加。

分析与改错：

程序分析如图 4-25 所示。

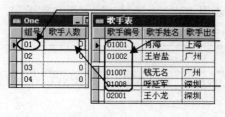

①首先将 ONE 表第一条记录的组号 01 存入变量 zuhao

②SELECT 语句统计"歌手表"中"歌手编号"前 2 位 =组号 01 的记录数（8）存入数组 A

③REPLACE 语句将数组 A 中的值 8 存入 ONE 表中"歌手人数"字段，ONE 表指针下移 1，对第 2 条记录施行步骤①②③直至到达 ONE 表的尾部

图 4-25 程序分析

【错误1】：循环语句格式为 DO WHILE <条件>，应改为（有下画线部分为修改内容，下同）：

<u>DO</u> WHILE.NOT. EOF()

【错误2】： SELECT 语句中 WHERE 子句条件应是歌手编号左边 2 位等于组号（变量 zuhao）的值，应改为：

SELECT COUNT(*) FROM 歌手表 WHERE <u>LEFT(</u>歌手编号,2)=zuhao INTO ARRAY A

【错误3】：REPLACE 语句的格式为 REPLACE <字段名> WITH <表达式>，应改为：

REPLACE 歌手人数 <u>WITH</u> A

【例 4.28】请修改并执行程序 four.prg，该程序的功能是：根据"学院表"和"教师表"计算"信息管理"系教师的平均工资。注意，只能修改标有错误的语句行，不能修改其他语句。

原程序内容:

```
*下句只有一处【错误1】
SELECT 系号 FROM 学院表 WHILE 系名="信息管理" INTO ARRAY a
*下句只有一处【错误2】
OPEN 教师表              &&打开教师表
STORE 0 TO sum          &&存放工资之和的变量 sum 赋值 0
STORE 0 TO num          &&存放人数的变量 num 赋值 0
*下句只有一处【错误3】
SCAN WHERE  系号=a      &&SCAN 循环
    sum=sum+工资         &&累加工资送入变量 sum
*下句缺少一句【填空4】

ENDSCAN
?sum/num                &&显示平均值
```

程序中的注释为编者添加。

分析与改错:

程序分析如图 4-26 所示。

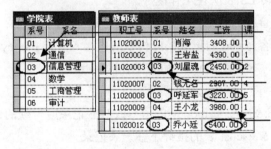

①SELECT 语句查询"学院表"中系名为"信息管理"的系号 03 存入数组 A

②通过 SCAN 循环,将"教师表"中系号=03 的记录的工资累加存入 sum,记录条数累加存入 num

③输出 sum/num 的值即平均工资

图 4-26 程序分析

【错误1】: SELECT 中条件子句有错误,应改为(有下画线部分为修改内容,下同):

SELECT 系号 FROM 学院表 <u>WHERE</u> 系名="信息管理" INTO ARRAY a

【错误2】: 打开表的语句错误,应改为:

<u>USE</u> 教师表

【错误3】: SCAN 语句中的条件子句错误,应改为:

SCAN <u>FOR</u> 系号=a

【错误4】: 缺少的是累加记录条数的语句,应为:

num=num+1

【例 4.29】修改一个名称为 TWO.PRG 的命令文件。该命令文件统计每个顾客购买商品的金额合计（应付款），结果存储在临时表 ls 中。然后用 ls 中每个顾客的数据去修改表 scust 对应的记录。该命令文件有 3 行语句有错误，打开该命令文件进行修改。注意：直接在错误处修改，不可改变 SQL 语句的结构和短语的顺序，不允许增加、删除或合并行。修改完成后，运行该命令文件。

原程序内容：

```
CLOSE DBF
PRIVATE no,money
USE scust
*下面的一行语句有【错误 1】
SELECT  顾客号,数量*单价 AS 应付款 ；
FROM order JOIN comm ON order.商品号 ＝ comm.商品号 ；
GROUP BY  顾客号 ；
INTO CURSOR ls
SELECT scust                        &&打开表 scust 所在工作区
*下面的一行语句有【错误 2】
DO WHILE EOF()                      &&DO 循环开始，如果到表尾就结束循环
    no ＝ 顾客号              &&将表 scust 中指针所指记录的顾客号存入变量 no
    SELECT ls                &&转 LS 表所在工作区
    LOCAT FOR  顾客号 ＝ no     &&查找 LS 表中顾客号=no 的记录并指向该记录
    money ＝ 应付款    &&将 LS 表中顾客号=no 的记录的应付款的值存入变量 money
    SELECT scust                &&转 scust 表所在工作区
    *下面的一行语句有【错误 3】
    REPLACE ALL  应付款 ＝ money   &&用变量 money 的值修改对应记录应付款的值
    SKIP +1                     &&scust 表的指针下移一条记录
ENDDO                       &&DO 循环结束
CLOSE TABLE
RETURN
```

程序中的注释为编者添加。

分析与改错：

（1）SELECT 语句分析如图 4-27（a）所示。

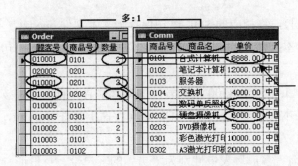

SELECT 语句是统计每个顾客购买商品的金额合计（应付款）。例如顾客号为 010001 的顾客，购买了商品号为 0101、0201、0202 等的商品，那么其合计应为以下金额之和：

0101 商品的数量 2*单价 8888

0201 商品的数量 3*单价 15000

0202 商品的数量 1*单价 6000，

分析可知应以"顾客号"分组，SUM（数量*单价）为其应付款

图 4-27（a）　SELECT 语句分析

改错如下：

【错误 1】：SELECT 子句中统计应付款，应改为（有下画线部分为修改内容，下同）：

SELECT 顾客号,SUM(数量*单价)　AS 应付款 ；

（2）"用 ls 中的每个顾客的数据去修改 scust 表对应的记录"分析如图 4-27（b）所示。

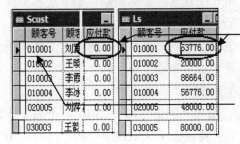

①用 ls 中每个顾客的数据去修改表 scust 对应的记录

②打开表 scust 所在工作区，指向首记录，

将顾客号 010001 存入变量 no，转 LS 表所在工作区，找到顾客号=no 的记录，将该记录应付款的值 53776 存入变量 money，转 scust 表所在工作区，用 money 的值修改当前记录应付款字段的值为 53776，指针下移 1 条记录，重复上述操作直到指针指向表尾。

图 4-27（b）修改 scust 表中应付款分析

改错如下：

【错误 2】：DO WHILE EOF() 循环语句中的条件有错误，应改为：

DO WHILE NOT EOF()

【错误 3】：REPLACE 语句格式有错误，应改为：

REPLACE 应付款 WITH money

练习 4.3

1．使用 SQL 命令，新建一个名为 TEMP 的表，其内容和结构与当前文件夹下的"歌手信息"表完全相同，并按"歌手编号"升序排序。请将该 SQL 语句存储在文件 NEW.PRG 中，否则不得分。

2．用 SQL 语句从 rate_exchange.dbf 表中提取外币名称、现钞买入价和卖出价 3 个字段的值并将结果存入 rate_ex.dbf 表（字段顺序为外币名称、现钞买入价、卖出价，字段类型和

宽度与原表相同，记录顺序与原表相同），将相应的 SQL 语句保存为文本文件 one.txt。

提示：由于 SQL 命令是保存在文本文件中的，请考虑用适当的方法运行 SQL 语句才能生成 rate_ex.dbf 表。

3．使用 SQL 语句查询"教师表"工资大于 4500 元的教师的全部信息，查询结果按"职工号"升序排列，将查询结果存储到文本文件 one.txt 中，SQL 语句存储于文件 two.prg，否则不得分。

4．使用 SQL 的 SELECT 语句查询"客户"表中性别为"男"的客户号、身份证、姓名和工作单位字段及相应的记录值，并将结果存储到名为 TABA 的表（注意，该表不需要排序）。请将该语句存储到名为 one.prg 的文件中。

5．查询每门课程的最高分，要求得到的信息包括课程名称和分数，将结果存储到 max.dbf 表文件（字段名是课程名称和分数），并将相应的 SQL 语句存储到命令文件 one.prg。

6．修改 test.prg 中的语句，该语句的功能是将"职称表"中所有职称名为"教授"的记录的"基本工资"存储于一个新表 prof.dbf 中，新表中包含"职称级别"和"基本工资"两个字段，并按"基本工资"升序排列。最后运行程序文件 test.prg

7．请修改并执行程序 four.prg。程序 four.prg 的功能是：计算每个系的平均工资和最高工资并存入表 three.dbf 中，要求 three.dbf 中包含"系名"、"平均工资"和"最高工资"字段，先按"最高工资"降序排序，再按"平均工资"降序排列。

8．请修改并执行程序 test。Test.prg 的功能是：根据"职工"和"部门"两个表，计算每个部门 1980 年到 1990 年出生的职工人数，存储于新表 new 中，新表中包括"部门"和"人数"两个字段，结果按"人数"递减排序。注意，每行有且仅有一处错误，不能修改其他语句。

9．请修改并执行程序 temp。temp.prg 的功能是：根据"教师表"和"课程表"计算讲授"数据结构"这门课程并且"工资"大于等于 4000 元的教师人数。注意，只能修改标有错误的语句行，不能修改其他语句。

第 5 章

查询与视图

5.1　查询

5.1.1　用查询设计器创建查询的主要步骤

（1）打开查询设计器。

方法 1：用 VFP 菜单。选【文件】→【新建】，在弹出的"新建"对话框中选中"查询"→【新建文件】。

方法 2：用 VFP 命令。在命令窗口输入 CREATE QUERY。

方法 3：在 VFP 项目管理器中创建查询。打开"项目管理器"窗口，选中【数据】选项卡（或【全部】选项卡中"数据"栏）中的【查询】→【新建】，在弹出的"新建查询"对话框中选【新建查询】。

（2）添加创建查询所需要的表或视图。

这一步骤主要是在弹出的"添加表或视图"对话框中完成。

（3）"查询设计器"界面的设置。

查询界面设置主要是对"字段"、"联接"、"筛选"、"排序依据"、"分组依据"和"杂项" 6 个选项卡的设置，以及为查询添加、删除表或视图。

（4）查询去向的设置。

查询设计器提供了多种查询去向（输出）的方式供用户选择。可以通过 VFP 菜单，选【查询】→【查询去向】或鼠标指向"查询设计器"界面，右击→【输出设置】，在弹出的"查询去向"对话框中设置。

（5）保存查询。

目的是把查询设计器生成的查询以扩展名为.QPR 的文件保存，以便反复使用或修改已经建立的查询，保存的方法与保存程序文件类似。

（6）运行查询。

设计好的查询必须运行才能生成查询结果，如果在第（4）步中设置了查询去向（如输出到一个新表），也必须在运行了查询以后，才能将查询结果保存到所设置的查询去向（如一个新表）中。

运行查询的常见方法如下。

方法 1：在 VFP 快捷菜单栏，单击【！】按钮。

方法 2：鼠标指向"查询设计器"界面，右击→【运行查询】。

方法 3：在 VFP 菜单，选【查询】→【运行查询】。

5.1.2 查询设计器基本操作举例

下面通过例题具体介绍使用查询设计器建立查询的设计过程，查询界面中"字段"、"筛选"、"排序依据"、"分组依据"等选项卡的设置方法，以及如何设置查询去向等。

1. 为数据库表建立查询以及"字段"选项卡的基本操作方法

【例 5.1】打开"学生素质"数据库，建立一个名为 QUERYONE.QPR 的查询，查询结果依次包含"系名"、"姓名"、"性别"3 项内容。

操作步骤：

（1）打开"学生素质"数据库，操作如图 5-1（a）所示。

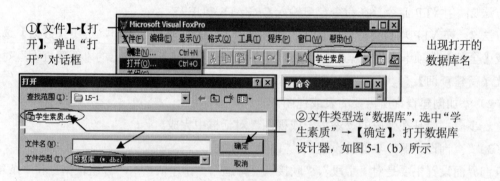

图 5-1（a）　打开数据库

（2）根据题意确定所需的表，如图 5-1（b）所示。

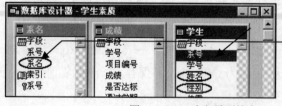

图 5-1（b）　确定需要的表

（3）新建查询，操作如图 5-1（c）、（d）所示。

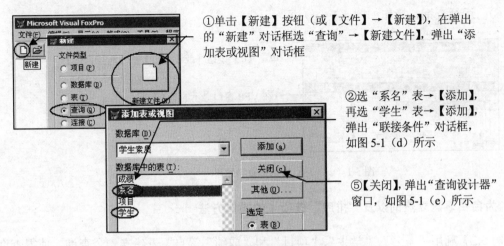

①单击【新建】按钮（或【文件】→【新建】），在弹出的"新建"对话框选"查询"→【新建文件】，弹出"添加表或视图"对话框

②选"系名"表→【添加】，再选"学生"表→【添加】，弹出"联接条件"对话框，如图 5-1（d）所示

⑤【关闭】，弹出"查询设计器"窗口，如图 5-1（e）所示

图 5-1（c）　打开查询设计器选择指定的表或视图

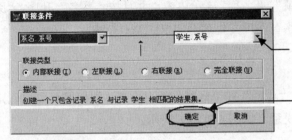

③查询设计器会自动根据两张表的联系给出联接条件，如果联接字段不符合要求则可以修改

④本题不需修改→【确定】，返回图 5-1（c）

图 5-1（d）　确定联接条件

（4）在"字段"选项卡设置查询结果，操作如图 5-1（e）所示。

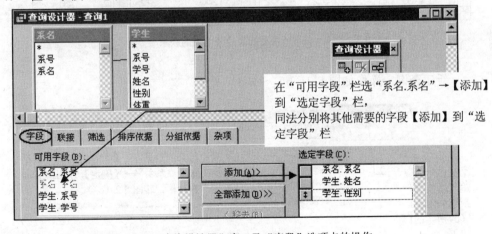

在"可用字段"栏选"系名.系名"→【添加】到"选定字段"栏，
同法分别将其他需要的字段【添加】到"选定字段"栏

图 5-1（e）　"查询设计器"窗口及"字段"选项卡的操作

（5）保存查询，操作如图 5-1（f）所示。

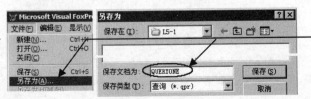

【文件】→【另存为】，在弹出的"另存为"对话框中输入保存的查询文件名→【保存】

图 5-1（f）　保存查询

(6) 运行查询，操作如图 5-1（g）所示。

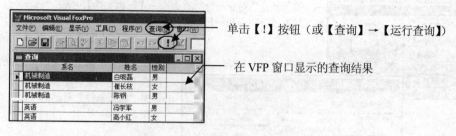

单击【!】按钮（或【查询】→【运行查询】）

在 VFP 窗口显示的查询结果

图 5-1（g） 运行查询与查询结果

2. 为自由表建立查询以及"排序"选项卡的操作方法

【例 5.2】利用"系名"、"学生"、"项目"和"成绩"等自由表建立一个查询，使得查询结果依次包含"系名"、"姓名"、"成绩"、"名称" 4 项内容，并且按"系名"升序，"系名"相同的再按"成绩"降序排序，最后将查询以文件名 QUERYTWO.QPR 保存。

操作步骤：

（1）分别打开"系名"、"学生"、"项目"和"成绩"等自由表，根据题目要求确定建立查询所需要用到的表，以及表与表的联系，如图 5-2（a）所示。

图 5-2（a） 分析所需要的表及表与表的联系

（2）新建查询，操作如图 5-2（b）～（d）所示。

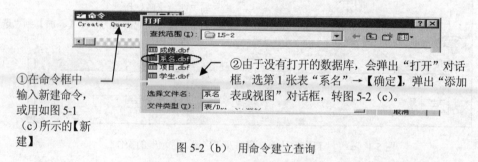

①在命令框中输入新建命令，或用如图 5-1（c）所示的【新建】

②由于没有打开的数据库，会弹出"打开"对话框，选第 1 张表"系名"→【确定】，弹出"添加表或视图"对话框，转图 5-2（c）。

图 5-2（b） 用命令建立查询

③由于所选的表为自由表，所以选【其他】，再次弹出"打开"对话框

⑤重复步骤③、④，依次添加"成绩"、"项目"表→【关闭】，结果如图5-2（d）所示

④选"学生"表→【确定】，在弹出的"联接条件"对话框中核对联系为"系号"→【确定】

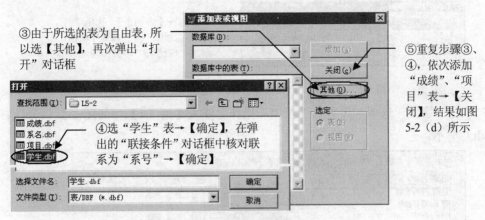

图 5-2（c） 添加指定的表或视图

⑥添加的表以及表之间的联系

图 5-2（d） 查询设计器上方窗口添加的表

注意：

无论是数据库表还是自由表，在添加 3 张或 3 张以上的多张表时，最好根据步骤（1）中事先分析表之间的联系，按照 1 对多、多对多、……、多对 1 的顺序依次添加。

如果出现添加到某张表后弹出的"联接条件"对话框中无联接条件时，必须停止添加，删除最后添加的没有联接条件的表，然后继续添加。假设本例已经添加了"系名"和"学生"表，接着添加的是"项目"表，这时弹出的"联接条件"对话框如图 5-2（e）所示，修改方法如下。

无联接条件

①单击【取消】，返回"添加表或视图"对话框

②单击【关闭】，返回"查询设计器"窗口，如图 5-2（f）所示

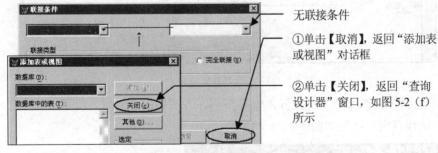

图 5-2（e） 出现无联接条件的修改方法步骤之一

"项目"表与前 2 张表均无联接

③选中"项目"表，右击→【移去表】，如图 5-2（g）所示

图 5-2（f） 出现无联接条件的修改方法步骤之二

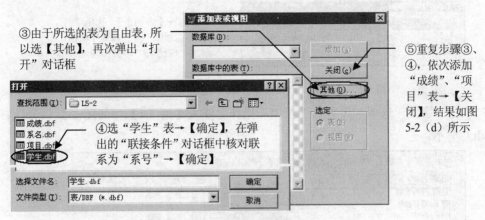

④右击→【添加表】，弹出"打开"对话框，按正确顺序依次添加"成绩"、"项目"表

图 5-2（g）出现无联接条件的修改方法步骤之三

（3）在"字段"选项卡设置查询结果，操作方法见【例 5.1】中的图 5-1（e），结果如图 5-2（h）所示。

图 5-2（h）设置"字段"选项卡

（4）在"排序依据"选项卡设置排序，操作如图 5-2（i）、（j）所示。

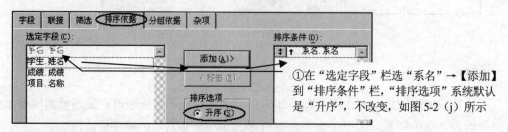

①在"选定字段"栏选"系名"→【添加】到"排序条件"栏，"排序选项"系统默认是"升序"，不改变，如图 5-2（j）所示

图 5-2（i）设置排序字段之一

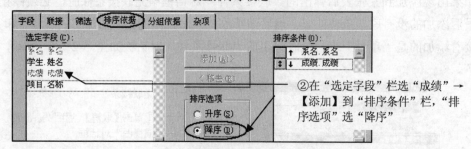

②在"选定字段"栏选"成绩"→【添加】到"排序条件"栏，"排序选项"选"降序"

图 5-2（j）设置排序字段之二

（5）以文件名 QUERYTWO.QPR 保存查询，方法如图 5-1（f）所示。

（6）运行查询。结果如图 5-2（k）所示。

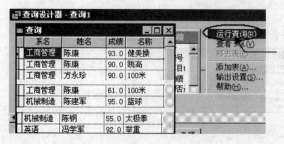

③除了【例 5.1】中运行查询的方法外，还可鼠标指向查询设计器，右击→【运行查询】

图 5-2（k）运行查询及显示结果

操作归纳:

新建查询时,要添加的表可以是数据库表或者自由表,但在添加表时界面有所不同:如果是数据库表,查询设计器直接弹出"添加表或视图"对话框,而且在对话框中显示出数据库名以及数据库中的表,可以直接选择添加即可,参见【例 5.1】中的图 5-1(c);如果是自由表,查询设计器将会弹出"打开"对话框,当选择了要添加的第一张表后,才会弹出"添加表或视图"对话框,单击【其他】按钮可以继续添加其他自由表,参见本例的图 5-2(c)。

无论哪种情形,当添加第二张表时,查询设计器都会自动根据两张表的联系提取联接条件,并弹出"联接条件"对话框供用户检查,如果联接字段不对则可以修改。如果"联接条件"对话框中无字段联接时,必须按图 5-2(e)、(f)、(g)进行处理。

3. "字段"选项卡中"函数与表达式"的操作方法

【例 5.3】 修改例 5.2 建立的查询 QUERYTWO.QPR,在查询结果最后添加名为"标准成绩"的字段,"标准成绩"是"成绩"的 110%,其他不需改动,将修改后的查询保存在文件 QUERYTHREE.QPR 中。

操作步骤:

(1)打开已建查询文件 QUERYTWO.QPR,如图 5-3(a)所示。

①单击【打开】按钮,或【文件】→【打开】,弹出"打开"对话框

②"文件类型"栏选"查询(*.qpr)",选中 QUERYTWO.QPR 文件→【确定】,弹出"查询设计器"窗口,如图 5-3(b)所示

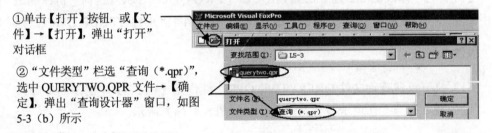

图 5-3(a) 打开已建查询

(2)在"字段"选项卡添加"标准成绩"字段,如图 5-3(b)、(c)所示。

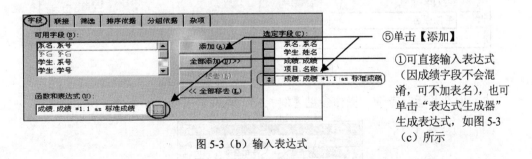

⑤单击【添加】

①可直接输入表达式(因成绩字段不会混淆,可不加表名),也可单击"表达式生成器"生成表达式,如图 5-3(c)所示

图 5-3(b) 输入表达式

④输入： *1.1 AS 标准成绩
→【确定】，如图5-3（b）所示

③双击 "成绩" 字段名→"成绩.成绩" 出现在表达式框中

②选 "成绩" 表

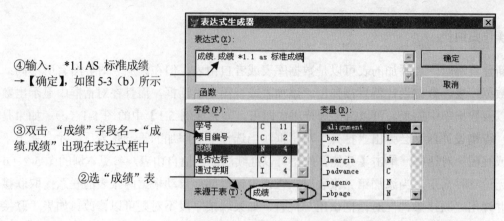

图5-3（c）用表达式生成器生成表达式

（3）保存并运行查询（操作参见【例5.1】）。结果如图5-3（d）所示。

图5-3（d） 查询结果

4. "筛选" 选项卡的操作方法

【例5.4】 修改例5.2建立的查询 QUERYTWO.QPR，要求只查询 "机械制造" 系学生的相关信息，查询输出字段以及排序情况不变，以文件名 QUERYFOUR.QPR 保存查询。

操作步骤：

（1）打开已建查询文件 QUERYTWO.QPR，操作见【例5.3】中的图5-3（a）。

（2）在 "筛选" 选项卡设置筛选条件，如图5-4（a）所示。

①在 "字段名" 栏选系名表的 "系名"　　②在 "条件" 栏选 "="　　③在 "实例" 栏输入 "机械制造"，因 "系名" 是字符型字段，必须加引号，如果没有加引号，系统会自动识别并添加引号

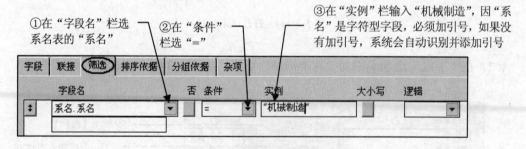

图5-4（a） 设置 "筛选" 条件

（3）保存并运行查询，操作参见【例5.1】，查询结果如图5-4（b）所示。

图5-4（b） 查询结果

【例 5.5】 修改例 5.4 建立的查询 QUERYFOUR.QPR，要求只查询"机械制造"系体重大于等于 80 公斤的学生的相关信息，查询输出字段以及排序情况不变，以文件名 QUERYFIVE.QPR 保存查询。

操作步骤：

打开查询、保存并运行查询，操作参见【例 5.3】。"筛选"选项卡的设置如图 5-5（a）所示。查询结果如图 5-5（b）所示。

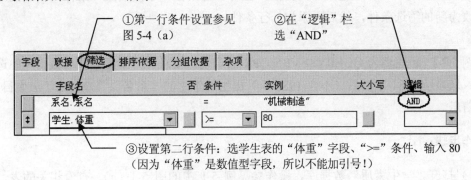

图 5-5（a）设置"筛选"条件

图 5-5（b）查询结果

【例 5.6】 修改例 5.4 建立的查询 QUERYFOUR.QPR，查询结果只包含"陈"姓学生成绩在 60 分（含 60 分）到 70 分（含 70 分）之间的相关信息，查询输出字段以及排序情况不变，以文件名 QUERYSIX.QPR 保存查询。

操作步骤：

打开查询、保存并运行查询，操作参见【例 5.3】。"筛选"选项卡的设置如图 5-6（a）所示。查询结果如图 5-6（b）所示。

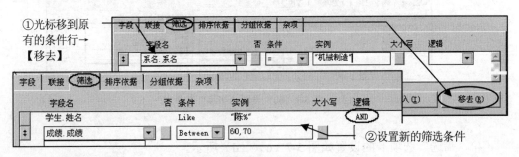

图 5-6（a）设置筛选条件

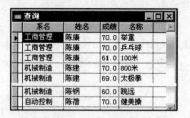

图 5-6（b）查询结果

说明：

此处介绍了删除已有筛选条件的方法。也可以直接在"字段名"、"条件"、"实例"各栏中将其改为新的筛选条件，然后再添加一行条件。

【例 5.7】 新建名为 QUERYSEVEN.QPR 的查询，要求在"学生素质"数据库中选择适当的表，只显示 1981 年以后（不含 1981 年）出生的学生的"系名"、"姓名"、"出生日期"3 项相关信息。

操作步骤：

（1）打开"学生素质"数据库，操作参见例 5.1 中的图 5-1（a）。查看相关的表，根据题目要求输出的 3 个字段以及筛选条件（与"出生日期"字段有关），可以确定建立查询设计器所需的表为"系名"和"学生"表，如图 5-7（a）所示。

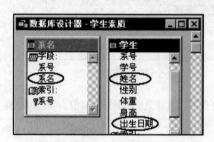

图 5-7（a）确定所需的表

（2）新建查询，添加"系名"和"学生"表，操作参见例 5.1 中的图 5-1（c）、（d）。

（3）"字段"选项卡的设置如图 5-7（b）所示。

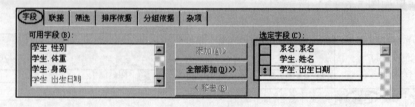

图 5-7（b） 设置"字段"选项卡

（4）"筛选"选项卡的设置如图 5-7（c）、（d）所示。

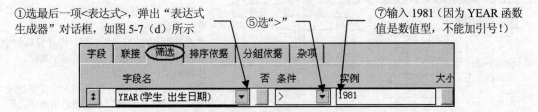

①选最后一项<表达式>，弹出"表达式生成器"对话框，如图 5-7（d）所示

⑤选">"

⑦输入 1981（因为 YEAR 函数值是数值型，不能加引号！）

图 5-7（c）设置"筛选"选项卡

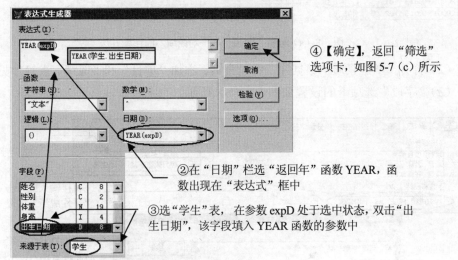

④【确定】，返回"筛选"选项卡，如图 5-7（c）所示

②在"日期"栏选"返回年"函数 YEAR，函数出现在"表达式"框中

③选"学生"表，在参数 expD 处于选中状态，双击"出生日期"，该字段填入 YEAR 函数的参数中

图 5-7（d）生成表达式

（5）保存并运行查询，操作参见【例 5.1】，结果如图 5-7（e）所示。

图 5-7（e）查询结果

5. "分组依据"选项卡的操作方法

【例 5.8】根据"学生素质"数据库中"项目"表和"成绩"表，新建名为 QUERYEIGHT.QPR 的查询，统计各项目的平均成绩，查询结果依次包含"名称"、"平均成绩"。

操作步骤：

（1）打开"项目"表和"成绩"表，分析"各项目的平均成绩"的计算方法，如图 5-8（a）所示。

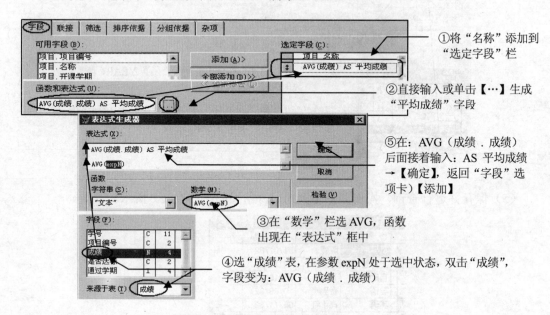

"100米"项目的平均成绩：即计算每位学生项目编号为"01"的成绩的平均值
"篮球"项目的平均成绩：即计算每位学生项目编号为"02"的成绩的平均值，依次类推……
因此要以"项目编号"分组，统计平均成绩，因"项目编号"不在输出结果中，用等价字段"名称"分组较好

图 5-8（a）分析"各项目的平均成绩"的计算方法

（2）打开"学生素质"数据库，新建查询、添加"项目"和"成绩"表等参见【例 5.1】。

（3）"字段"选项卡的设置如图 5-8（b）所示。

①将"名称"添加到"选定字段"栏

②直接输入或单击【…】生成"平均成绩"字段

⑤在：AVG（成绩．成绩）后面接着输入：AS 平均成绩→【确定】，返回"字段"选项卡】【添加】

③在"数学"栏选 AVG，函数出现在"表达式"框中

④选"成绩"表，在参数 expN 处于选中状态，双击"成绩"，字段变为：AVG（成绩．成绩）

图 5-8（b）生成"平均成绩"字段

（4）在"分组依据"选项卡设置分组，如图 5-8（c）所示。

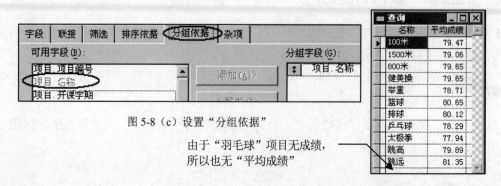

图 5-8（c）设置"分组依据"

由于"羽毛球"项目无成绩，所以也无"平均成绩"

名称	平均成绩
100米	79.47
1500米	79.06
800米	79.65
健美操	79.65
举重	78.71
篮球	80.65
排球	80.12
乒乓球	78.29
太极拳	77.94
跳高	79.89
跳远	81.35

图 5-8（d） 查询结果

（5）保存、运行查询，操作参见【例 5.1】，查询结果如图 5-8（d）所示。

6. "查询去向" 的操作方法

【例 5.9】修改名为 QUERYEIGHT.QPR 的查询，将查询结果存储到名为 TABA.DBF 的表中，保存查询。

分析：

本题是在例 5.8 的基础上，增加 "将查询结果存储到名为 TABA.DBF 的表中" 的操作，所以只需要设置 "查询去向" 的即可。

操作步骤：

（1）打开、保存并运行查询的操作参见【例 5.3】。设置 "查询去向" 的操作如图 5-9（a）所示。

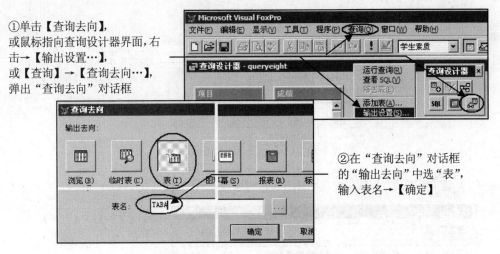

图 5-9（a）查询输出

（2）查看生成的 TABA.DBF 表，如图 5-9（b）所示。

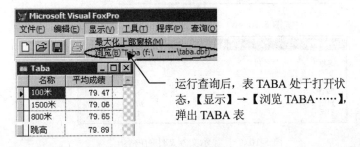

图 5-9（b）查看生成的表

注意：

修改后的查询，必须经过运行，才能将查询结果存入表 TABA 中，并且查询运行后不再将结果显示在 VFP 窗口，而是将查询结果存入 TABA.DBF 表。

如果表 TABA.DBF 已经存在，则运行查询时会自动将其覆盖，即用最新的查询结果替换原表中的数据。

【例 5.10】修改名为 QUERYEIGHT.QPR 的查询，将查询结果存储到文本文件 TABB.TXT 中，将修改后的查询以文件名 QUERYTEN.QPR 保存。

操作步骤：

（1）打开、保存并运行查询的操作参见【例 5.3】。设置"查询去向"的结果如图 5-10 (a) 所示，操作参见【例 5.9】。

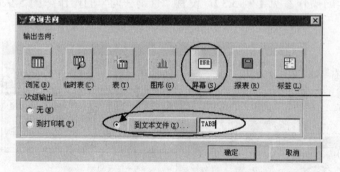

图 5-10（a）查询输出到文本文件

（2）查看生成的文本文件 TABB.TXT 的操作如图 5-10（b）、（c）所示。

图 5-10（b）打开文本文件

图 5-10（c）显示文本文件的内容

7. 查看并提取查询设计器生成的 SQL 语句

【例 5.11】使用 SQL 的 SELECT 语句，根据"学生素质"数据库中"项目"表和"成绩"表，统计各项目的平均成绩，查询结果依次包含"名称"、"平均成绩"，将查询结果存储到名为 TABA.DBF 的表中，将 SQL 的 SELECT 语句存储到名为 ONE.PRG 的程序文件中并运行程序。

分析：

本题是要求用 SQL 的 SELECT 语句实现例 5.9 中的查询结果。

由于查询设计器在提供查询设计的同时，会自动生成相应的 SQL SELECT 语句，因此可以通过"查看 SQL"的功能，将查询设计器生成的 SQL SELECT 语句复制到 ONE.PRG 的程序文件中的方法实现。

操作步骤：

（1）打开【例 5.9】生成的查询，操作参见【例 5.3】。

（2）"查看 SQL"以及新建 ONE.PRG 程序文件并将 SQL 语句复制到程序文件中的操作如图 5-11（a）、（b）所示。

③【新建】（或【文件】→【新建】），在弹出的"新建"对话框中选"程序"→【新建文件】，弹出一个空白程序窗口，如图 5-11（b）所示

①单击【SQL】，或鼠标指向查询设计器界面，右击→【查看 SQL】，或【查询】→【查看 SQL】，弹出"QUERYEIGHT.QPR[只读]"窗口

②选中 SQL 语句，【编辑】→【复制】，然后关闭 SQL 窗口

⑤【保存】，在"另存为"对话框输入文件名 ONE→【保存】

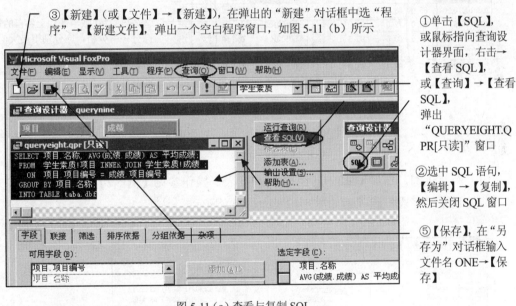

图 5-11（a）查看与复制 SQL

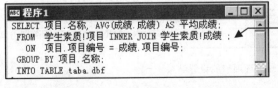

④【编辑】→【粘贴】，在程序窗口出现查询设计器生成的 SQL 语句，返回图 5-11（a）

图 5-11（b）粘贴到程序文件中

（3）运行 ONE.PRG 程序文件。选中 ONE.PRG 程序窗口，单击 VFP 快捷菜单按钮【！】

运行程序，将查询结果存储到名为 TABA.DBF 的表中。

注意：

如果仅将查询语句存入程序文件而不运行程序，则不会生成名为 TABA.DBF 的表。

5.1.3 综合举例

【例 5.12】利用查询设计器创建查询，根据 xuesheng 表和 chengji 表统计出男、女生在数学课程上各自的最高分、最低分和平均分。查询结果包含"性别"、"最高分"、"最低分"和"平均分" 4 个字段，并将查询结果按"性别"升序排列，查询去向为表 table1。最后将查询保存为 query1.qpr，并运行该查询。

分析：

打开 xuesheng 表和 chengji 表，分析题目的要求如图 5-12（a）所示。

图 5-12（a）分析题意

操作步骤：

（1）新建查询，添加 xuesheng 表和 chengji 表，操作参见【例 5.2】。
（2）设置"字段"选项卡如图 5-12（b）、（c）所示。

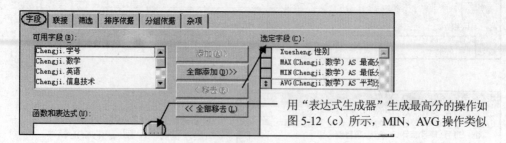

图 5-12（b） "字段"选项卡的设置结果

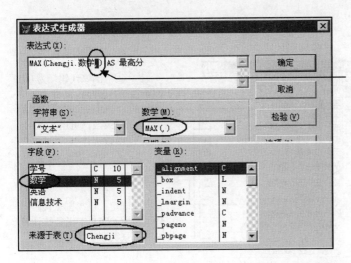

图 5-12（c）用表达式生成器生成最高分

（3）设置"分组依据"以及"排序依据"选项卡如图 5-12（d）所示。

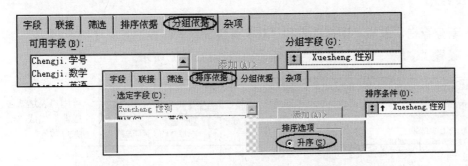

图 5-12（d）"分组依据"与"排序依据"选项卡的设置结果

（4）设置"查询去向"到表 table1，操作参见【例 5.9】。

（5）保存并运行查询，运行结果表 table1 的内容如图 5-12（e）所示，操作参见【例 5.9】。

	性别	最高分	最低分	平均分
▶	男	100.0	56.0	79.15
	女	100.0	54.0	84.45

图 5-12（e）查看表 table1

【例 5.13】编写并运行程序 Four.prg。程序功能是：根据"国家"和"获奖牌情况"两个表统计并建立一个新表"假奖牌榜"，新表包括"国家名称"和"奖牌总数"两个字段，要求先按"奖牌总数"降序排列（注意"获奖牌情况"的每条记录表示一枚奖牌）再按"国家名称"升序排列。

分析：

打开"国家"表和"获奖牌情况"表，分析题目的要求如图 5-13（a）所示。

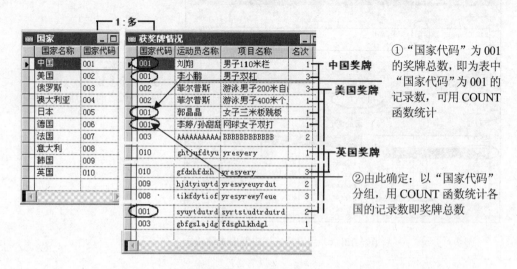

图 5-13 （a）分析题意

操作步骤：

（1）新建查询，添加"国家"表和"获奖牌情况"表，操作参见【例 5.2】。

（2）设置"字段"、"排序依据"选项卡如图 5-13（b）所示。

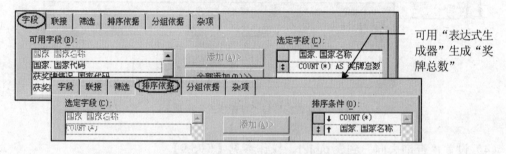

图 5-13（b）"字段"和"排序依据"选项卡的设置结果

（3）设置"分组依据"选项卡如图 5-13（c）所示。

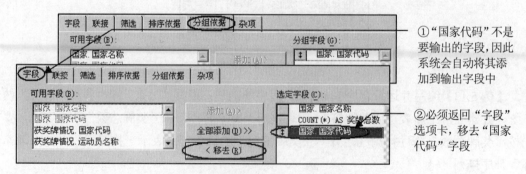

图 5-13（c）"分组依据"选项卡的设置

说明：

当在"分组依据"所选的字段不包含在"字段"选项卡的"选定字段"栏的字段中时，查询设计器会自动将此字段添加到"字段"选项卡的"选定字段"栏中，因此需要返回"字段"选项卡，将系统自动添加的字段移去。

针对本例题，由于要输出的"国家名称"字段与分组字段"国家代码"字段存在一一对应的关系且"国家名称"字段中无重复值，若将"国家名称"字段选作"分组依据"，则可避免以上情况的出现。这是在选择"分组依据"时必须考虑到的。

（1）设置"查询去向"到"假奖牌榜"表，操作参见【例5.9】。

（2）新建程序文件，将查询设计器生成的 SQL 语句复制到该程序文件中并将程序文件另存为 Four.prg，程序文件如图 5-13（d）左图所示，操作参见【例5.11】。

（3）运行程序，生成"假奖牌榜"表，查看"假奖牌榜"结果如图 5-13（d）右图所示。操作参见【例5.9】。

```
four.prg                               假奖牌榜
SELECT 国家.国家名称, COUNT(*) AS 奖牌总数;        国家名称   奖牌总数
  FROM   国家 INNER JOIN 获奖牌情况;          中国        10
    ON   国家.国家代码 = 获奖牌情况.国家代码;    韩国         8
  GROUP BY 国家.国家代码;                     俄罗斯       7
  ORDER BY 2 DESC, 国家.国家名称;             日本         2
  INTO TABLE 假奖牌榜.dbf
```

图 5-13（d）程序 Four.prg 与表"假奖牌榜"内容

【例5.14】建立一个名为 san.qpr 的查询，根据"学院表"和"教师表"统计查询平均工资前 3 名（最高）的系的信息并存入表 sa_three 中，表 sa_three 中包括两个字段"系名"和"平均工资"，结果按"平均工资"降序排列，保存并运行该查询。

分析：

打开"学院表"和"教师表"，分析题目的要求如图 5-14（a）所示。

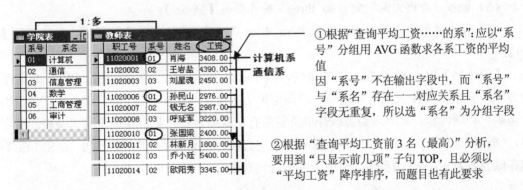

图 5-14（a）分析题意

操作步骤：

（1）打开数据库，新建查询，添加"学院表"和"教师表"，操作参见【例 5.1】。

（2）设置"字段"选项卡如图 5-14（b）所示。

图 5-14（b）"字段"选项卡的设置结果

（3）设置"排序依据"和"分组依据"选项卡如图 5-14（c）所示。

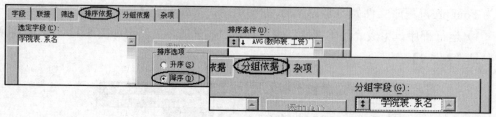

图 5-14（c）"排序依据"和"分组依据"选项卡的设置结果

（4）设置"杂项"选项卡如图 5-14（d）所示。

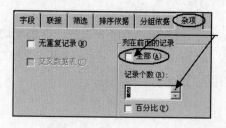

系名	平均工资
数学	4513.33
计算机	4360.17
信息管理	4248.33

取消"全部"前面的勾，设置"记录个数"为3

图 5-14（d）"杂项"选项卡的设置结果   图 5-14（e）查看表 sa_three

（5）设置"查询去向"到表 sa_three，操作参见【例 5.9】。

（6）保存并运行查询。运行结果表 sa_three 的内容如图 5-14（e）所示，操作参见【例 5.9】。

【例 5.15】用 SQL 的 SELECT 语句，从 customers、orders、orderitems 和 goods 表中查询金额大于等于 1000 元的订单信息。查询结果依次包含"订单号"、"客户号"、"签订日期"、"金额" 4 项内容。其中金额为该订单所签所有商品的金额之和。各记录按"金额"降序排序，"金额"相同按"订单号"升序排列。查询去向为表 table2。最后将 SQL 的 SELECT 语句存储到名为 two.prg 的程序文件中，并运行该查询。

分析：

打开 customers、orders、orderitems 和 goods 表，分析题目要求如图 5-15（a）所示。

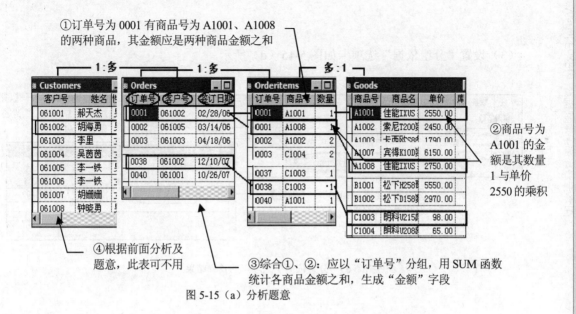

①订单号为 0001 有商品号为 A1001、A1008 的两种商品，其金额应是两种商品金额之和

1:多   1:多   多:1

②商品号为 A1001 的金额是其数量 1 与单价 2550 的乘积

④根据前面分析及题意，此表可不用

③综合①、②：应以"订单号"分组，用 SUM 函数统计各商品金额之和，生成"金额"字段

图 5-15（a）分析题意

操作步骤：

（1）新建查询，添加 orders、orderitems 和 goods 表，操作参见【例 5.1】。

（2）设置"字段"选项卡，结果如图 5-15（b）、（c）所示。

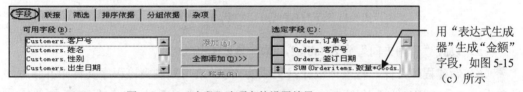

用"表达式生成器"生成"金额"字段，如图 5-15（c）所示

图 5-15（b）"字段"选项卡的设置结果

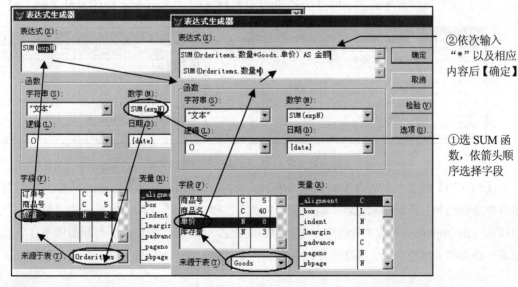

②依次输入"*"以及相应内容后【确定】

①选 SUM 函数，依箭头顺序选择字段

图 5-15（c）生成"金额"字段

（3）设置"分组依据"选项卡如图 5-15（d）所示。

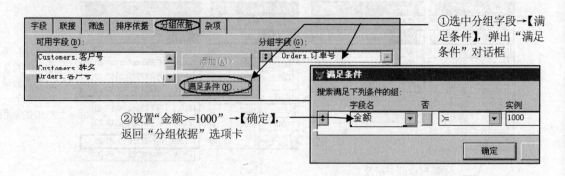

①选中分组字段→【满足条件】，弹出"满足条件"对话框

②设置"金额>=1000"→【确定】，返回"分组依据"选项卡

图 5-15（d）"分组依据"选项卡的设置结果

（4）设置"排序依据"选项卡如图 5-15（e）所示。

图 5-15（e）"排序依据"选项卡的设置结果

（5）设置"查询去向"到表 table2，操作参见【例 5.9】。

（6）新建程序文件，将查询设计器生成的 SQL 语句复制到该程序文件中并将程序文件另存为 two.prg，程序文件如图 5-15（f）左图所示。操作参见【例 5.11】中的图 5-11（a）、（b）。

（7）运行程序，生成表 table2 的结果如图 5-15（f）右图所示，操作参见【例 5.9】。

图 5-15（f）程序 two.prg 与表 table2 内容

【例 5.16】建立一个名为 Three.prg 的程序，要求从 employee 表和 orders 表中，以组为单位求订单金额的和。查询结果包含"组别"、"负责人"和"合计"3 项内容，其中"负责人"为该组组长（由 employee 中的"职务"一项指定）的姓名，"合计"为该组所有职员所签订单的金额总和。查询结果按"合计"降序排序，并存放在 tabletwo 表中。设计完成后，运行该程序。

分析：

本题正确的结果如图 5-16（a）所示。打开 employee 表和 orders 表，分析题意如图 5-16（b）所示。

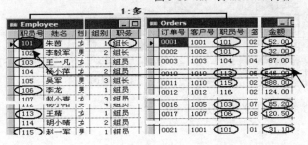

图 5-16（a）表 tabletwo 内容

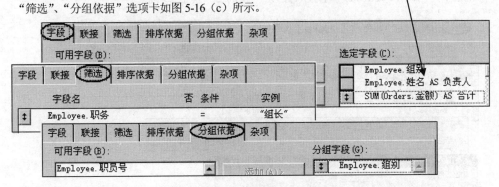

①根据"以组为单位求订单金额的和"，以第 1 组为例：即计算职员号为 101、103、106、113、115 的所有订单金额之和，应以"组别"分组，用 SUM 函数生成"合计"字段，如图 5-16（c）所示

图 5-16（b）分析题意之一

②根据"查询结果包含组别、负责人和合计 3 项内容，其中负责人为该组组长（由 employee 中的"职务"一项指定）的姓名"分析，通常会设置"字段"、"筛选"、"分组依据"选项卡如图 5-16（c）所示。

图 5-16（c）分析题意之二

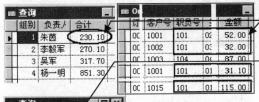

③查询结果合计有误。例如第 1 组的合计事实上只是组长朱茜（职员号为 101）订单之和

④如果取消"筛选"选项卡的设置，则查询结果合计是正确了，但"负责人"有误

⑤综合③、④，可分两次查询完成：第一次查询按"组别"分组，生成"合计"，存入一个中间结果表 lsb，表中只含"组别"、"合计"字段；第二次查询则由 employee 和 lsb 表，以 employee 中的"职务"等于"组长"的姓名为条件生成"负责人"字段，并输出到表 tabletwo，表中包含"组别"、"负责人"、"合计"3 个字段。

图 5-16（d）分析题意之三

操作步骤：

（1）创建"查询 1"（查询文件名也可以自行命名）。

打开数据库，创建查询，添加 employee 表和 orders 表，分别设置"字段"、"分组依据"选项卡以及"查询去向"对话框，以"查询 1"保存并运行查询，生成 LSB 表，如图 5-16（e）所示。

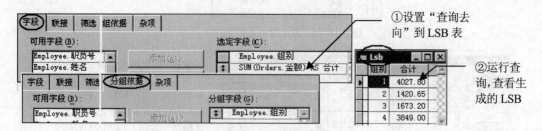

图 5-16（e）"查询 1"的设置及运行结果

（2）创建"查询 2"（查询文件名也可以自行命名）。

创建查询，添加 employee 表和 lsb 表，分别设置"字段"、"筛选"、"排序依据"选项卡以及"查询去向"如图 5-16（f）所示，并以"查询 2"保存查询。

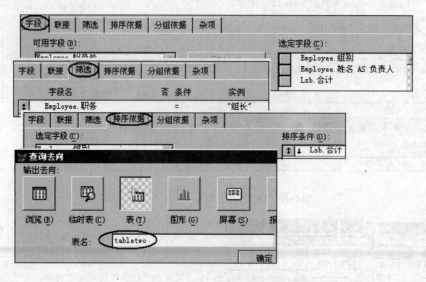

图 5-16（f）"查询 2"的设置结果

（3）新建程序文件，分别将"查询 1"、"查询 2"生成的 SQL 语句依次复制到程序文件中，并将程序文件另存为 Three.prg，如图 5-16（g）所示。

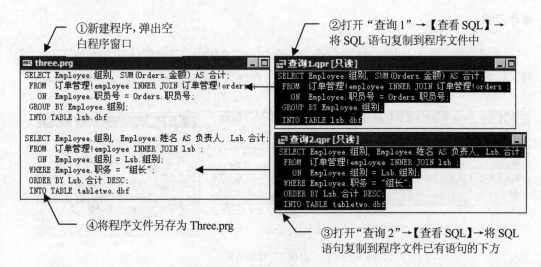

①新建程序,弹出空白程序窗口

②打开"查询1"→【查看SQL】→将SQL语句复制到程序文件中

④将程序文件另存为 Three.prg

③打开"查询2"→【查看SQL】→将SQL语句复制到程序文件已有语句的下方

图 5-16 (g) 生成 Three.prg 程序

（4）运行程序生成表 tabletwo，查看 tabletwo 表的结果如图 5-16（a）所示。

【例 5.17】根据 orderitem 表和 goods 表中的相关数据计算各订单的总金额（一个订单的总金额等于它所包含的各商品的金额之和,每种商品的金额等于数量乘以单价）,并填入 orders 表的总金额字段中。

分析：

打开 orderitems、goods、orders 表，分析题意如图 5-17（a）、（b）所示。

①由题意：例如订单号为0001有商品号为A1001、A1008的两种商品，其总金额应是两种商品各自金额的和

②每种商品的金额是其数量1与单价2550的乘积

③但查询无法实现将各订单的总金额分别填入orders表的相应字段中，转图5-17（b）

图 5-17 (a) 分析题意之一

④综合①②③：参考 Orders 表，从 orderitem、goods 表建立一个查询，以"订单号"分组，用 SUM 函数统计各商品金额之和，生成含有"订单号"、"总金额"两个字段的临时表 LS

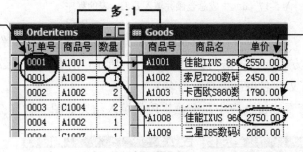

⑤建立程序文件，将查询生成的 SQL 语句复制到程序中，并在查询语句下面用 SCAN 循环语句将 LS 表中的总金额填入 orders 表相应的总金额字段中

图 5-17 (b) 分析题意之二

操作步骤:

(1)新建查询,添加 orderitems、goods 表。分别设置"字段"、"分组依据"选项卡以及"查询去向"对话框如图 5-17(c)所示,以"查询 1"(查询文件名也可以自行命名)保存查询。

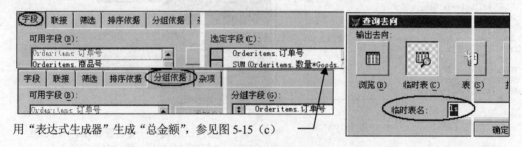

用"表达式生成器"生成"总金额",参见图 5-15(c)

图 5-17(c)"查询 1"设置结果

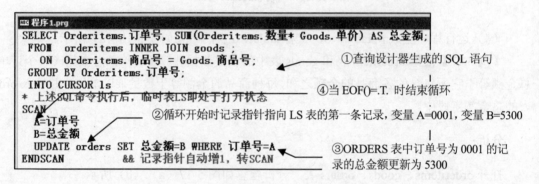

图 5-17(d)生成总金额并填入 orders 表的程序

(2)新建程序文件,将查询设计器生成的 SQL 语句复制到该程序文件中(操作参见【例 5.11】),在 SQL 语句下方添加程序语句如图 5-17(d)所示,所有注释不必输入。将程序以文件名"程序 1"保存(文件名也可以自行命名)。

(3)运行程序,查看 orders 表中总金额字段的填入结果如图 5-17(e)所示。

Orders			
订单号	客户号	签订日期	总金额
0001	061002	02/28/06	5300.00
0002	061005	03/14/06	4900.00
0040	061001	10/26/07	2550.00

命令

CLOSE TABLE ALL

在命令窗口执行关闭所有表的命令,然后打开 ORDERS 表并浏览

图 5-17(e)查看 orders 表中总金额字段的填入结果

练习 5.1

1．根据"项目信息"、"零件信息"和"使用零件"3 个表建立一个查询（注意表之间的连接字段），该查询包含"项目号"、"项目名"、"零件名称"和（使用）"数量"4 个字段，并要求先按"项目号"升序排序，再按"零件名称"降序排序，查询去向为表 three，保存的查询文件名为 chaxun.qpr，最后运行查询。

2．使用查询设计器建立查询 course_q 并执行，查询的数据来源是"课程表"、"教师表"，查询的字段项包括"姓名"、"课程名"、"学时"，并且查询结果中只包括学时大于等于 60 的记录，查询去向是表文件 five.dbf，查询结果先按"学时"升序排列，再按"姓名"降序排列，最后运行查询。

3．建立一个查询 score_query，查询评委为"歌手编号"是"01002"的歌手所打的分数，结果存入自由表 result 中，该自由表的字段项包括"评委姓名"和"分数"，各记录按"分数"升序排列，最后运行该查询。

4．在当前文件夹下有 student（学生）、course（课程）和 score（选课成绩）3 个表，用 SQL 语句查询哪些课程有不及格的成绩，将查询到的课程名称存入文本文件 new.txt，并将相应的 SQL 语句存储到命令文件 two.prg，最后运行该程序。

5．利用查询设计器创建查询，从"客户"、"入住"、"客房"和"房价"表中查询退房日期大于或等于 2005-04-01 的客户号、身份证、姓名、工作单位和该客户入住的客房号、类型名、价格信息，查询结果按价格降序排序，并将查询结果存储到表 tabd 中。表 tabd 的字段为"客户号"、"身份证"、"姓名"、"工作单位"、"客房号"、"类型名"、"价格"。最后将查询保存在 querytwo.qpr 文件中，并运行该查询。

提示："客房"表是否必须添加到查询中？注意日期的格式。

6．利用查询设计器创建查询，从 customers、orders、orderitems 和 goods 表中查询所有客户号前两个字符为"06"（用 LEFT 函数）的客户签订的订单信息。查询结果依次包含"客户号"、"订单号"、"商品号"、"商品名"和"数量"5 项内容。各记录按"客户号"升序排序，"客户号"相同按"订单号"升序排列，"订单号"也相同则按"商品号"升序排序，查询去向为表 tableone。最后将查询保存在文件 queryone.qpr 中，并运行该查询。

7．利用查询设计器创建查询，从 orders、employee 和 customer 表中查询 2001 年 5 月 1 日以后（含）所签所有订单的信息。查询结果依次包含"订单号"、"签订日期"、"金额"、"签订者"和"客户名"5 项内容，其中"签订者"为签订订单的职员姓名。各记录按"签订日期"降序排序，"签订日期"相同按"金额"降序排序，查询去向为表 tableone。最后将查询保存在文件 queryone.qpr 中，并运行该查询。

8．利用查询设计器，从"部门表"、"销售表"和"商品代码表"中查询部门号为 02 的部门 2006 年度销售的商品信息，存储到名为 XS02.DBF 的表中，表中字段名分别为"商品号"、"商品名"、"一季度利润"、"二季度利润"、"三季度利润"和"四季度利润"，并按"商品号"降序排列。将查询以文件名 querytwo.qpr 保存并运行该查询。

9. 利用查询设计器创建查询，从"公司"表和"电影"表中（用运算符 BETWEEN）查询 1910~1920 年（含）创立的电影公司所出品的影片。查询结果包含"影片名"、"导演"和"电影公司"3 个字段，各记录按"导演"升序排序，"导演"相同的再按"电影公司"降序排序，查询去向为表 tableb。最后将查询保存在文件 queryb.qpr 中，并运行该查询。

10. 利用查询设计器创建查询，从 xuesheng 表和 chengji 表中查询数学、英语和信息技术 3 门课中最少有一门课在 90 分以上（含）的学生记录。查询结果包含"学号"、"姓名"、"数学"、"英语"和"信息技术"5 个字段，各记录按"学号"降序排序，查询去向为表 TABLE1.DBF。最后将查询保存在 QUERY1.QPR 文件中，并运行该查询。

11. 利用查询设计器创建查询，从 employee 和 order 表中查询金额最高的 10 笔订单。查询结果依次包含"订单号"、"姓名"、"签订日期"、"金额"4 个字段，各记录按"金额"降序排序，查询去向为表 tableone。最后将查询保存在名为 queryone.qpr 的文件中，并运行该查询。

12. 使用 SQL 的 select 语句，根据"顾客点菜表"和"菜单表"查询顾客点单价大于等于 40 元菜的"顾客号"和"菜编号"、"菜名"、"单价"和"数量"。结果按"菜编号"降序排序并存储到名为 taba 的表中，将 SQL 的 SELECT 语句存储到名为 two.prg 的文件中。表 taba 由 select 语句自动建立，最后运行该程序。注意：在 SQL 语句中不要对表取别名。

13. 在 myproject 项目中建立名为 MYSQL 的程序，该程序只有一条 SQL 查询语句，功能是：查询 7 月份以后（含）签订订单的"客户名"、"图书名"、"数量"、"单价"和"金额"（单价*数量），结果先按"客户名"，再按"图书名"升序排序，存储到表 MYSQLTABLE，并运行程序。

提示：（1）对"签订日期"运用月份函数；（2）先用查询设计器生成查询，并复制生成的 SQL 语句；然后打开名为 myproject 的项目管理器，在"代码"选项卡中选"程序"→【新建】→将 SQL 语句粘贴到新建的程序文件中。

14. 创建名为 query2.qpr 的查询，从 customer 和 orders 表中求出订单金额的和。统计结果包含"客户号"、"客户名"和"合计"3 项内容，其中合计是指与某客户所签所有订单金额的和。统计结果应按"合计"降序排序，并存放在 tabletwo 表中，运行查询。

15. 使用 SQL 语句完成下列功能：根据"职工"和"部门"两个表，计算每个部门 1980 年到 1990 年（用">="以及"<="运算符）出生的职工人数，存储于新表 new 中，新表中包括"部门号"和"人数"两个字段，结果按"人数"递减排序。请将 SQL 语句存储于文件 test.prg 中并执行。

16. 使用 SQL SELECT 语句计算各部门的最高工资、最低工资和平均工资，并将计算结果存入自由表 three. dbf 中（含"部门名"、"最高工资"、"最低工资"和"平均工资"4 个字段）。SQL 语句保存在文件 dbclick.prg 中，并运行该程序。

17．编写程序并执行，计算"01"组（歌手编号的前 2 位）歌手的得分并将结果存入自由表 FINAL.DBF 中。FINAL.DBF 包含"歌手姓名"和"得分"两个字段，得分取各评委所打分数的平均值。FINAL.DBF 中的结果按"得分"降序，"歌手姓名"降序排列。请将程序存储在文件 TWO.PRG 中，否则不得分。

说明：分组依据歌手编号，要返回"字段"选项卡，将查询设计器自动添加的"歌手编号"字段移去。

18．使用 SQL 语句查询 2005 年度的各部门的部门号、部门名、一季度利润合计、二季度利润合计、三季度利润合计和四季度利润合计。查询结果按"部门号"升序排列，并存入表 account 中，最后将 SQL 语句存入文件 four.prg 中，并运行程序。注意：表 account 中的字段名依次为"部门号"、"部门名"、"一季度利润"、"二季度利润"、"三季度利润"和"四季度利润"。

19．打开"点菜"数据库，使用查询设计器设计一个名称为 THREE 的查询，根据"顾客点菜表"和"菜单表"，查询顾客的"顾客号"和"消费金额合计"。顾客某项消费金额由数量*单价得出，而消费金额合计则为其各项消费金额之和（SUM（数量*单价））。查询结果按"消费金额"合计降序排序，并将查询结果输出到表 TABB 中。表 TABB 的两个字段名分别为"顾客号"，"消费金额合计"。设计完成后，运行该查询。

20．打开 CDB 数据库，使用查询设计器设计一个名称为 VIEW_C 的查询，统计查询所有顾客购买商品应付款的情况。查询结果包括"顾客号"、"顾客名"、"地址"和"付款金额"4 个字段（注意：每件商品的"金额"是由 comm 表中该商品的单价*order 表中该商品的订购数量计算得到，每个顾客的"付款金额"则是顾客购买商品金额的合计），各记录按"顾客号"升序排序，并将查询结果存储到表 TABA 中。设计完成后，运行该查询。

21．建立名为 SIX.QPR 的查询，查询各会员在指定日期 2003/03/08 后（大于等于指定日期）签订的各商品总金额，查询结果的字段包括"会员号"（来自 Customer 表）、"姓名"和"总金额"3 项，其中"总金额"为各商品的数量（来自 Orderitem 表）乘以单价（来自 Article 表）的总和，查询结果的各记录按总"金额"升序排序，查询结果存放到表 DBFA.DBF 中。设计完成后，运行该查询。

22．编写 SQL 命令，查询歌手平均分大于 8.2 的歌手的姓名、歌手编号和平均分，查询结果存储于 result.dbf 中（字段名依次为"姓名"、"歌手编号"和"平均分"），结果按歌手的平均分降序排列。SQL 命令要保存在文件 ttt.prg 中并运行。

23．利用查询设计器创建查询，根据 employee 和 orders 表对各组在 2001 年所签订单的金额进行统计。统计结果仅包含那些总金额大于等于 500 元的组，各记录包括"组别"、"总金额"、"最高金额"和"平均金额"4 个字段，各记录按"总金额"降序排序，查询去向为表 tableone。最后将查询保存在文件 queryone.qpr 中，并运行该查询。

5.2 视图

Visual FoxPro 的视图分为本地视图（使用当前数据库中 Visual FoxPro 表建立的视图）和远程视图（使用当前数据库之外的数据源如 SQL Server 中的表建立的视图），本章仅介绍本地视图的创建和使用方法。

5.2.1 用视图设计器创建本地视图的主要步骤

（1）打开所要创建视图所在的数据库。

视图是数据库中一个特有的功能，所以创建视图时，必须把将要建立视图的数据库打开。这是创建视图与创建查询不同的地方。

（2）打开视图设计器。

方法 1：用 VFP 菜单。选【文件】→【新建】，在弹出的"新建"对话框中选中"视图"→【新建文件】；如果没有任何数据库被打开，那么"新建"对话框中的"视图"选项是灰化的。

方法 2：用 VFP 命令。在命令窗口输入 CREATE VIEW。

方法 3：在 VFP 项目管理器中创建视图。打开"项目管理器"窗口，选中【数据】选项卡（或【全部】选项卡中"数据"栏），展开"数据库"项，选中要建视图的数据库，再将此数据库展开，选中此数据库下的"本地视图"→【新建】，在弹出的"新建本地视图"对话框中选【新建视图】。

（3）添加创建视图所需要的表或视图。

这一步骤主要是在弹出的"添加表或视图"对话框中完成。

（4）"视图设计器"窗口的设置。

"视图设计器"窗口设置主要是对"字段"、"联接"、"筛选"、"排序依据"、"分组依据"、"更新条件"、"杂项" 7 个选项卡的设置，以及为视图添加、删除表或视图。

视图设计器与查询设计器不同的是没有"查询去向"的设置，但多了"更新条件"选项卡的设置。

（5）保存视图。

目的是把视图设计器生成的视图以某个视图名保存在数据库中，以便反复使用或修改已经建立的视图，保存的方法与保存程序文件类似。

（6）访问视图。

视图与查询的不同之处是：查询设计器生成的文件是以扩展名.qpr 保存在磁盘中，可以通过资源管理器找到查询文件。而设计完成的视图在磁盘上是找不到的，其结果是保存在数据库库中的。所以要访问（查看）创建的视图，只要打开视图所属的数据库即可。

如果是在视图设计器界面访问视图，可在 VEP 快捷菜单栏，单击【!】按钮。如果是在数据库设计器界面访问视图，可用鼠标指针指向视图设计器界面，右击→【浏览】或直接双击视图。

5.2.2 视图设计器操作举例

视图设计器各选项卡的操作与查询设计器相应选项卡的操作几乎完全一致，因此可以参考查询设计器的设置方法与技巧。

【例 5.18】在 sport 数据库中使用视图设计器建立视图 sport_view，该视图根据"国家"和"获奖牌情况"两个表统计每个国家获得的金牌数（"名次"为 1 表示获得一块金牌），视图中包括"国家名称"和"金牌数"两个数据项，视图中的记录先按"金牌数"降序排列，再按"国家名"称降序排列。

分析：

打开 sport 数据库中"国家"和"获奖牌情况"两个表，分析题目要求如图 5-18（a）所示。

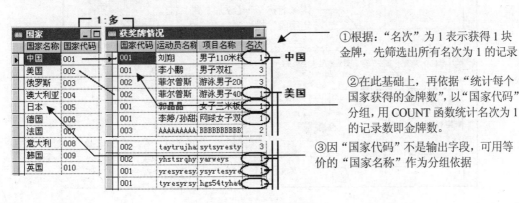

图 5-18（a）分析题意

操作步骤：

（1）打开 sport 数据库。（注意：此步骤是创建视图必不可少的）

选【文件】→【打开】，在"打开"对话框中选中 sport.dbc→【确定】（参见【例 5.1】，弹出"数据库设计器"窗口，如图 5-18（b）所示。

（2）创建视图。方法类似创建查询，操作如图 5-18（b）、（c）所示。

①方法 1：指向"数据库设计器"窗口，右击→【新建本地视图】（或选【数据库】→【新建本地视图】，在弹出的"新建本地视图"对话框中单击【新建视图】

方法 2：单击【新建】按钮（或【文件】→【新建】）在弹出的"新建"对话框选"视图"→【新建文件】；弹出"添加表或视图"对话框，如图 5-18（c）所示

图 5-18（b）新建视图

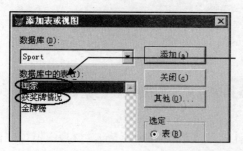

②选"国家"表→【添加】，再选"获奖
牌情况"表→【添加】
弹出"联接条件"对话框，直接【确定】，
返回本对话框→【关闭】，弹出"视图设
计器"窗口，如图 5-18（d）所示

图 5-18（c）选择指定的表

（3）设置"字段"选项卡，操作及结果如图 5-18（d）、（e）所示。

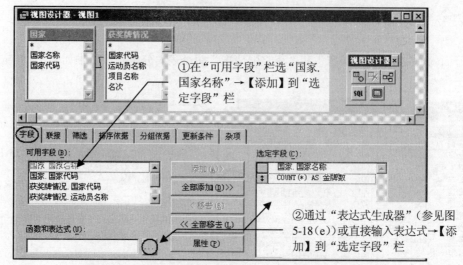

①在"可用字段"栏选"国家.
国家名称"→【添加】到"选
定字段"栏

②通过"表达式生成器"（参见图
5-18(e)）或直接输入表达式→【添
加】到"选定字段"栏

图 5-18（d）"视图设计器"窗口以及"字段"选项卡的设置

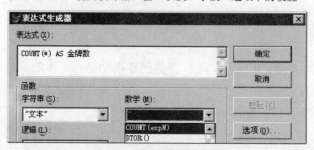

图 5-18（e）表达式生成器生成金牌数字段

（4）设置"筛选"、"排序依据"和"分组依据"选项卡如图 5-18（f）所示。

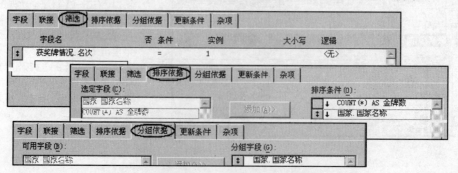

图 5-18（f）"筛选"、"排序依据"和"分组依据"选项卡设置结果

（5）保存视图，操作如图 5-18（g）所示。

【文件】→【另存为】，在弹出的"保存"对话框中输入视图名→【确定】

图 5-18（g）保存视图

（6）查看创建的视图。

在"视图设计器"窗口，单击 VFP 快捷按钮栏【!】按钮，出现视图的结果如图 5-18（h）右图所示。

关闭"视图设计器"窗口，在"数据库设计器"窗口查看视图的操作如图 5-18（h）所示。

图 5-18（h）在"数据库设计器"窗口查看或编辑视图

5.2.3　视图的使用举例

由于视图设计器没有"查询去向"的功能，本节重点介绍如何查询视图中的信息，将其存入数据表的方法。

1. 用 SQL SELECT 命令查询视图中全部信息存到 DBF 表中

【例 5.19】用 SQL SELECT 命令查询 sport 数据库中视图 sport_view 的全部信息并存放到表 sp_a.dbf 中。要求将 SELECT 命令存放在名为 sp_a.prg 的程序文件中，并运行此程序。

分析：

视图一旦建立，基本上可以如同表一样进行操作，由于视图是在数据库中，因此对其操作之前必须先打开数据库。打开数据库的命令格式如下：

OPEN DATABASE <数据库名>

本题是要将视图中的全部信息存入.DBF 表中，所以其 SQL SELECT 命令的格式如下：

SELECT * FROM <视图名> INTO TABLE <表名>

题目要求将操作命令存入程序文件中，因此可以先建立名为 sp_a.prg 的程序，然后将上述打开数据库以及查询视图的命令输入程序文件并保存，注意：必须运行程序才能生成 sp_a.dbf 表。

操作步骤：

新建程序文件，输入 SQL 命令，保存并运行程序的操作如图 5-19 所示，生成的 sp_a.dbf 表的内容参见【例 5.18】中的图 5-18（h）右图。

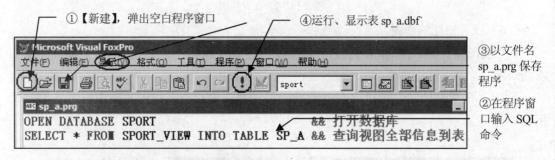

图 5-1　建立、保存并运行程序

2. 用 SQL SELECT 命令查询视图中的部分信息存到 DBF 表中

【例 5.20】用 SQL SELECT 命令查询视图 sport_view（在 sport 数据库中）中金牌数超过 3 枚（含 3 枚）的信息存放到表 sp_b.dbf 中。要求将 SELECT 命令存放在名为 sp_b.prg 的程序文件中，并运行此程序。

分析：

本题操作方法与【例 5.19】相同，唯一不同之处是要将视图中"金牌数超过 3 枚（含 3枚）的信息"而非"全部信息"，存放到表中，因此要在 SQL SELECT 命令中添加条件（WHERE）子句，格式如下：

SELECT * FROM <视图名> INTO TABLE <表名> WHERE <条件>

操作步骤：

新建程序文件，输入 SQL 命令，保存并运行程序的操作参见【例 5.19】。程序 sp_b.prg 内容如图 5-20 左图所示。生成的表 sp_b.dbf 的内容如图 5-20 右图所示。

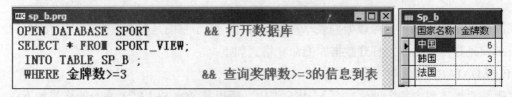

图 5-20　程序以及表的内

3. 生成视图并查询视图中的全部信息存到 DBF 表中

【例 5.21】首先创建数据库 goods_m，并向其中添加 goods（商品）表。然后在数据库中创建视图 viewone，利用该视图只能查询单价大于等于 2000 元且库存量小于等于 2 或者单价小于 2000 元且库存量小于 4 的商品信息，查询结果依次包含"商品号"、"商品名"、"单价"和"库存量" 4 项内容，各记录按"商品号"升序排序。最后查询该视图中的全部信息，并将结果存放到表 tabletwo 中。

分析：

（1）本题涉及的 goods（商品）表是自由表，题目要求创建一个数据库，并把 goods（商品）表添加到数据库中，使之成为数据库中的表，然后利用此表创建名为 viewone 的视图。

（2）该视图的筛选条件分析如下：

（单价 >= 2000 AND 库存量 <= 2）OR（单价 < 2000 AND 库存量 < 4）

根据关系运算符优先于逻辑运算符，而逻辑运算符的优先级顺序依次为 NOT、AND、OR 可知：上述条件中的括弧去掉后仍与上述条件等价，即等价条件为：

单价 >= 2000 AND 库存量 <= 2 OR 单价 < 2000 AND 库存量 < 4

而此条件可以在"筛选"选项卡中正确设置。

（3）题目最后要求查询视图中的全部信息存入一个数据表中，并且没有要求必须用 SQL SELECT 命令实现，且把相应的 SQL 命令保存，因此在这里再介绍一种利用 VFP 菜单中【导出】命令的操作方法，此方法只适用于导出视图中的全部信息。

操作步骤：

（1）新建 goods_m 数据库，添加 goods 表，操作如图 5-21（a）所示。

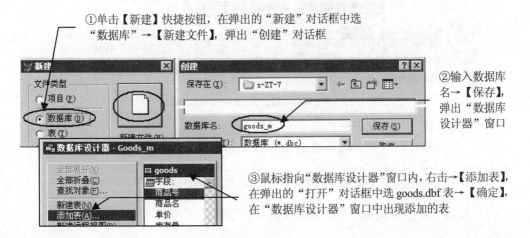

图 5-21（a）　新建数据库并添加表

（2）在数据库中创建视图。

因为创建数据库 goods_m 后，数据库处于打开状态，因此可直接创建视图。创建视图，添加 goods 表等操作参见【例 5.18】。

（3）设置"字段"和"排序依据"选项卡如图 5-21（b）所示。

图 5-21（b）"字段"和"排序依据"选项卡的设置结果

（4）设置"筛选"选项卡如图 5-21（c）所示。

字段	联接	筛选	排序依据	分组依据	更新条件	杂项

字段名	否	条件	实例	大小写	逻辑
Goods.单价		>=	2000		AND
Goods.库存量		<=	2		OR
Goods.单价		<	2000		AND
Goods.库存量		<	4		

图 5-21（c）"筛选"选项卡的设置结果

（5）以视图名 viewone 保存视图，操作参见【例 5.18】。

（6）查询该视图中的全部信息，并存入 tabletwo 表中。操作如图 5-21（d）所示。

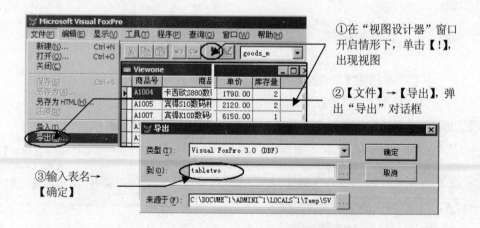

图 5-21（d）查询视图全部信息存入表 tabletwo 中

（7）查看生成的 tabletwo 表，如图 5-21（e）所示。

④在 VFP 菜单选【文件】→【打开】，在弹出的"打开"对话框中，文件类型选"表"，即可看到生成的表，【确定】→【显示】→【浏览】可显示表的内容

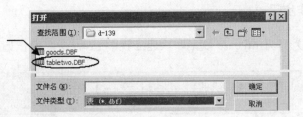

图 5-21（e）打开要查看的表

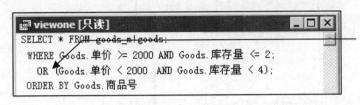

与分析（2）对照，视图设计器在 OR 的后面加了括弧，作用是等价的

图 5-21（f） 查看 SQL，分析条件设置是否正确

说明：

（1）要注意"筛选"选项卡中 AND 和 OR 的设置是否正确。可在"视图设计器"窗口用【查看 SQL】查看，如图 5-21（f）所示。

（2）当"视图设计器"窗口处于关闭状态时要使用【导出】命令，方法是：打开数据库→打开视图（也可在"数据库设计器"窗口选【浏览】视图），再选【文件】→【导出】。

4．利用查询设计器查询视图中的信息存到 DBF 表

【例 5.22】在 mybase 数据库中建立视图 myview，视图中包括"客户名"、"订单号"、"图书名"、"单价"、"数量"和"签订日期"字段，然后建立名为 mysql.qpr 的查询，对视图 myview 查询："吴"姓读者（客户名第一个字为"吴"）订购图书情况，查询结果按顺序包括 myview 视图中的全部字段，并要求先按"客户名"排序、再按"订单号"排序、再按"图书名"排序（均升序），将查询结果存储在表文件 mytable 中。

分析：

本题事实上是 2 个题目：第一题是创建视图，第二题是将视图作为查询的对象创建查询。

打开 mybase 数据库，根据创建视图的要求，确定建立视图 myview 所需要的表，如图 5-22（a）所示。

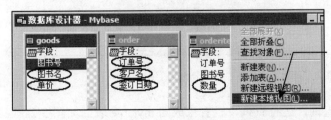

右击→【新建本地视图】→在"新建本地视图"对话框选【新建视图】→在"添加表或视图"对话框中分别添加 3 个表→弹出"视图设计器"窗口，如图 5-22（b）所示

图 5-22（a） 确定创建视图所需要的表

操作步骤：

（1）打开 mybase 数据库，建立视图 myview，操作如图 5-22（a）、（b）所示。

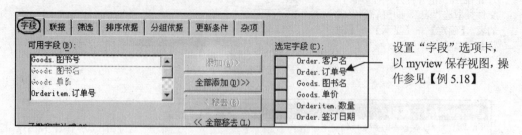

设置"字段"选项卡，以 myview 保存视图，操作参见【例 5.18】

图 5-22（b）　建立视图 myview

（2）以视图作为查询的对象创建查询，操作如图 5-22（c）所示。

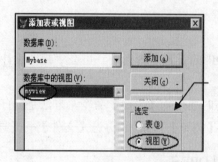

【文件】→【新建】，在弹出的"新建"对话框选"查询"→【新建文件】，弹出"添加表或视图"对话框，在"选定"栏选"视图"→选 myview →【添加】，弹出"查询设计器"窗口

图 5-22（c）添加"视图"

（3）"查询设计器"窗口中"字段"、"筛选"、"排序依据"选项卡的设置结果如图 5-22（d）所示，设置"查询去向"为表 mytable（操作略）。

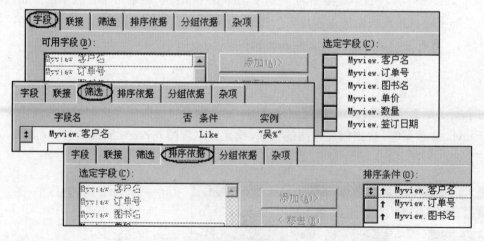

图 5-22（d）"查询设计器"窗口中各选项卡的设置结果

（4）以文件名 mysql.qpr 保存查询，运行查询，查看生成的 mytable 表，如图 5-22（e）

所示。

客户名	订单号	图书名	单价	数量	签订日期
吴红霞	0013	计算机操作系统	31.00	1	06/26/08
吴秋霞	0005	C++程序设计	23.90	1	03/25/08
吴霞	0001	计算机操作系统	31.00	2	02/29/08
吴霞	0001	数据库原理	23.80	1	02/29/08
吴月红	0009	计算机原理	18.50	1	05/11/08
吴月红	0009	信息资源管理	43.80	1	05/11/08

图 5-22（e） MYTABLE 表的内容

说明：

（1）本题如果改为用 SQL SELECT 命令查询视图中的（题目要求的）信息存入表 mytable 中，并将 SQL 命令存入相应的程序文件中。只需要在查询设计器中用【查看 SQL】命令将 SELECT 命令复制到相应的程序文件中即可。

（2）事实上，例 5.19、例 5.20 也可以先借助查询设计器生成 SQL 命令，然后将 SQL SELECT 命令复制到相应的程序文件中。由于此 2 个例题中 SQL SELECT 命令较为简单，故直接编辑生成即可。

5.2.4 用视图命令创建视图举例

【例 5.23】在数据库 cj_m 中创建视图 view1：利用该视图只能查询少数民族学生的英语成绩；查询结果包含"学号"、"姓名"、"英语" 3 个字段；各记录按"英语"成绩降序排序，若"英语"成绩相同按"学号"升序排序。

分析：

分析筛选条件如图 5-23（a）所示。

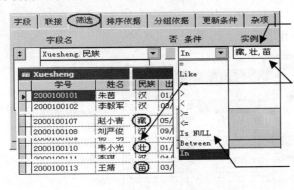

③但可以借助视图设计器生成相应的 SQL 命令

②通过查看 Xuesheng 表，少数民族有藏、壮、苗，可以设置筛选条件为：
民族 IN "藏"，"壮"，"苗"
显然做法不妥，用 SQL 命令较为合适

①依题意，应该设置筛选条件为：
民族 ！＝"汉"
或民族 NOT IN "汉"

图 5-23（a） 分析"筛选"选项卡中的条件

操作步骤：

（1）打开数据库 cj_m，创建视图 viewbak，有关选项卡设置如图 5-23（b）所示。

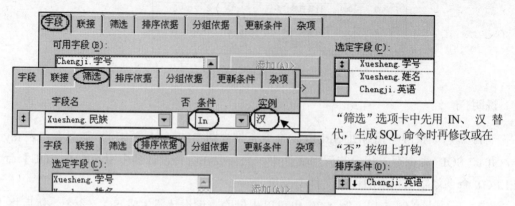

图 5-23（b）　建立视图 viewbak

（2）创建程序，生成视图 view1，如图 5-23（c）所示。

①在视图设计器中选【SQL】→复制 SQL 命令，新建程序文件→将 SQL 命令粘贴到程序文件中

②添加 CREATE…改为创建视图命令，同时改 IN 为 ONT IN

③保存程序（文件名任意），并运行

图 5-23（c）生成 SQL 程序并创建视图

（3）查看生成的视图，如图 5-23（d）所示。

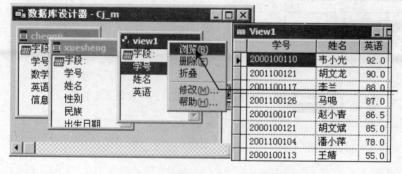

鼠标指向新建的视图，右击→【浏览】，弹出视图内容

图 5-23（d）查看生成的视图

练习 5.2

1. 在"学校"数据库中使用视图设计器建立视图 teacher_v，该视图根据"教师表"和"学院表"建立，视图中的字段项包括"姓名"、"工资"和"系名"，并且视图中只包括工资大于等于 4000 元的记录，视图中的记录先按"工资"降序排列，再按"系名"升序排列。

2. 首先创建数据库 order_m，并向其中添加 order、orderitem 和 goods 表。然后在数据库中创建视图 viewone：利用该视图只能查询客户名为 lilan 的所有订单的信息，查询结果依次包含"订单号"、"签订日期"、"商品名"、"单价"和"数量"5 个字段。各记录按"订单号"升序排序，"订单号"相同按"商品名"升序排序。最后利用刚创建的视图查询视图中的全部信息，并将查询结果存放在表 tabletwo 中。

3. 在"学习情况"数据库中建立一个视图 myview，视图中的数据是部门名为"通信"、且工资大于 4000 元的人员，视图中包括"姓名"和"工资"信息，按"工资"升序排列。

4. 在 CJ_M 数据库中创建视图 VIEW1：利用该视图只能查询数学、英语和信息技术三门课中至少有一门不及格（小于 60 分）的学生记录；查询结果包含"学号"、"姓名"、"数学"、"英语"和"信息技术"5 个字段，各记录按"学号"降序排序。最后利用刚创建的视图 VIEW1 查询视图中的全部信息，并将查询结果存放在表 table2 中。

5. 在 College 数据库中使用视图设计器建立视图 course_v，该视图根据"课程表"、"学院表"和"教师表"建立，视图中的字段项包括"姓名"、"课程名"、"学时"和"系名"，并且视图中只包括"学时"大于等于 60 分的记录，视图中的记录先按"系名"升序排列，再按"姓名"降序排列。最后用 SELECT 命令查询该视图中的全部信息，并将结果存放到文件 se.dbf 中。要求将 SELECT 命令存放在程序文件 se.prg 中（只需要一句查询视图的命令），并运行此程序。

6. 在 employee_m 数据库中创建视图 viewone：利用该视图只能查询"计算机学院"的职员记录，查询结果包含"职员号"、"姓名"、"性别"和"出生日期"4 个字段，各记录按"职员号"降序排序。最后利用刚创建的视图查询视图中 1971 年 9 月 1 日以后出生的职员的全部信息，并将查询结果存放在表 tabletwo 中，相应的 SQL SELECT 语句保存在文件 Ptwo.prg 中，并运行此程序。

7. 在 student 数据库中建立反映学生选课和考试成绩的视图 viewsc，该视图包括"学号"、"姓名"、"名称"和"成绩"4 个字段；用 SQL 命令查询视图 viewsc 的全部内容，要求先按"学号"升序再按"成绩"降序排序，并将结果保存在 result.dbf 表文件中。SQL 命令存放在名为 viewsc.prg 的文件中，并运行此程序。

8. 打开数据库文件"课程管理"，使用 SQL 语句建立一个视图 salary，该视图包括"系号"和（该系的）"平均工资"两个字段，并且按"平均工资"降序排列。请将该 SQL 语句存储在 four.prg 文件中，否则不得分。

第 6 章

表单设计与应用

6.1 表单

6.1.1 创建、运行与修改表单的主要步骤

1. 创建表单

（1）使用表单向导创建表单。

方法 1：选【文件】→【新建】（或单击快捷工具栏上的【新建】按钮），打开"新建"对话框，在"新建"对话框的"文件类型"选"表单"→【向导】。

方法 2：单击"项目管理器"窗口中的"文档"选项卡，单击选项卡中的"表单"项→【新建】→【表单向导】。

（2）使用表单设计器创建表单。

方法 1：选【文件】→【新建】（或单击工具栏上的【新建】按钮），打开"新建"对话框，在"新建"对话框中的"文件类型"中选择"表单"→【新建文件】。

方法 2：单击"项目管理器"窗口中的"文档"选项卡，单击选项卡中的"表单"项→【新建】→【新建表单】。

方法 3：在命令窗口中输入以下命令创建表单。

MODIFY　FORM　<表单名> 或 CREATE　FORM　<表单名>

此方法生成的表单不能在"项目管理器"窗口中直接看到。如需添加该表单，则单击"项目管理器"窗口的"文档"选项卡，再单击该选项卡中的"表单"项→【添加】。

2. 运行表单

方法 1：在表单设计器环境下，选【表单】→【执行表单】（或单击快捷工具栏上的"运行"按钮【!】)。

方法 2：在"项目管理器"窗口中，选择要运行的表单→【运行】。

方法 3：在命令窗口输入命令。

DO FORM <表单名>

3．修改表单

方法 1：选【文件】→【打开】（或单击快捷工具栏上的【打开】按钮），在"打开"对话框中选文件类型"表单"，选中需要修改的表单文件→【打开】。

方法 2：在"项目管理器"窗口中选择"文档"选项卡，如果表单文件没有展开，单击"表单"图标左边的+号，选择需要修改的表单文件→【修改】。

方法 3：在命令窗口中输入以下命令修改表单。

MODIFY　FORM　＜表单名＞

6.1.2 创建、运行与修改表单基本操作举例

1．创建表单与添加表单控件

【例 6.1】利用表单向导创建名为 FORM2 的表单，选择 KC 表中除 YXZYDM 字段外的所有字段，排序字段为 KCDM，表单标题为"课程"，其他取默认值。

操作步骤：

（1）利用表单向导创建表单，操作如图 6-1（a）～（c）所示。

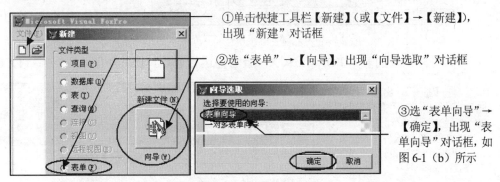

图 6-1（a）选表单向导

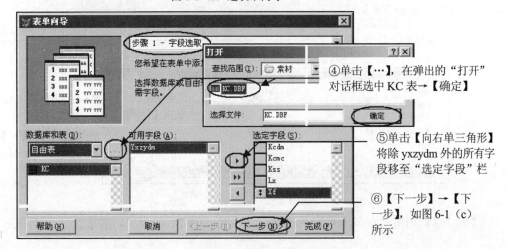

图 6-1（b）设置自由表及字段

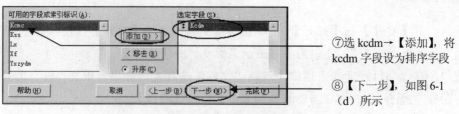

⑦选 kcdm→【添加】,将 kcdm 字段设为排序字段

⑧【下一步】,如图 6-1 (d)所示

图 6-1（c）设置排序字段

（2）预览、保存表单,操作如图 6-1（d）所示。

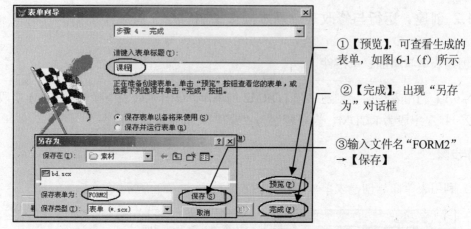

①【预览】,可查看生成的表单,如图 6-1（f）所示

②【完成】,出现"另存为"对话框

③输入文件名"FORM2" →【保存】

图 6-1（d）表单向导完成界面

（3）打开生成的表单 FORM2.SCX,查看并运行表单,操作如图 6-1（e）、（f）所示。

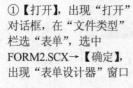

①【打开】,出现"打开"对话框,在"文件类型"栏选"表单",选中 FORM2.SCX→【确定】,出现"表单设计器"窗口

②鼠标指向"表单设计器"窗口,右击→【执行表单】或【!】可运行表单,如图 6-1（f）所示

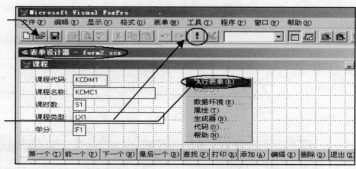

图 6-1（e）打开、修改、运行表单

从图 6-1（d）【预览】进入预览时,可单击【返回向导】,结束预览

单击【退出】或【×】可结束运行,返回表单设计器

图 6-1（f）预览（运行）表单

【例 6.2】利用一对多表单向导创建名为 XY_FORM 的表单。要求：使用"学院表"为

父表，并选择"系名"字段作为显示字段；使用"教师表"为子表，并选择除"系号"以外的所有字段作为显示字段；使用"系号"建立表之间的关系；表单样式选择"凹陷式"；按"系号"降序排列；表单标题为"各学院教师情况"。

打开表单 XY_FORM，运行表单并体验表单中表的操作。

操作步骤：

（1）利用表单向导创建表单，操作如图 6-2（a）所示。

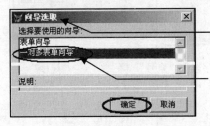

①【文件】→【新建】，在"新建"对话框选"表单"→【向导】，出现"向导选取"对话框

②选"一对多表单向导"→【确定】，弹出"一对多表单向导"对话框，如图 6-2（b）所示

图 6-2（a）选一对多表单向导

（2）设置父表和子表，如图 6-2（b）所示。

①单击【…】→选"学院表"→【确定】→添加"系名"→【下一步】

②单击【…】→选"教师表"→【确定】→添加除系号以外全部字段→【下一步】

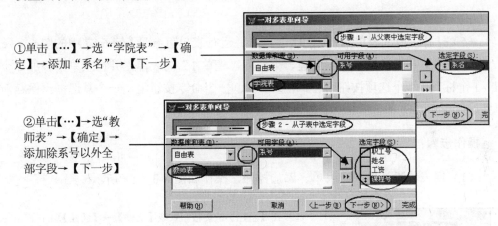

图 6-2（b）设置父表和子表

（3）设置两表的连接字段和表单样式，如图 6-2（c）所示。

①父表和子表存在共同的字段"系号"，系统会自动选连接字段"系号"→【下一步】

②样式选"凹陷式"，按钮类型默认→【下一步】

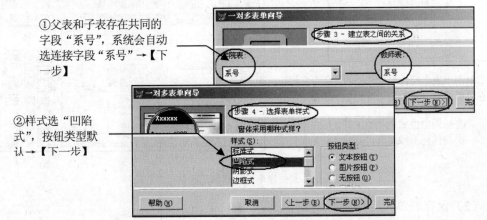

图 6-2（c）设置两表连接和表单样式

（4）设置排序次序和表单标题，如图 6-2（d）所示。

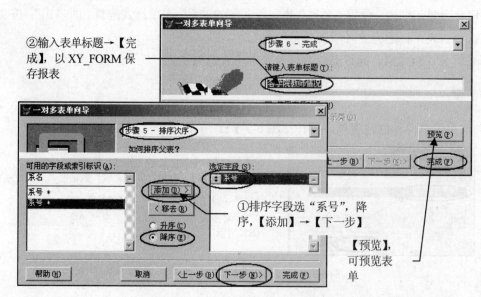

②输入表单标题→【完成】，以 XY_FORM 保存报表

①排序字段选"系号"，降序，【添加】→【下一步】

【预览】，可预览表单

图 6-2（d）设置排序次序和标题

（5）打开生成的表单 XY_FORM，查看并运行表单可参见【例 6.1】中的图 6-1（e）、（f）。

【例 6.3】利用表单设计器创建一个名为"表单 1"的表单，并在表单中添加 2 个命令按钮、1 个标签、1 个选项按钮组、1 个文本框、一个命令按钮组、一个复选框。保存新建的表单并运行表单。

操作步骤：

（1）用表单设计器创建表单、添加控件，操作如图 6-3（a）所示。

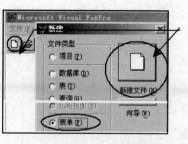

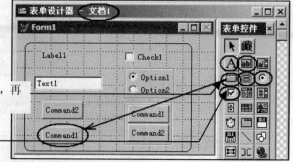

①单击【新建】快捷按钮（或【文件】→【新建】），在弹出的"新建"对话框中选"表单"→【新建文件】，弹出"表单设计器"窗口

②单击"表单控件"工具栏的"命令"按钮，再在表单适当位置单击，可添加 1 个命令按钮

③按图中位置逐一添加其他控件（大小与排列不做要求，以后介绍）

图 6-3（a）利用表单设计器创建表单与添加控件

（2）保存表单并运行表单，操作如图 6-3（b）所示。

136

说明：

（1）若表单已经存在，打开修改后再保存，不弹出"另存为"对话框，直接按原文件名保存。

（2）操作中若不小心将"表单控件工具栏"隐藏了，可在 VFP 菜单【显示】→【表单控件工具栏】命令，显示表单控件工具栏。

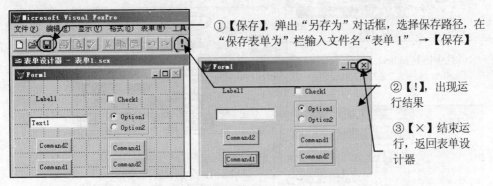

图 6-3（b）保存和运行表单

2. 设置表单及控件的相应属性

表单的常用属性有：Name、Caption、Autocenter、Backcolor、Closable、MaxButton、MinButton、Movable、Icon、Height、Width、WindowState、BorderStyle、ShowWindow。

【例 6.4】设置表单以及表单中对象的标题。

打开名为"表单 1"的表单。将表单的标题设置为"主界面"，按钮 COMMAND1、COMMAND2 的标题分别设置为"下一条记录"、"上一条记录"，标签 Label1 的标题为"姓名"，OPTION1、OPTION2 的标题分别为"男"、"女"。设置标签 Label1 和选项按钮组（及其中的选项按钮）为自动调整控件的大小以容纳其内容。

操作步骤：

（1）打开名为"表单 1"的表单，操作参见【例 6.1】中的图 6-1（e）。

（2）修改表单及各相关控件的属性，操作如图 6-4（a）、（b）所示。

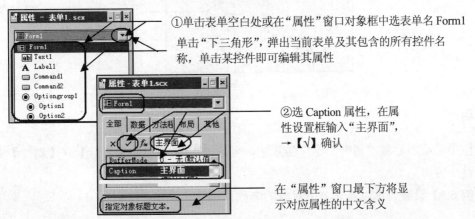

图 6-4（a）设置表单的标题属性

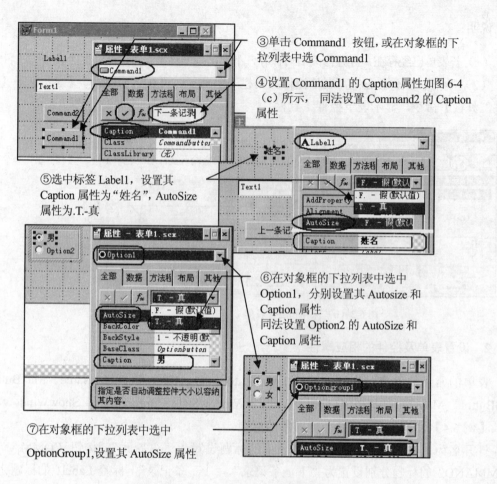

图 6-4（b）设置表单中控件的属性

（3）保存并运行表单，操作参见【例 6.3】中的图 6-3（b），结果如图 6-4（c）所示。

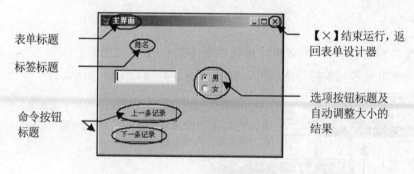

图 6-4（c）运行结果

说明：

操作中若不小心将"属性"窗口隐藏了，可通过 VFP 菜单的【显示】→【属性】命令显示"属性"窗口。

【例 6.5】设置表单以及表单中对象的名称。

打开名为"表单 1"的表单。设置表单名为 MAIN，按钮 COMMAND1、COMMAND2 的名称分别为 DOWN、UP。

操作步骤：

打开"表单 1"，查看修改前、后的 Name 属性如图 6-5（a）所示，修改 NAME 属性的操作如图 6-5（b）所示。

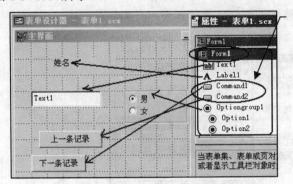
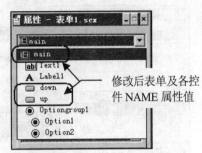

修改前表单及命令按钮的 NAME 属性值

修改后表单及各控件 NAME 属性值

图 6-5（a）修改前、后的 NAME 属性

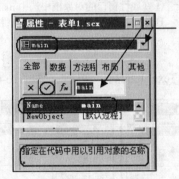

在对象框选中 Form1，将其 Name 属性改为 main，【√】确认
同法，在对象框分别选中 Command1 及 Command2，将其 Name 属性分别修改为：DOWN 和 UP
修改结果如图 6-5（a）右图所示

图 6-5（b）修改表单及命令按钮的 NAME 属性

说明：

表单的文件名、表单名（NAME 属性）和表单标题（Caption 属性）的区别如图 6-5（c）所示。

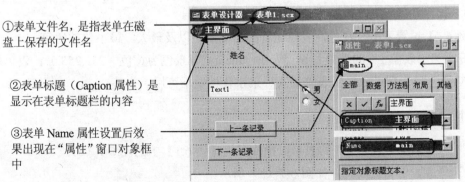

①表单文件名，是指表单在磁盘上保存的文件名

②表单标题（Caption 属性）是显示在表单标题栏的内容

③表单 Name 属性设置后效果出现在"属性"窗口对象框中

图 6-5（c）表单文件名、Name 属性、Caption 属性的区别

【例 6.6】 设置表单以及表单中对象的高、宽。

打开名为"表单 1"的表单。设置表单（MAIN）的高 280、宽 350，并设置为不可移动的；将 2 个命令按钮（DOWN、UP）和文本框（Text1）均设置为高 30、宽 120。

操作步骤：

（1）打开名为"表单 1"的表单，操作参见【例 6.1】中的图 6-1（e）。

（2）修改表单的高、宽以及不可移动的属性，操作如图 6-6（a）所示。

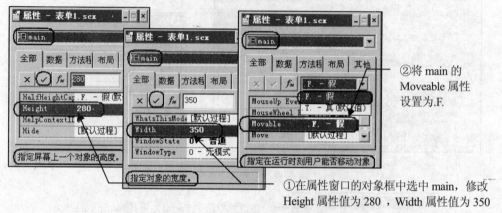

图 6-6（a）设置表单及相关控件的高、宽属性

（3）修改命令按钮（DOWN、UP）和文本框（Text1）的高、宽属性，如图 6-6（b）所示。

图 6-6（b）修改命令按钮以及文本框的高宽属性

（4）保存并运行表单，操作略。

【例 6.7】设置表单背景色，表单运行时自动居中以及最大、最小化按钮等。

打开名为"表单 1"的表单。设置表单（main）背景色为黄色（255,255,0）；表单运行时自动在 VFP 窗口内居中；设置表单最大、最小化按钮不可用。

操作步骤：

（1）打开名为"表单 1"的表单，操作参见【例 6.1】中的图 6-1（e）。

（2）修改表单相关属性，如图 6-7（a）所示。

（3）保存并运行表单，运行结果如图 6-7（b）所示。

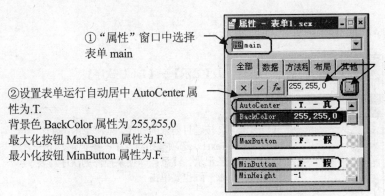

①"属性"窗口中选择表单 main

②设置表单运行自动居中 AutoCenter 属性为.T.
背景色 BackColor 属性为 255,255,0
最大化按钮 MaxButton 属性为.F.
最小化按钮 MinButton 属性为.F.

BackColor 属性不仅可以直接输入颜色的 RGB 值，也可以单击【…】调出颜色板进行设置

图 6-7（a）表单属性设置

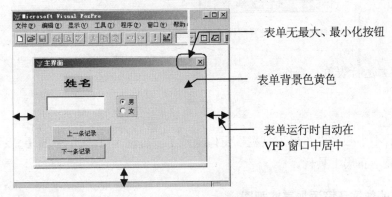

表单无最大、最小化按钮

表单背景色黄色

表单运行时自动在 VFP 窗口中居中

图 6-7（b）运行结果

3. 控件的操作与布局

【例 6.8】设置表单中对象的对齐和对象的 Tab 键顺序。

打开名为"表单 1"的表单。设置表单中的标签、文本框、2 个命令按钮左对齐；设置 Tab 键的顺序依次为：姓名、Text1、选项按钮组、上一条记录、下一条记录。

操作步骤：

（1）打开名为"表单 1"的表单，操作参见【例 6.1】中的图 6-1（e）。
（2）设置控件左对齐的操作如图 6-8（a）所示。

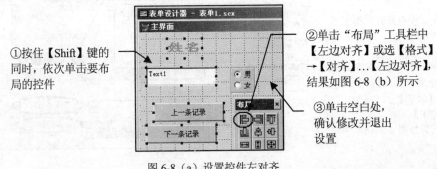

①按住【Shift】键的同时，依次单击要布局的控件

②单击"布局"工具栏中【左边对齐】或选【格式】→【对齐】…【左边对齐】，结果如图 6-8（b）所示

③单击空白处，确认修改并退出设置

图 6-8（a）设置控件左对齐

（3）设置 Tab 键次序的操作如图 6-8（b）所示。

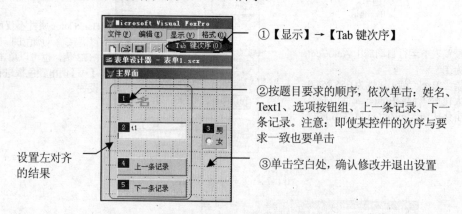

图 6-8（b）设置控件的 Tab 键次序

（4）保存并运行表单，操作略。

说明：

若操作中若不小心将"布局工具栏"窗口隐藏了，可选 VFP 菜单中的【显示】→【布局工具栏】命令显示布局工具栏。

4. 向表单的数据环境添加表或视图

【例 6.9】打开"表单 1"表单。为该表单的数据环境添加 XS 表，通过从"数据环境"窗口拖曳 XS.XH 字段到表单生成与 XS 表中 XH 字段关联的标签和文本框控件。将表单中的 TEXT1 控件与 XS 表中 XM 字段相关联。

操作步骤：

（1）打开名为"表单 1"的表单，操作参见【例 6.1】中的图 6-1（e）。

（2）为表单的数据环境添加 XS 表的操作如图 6-9（a）所示。

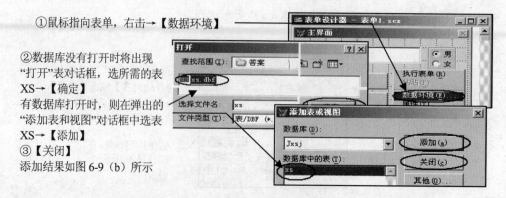

图 6-9（a）为表单数据环境添加表

（3）从"数据环境"窗口拖曳 XS.XH 字段到表单生成与 XS 表中 XH 字段关联的标签和文本框控件，操作如图 6-9（b）所示。

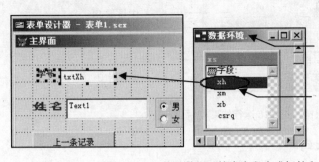

①若"数据环境"窗口关闭，可鼠标指向表单，右击→【数据环境】，打开窗口

②鼠标指向 XS 表的 XH 字段，直接拖动到表单上，再将出现的控件调整到合适的位置

图 6-9（b）拖动数据环境中字段生成标签和文本框

（4）将表单中的 TEXT1 控件与 XS 表中 XM 字段相关联，操作如图 6-9（c）所示。

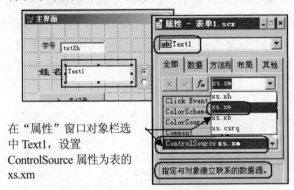

在"属性"窗口对象栏选中 Text1，设置 ControlSource 属性为表的 xs.xm

图 6-9（c）文本框与表中字段的绑定

图 6-9（d）运行结果

（5）保存并运行表单，运行结果如图 6-9（d）所示。

【例 6.10】打开表单 FORM1，将 JS 表添加到表单的数据环境中，并将整个表拖曳到表单中生成表格，将表格放置在表单的中央位置。

操作步骤：

（1）打开表单 FORM1，操作参见【例 6.1】中的图 6-1（e）。

（2）为其数据环境添加 JS 表，操作参见【例 6.9】中的图 6-9（a）。

（3）将 JS 表拖曳到表单中生成表格并设置表格位置的操作如图 6-10（a）所示。

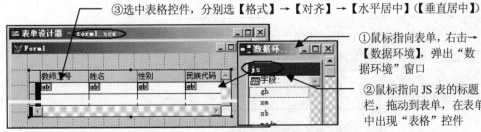

③选中表格控件，分别选【格式】→【对齐】→【水平居中】（垂直居中）

①鼠标指向表单，右击→【数据环境】，弹出"数据环境"窗口

②鼠标指向 JS 表的标题栏，拖动到表单，在表单中出现"表格"控件

图 6-10（a）拖动数据环境中的表生成表格控件

（4）保存并运行表单，运行结果如图 6-10（b）所示。

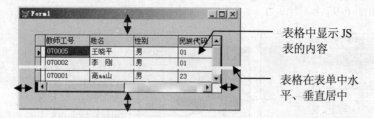

图 6-10（b） 例 6.10 运行结果

5. 设置表单及控件的事件代码

表单具有一些常用的事件和方法，如 Init 事件、Destroy 事件、Click 事件（单击事件）、DblClick 事件（双击事件）、Release 方法（释放表单）、Refresh 方法（刷新表单）等。

【例 6.11】打开表单 BL5，给表单设置事件代码如下。

（1）为表单设置一个双击事件（DblClick 事件）：当用户双击表单时，表单背景变红色。

（2）为表单中的"关闭表单"按钮（Command1）设置单击事件（Click 事件）：单击此按钮时关闭表单。

操作步骤：

（1）打开表单 BL5，操作参见【例 6.1】中的图 6-1（e）。

（2）为表单编写双击（DblClick）事件代码，操作如图 6-11（a）所示。

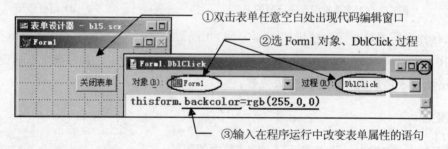

图 6-11（a）表单的双击事件代码

（3）为"关闭表单"按钮（Command1）编写单击（Click）事件代码，操作如图 6-11（b）所示。

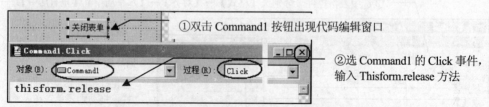

图 6-11（b）按钮的单击事件代码

（4）保存并运行表单，运行结果如图 6-11（c）所示。

②单击"关闭表
单"按钮，关闭
表单返回"表单
设计器"窗口

①双击表单任意
空白处，表单背景
变红色

图 6-11（c） 运行并验证设置结果

6. 为表单添加新的属性和方法

【例 6.12】打开表单 MYFORM，为表单添加新的属性和方法如下。

（1）创建名为 newp 新属性。

（2）创建名为 newf 的新方法，方法代码为：Wait "这是 newf 新方法" Window。

（3）设置 OK 按钮的 Click 事件代码，其功能是调用表单的 newf 方法。

操作步骤：

（1）打开表单 MYFORM，操作参见【例 6.1】中的图 6-1（e）。

（2）创建新属性，操作如图 6-12（a）所示。

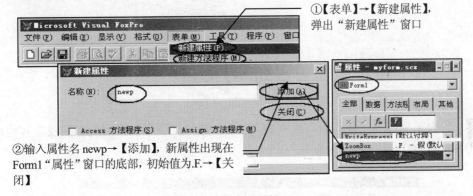

①【表单】→【新建属性】，
弹出"新建属性"窗口

②输入属性名 newp→【添加】，新属性出现在
Form1 "属性"窗口的底部，初始值为.F.→【关
闭】

图 6-12（a）新建属性

（3）创建新方法，操作如图 6-12（b）所示。

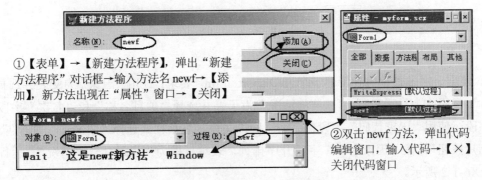

①【表单】→【新建方法程序】，弹出"新建
方法程序"对话框→输入方法名 newf→【添
加】，新方法出现在"属性"窗口→【关闭】

②双击 newf 方法，弹出代码
编辑窗口，输入代码→【×】
关闭代码窗口

图 6-12（b）新建方法

（4）为 OK 按钮编写 Click 事件代码，操作如图 6-12（c）所示。

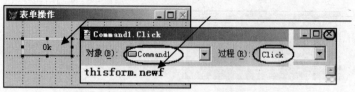

双击 OK 按钮在弹出的代码窗口选 Command1、Click，输入调用 newf 方法的语句 →【×】关闭代码窗口

图 6-12（c）设置 OK 按钮 Click 事件代码

（5）保存并运行表单，运行结果如图 6-12（d）所示。

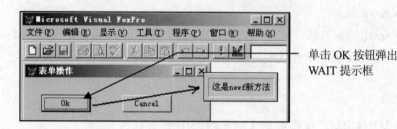

单击 OK 按钮弹出 WAIT 提示框

图 6-12（d）运行结果

练习 6.1

1. 用表单向导为"课程表"建立表单 two，选择"课程表"的所有字段，其他选项取默认值。运行结果如图 LX6-1-1 所示。

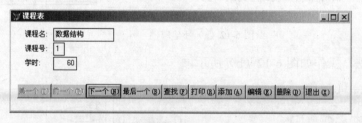

图 LX6-1-1　练习 6.1-1 结

2. 使用一对多表单向导新建一个表单 sport_form。要求：使用"国家"为父表并选择"国家名称"字段作为显示字段，"获奖牌情况"为子表并选择"项目名称"和"名次"字段作为显示字段，使用"国家代码"字段建立表之间的关系，表单样式选择"阴影式"，按钮类型选择"图片按钮"，按"国家名称"字段升序排列，表单标题为"奥运会获奖情况"。运行结果如图 LX6-1-2 所示。

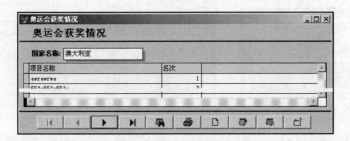

图 LX6-1-2 练习 6.1-2 结果

3．新建一个不包含任何控件的空表单 myform.scx，表单名和表单文件名均为 myform。

提示：表单名是指表单对象的名称（Name 属性）。

4．打开表单文件 formtwo.scx，将表单的标题设为"计算机等级考试"。

提示："标题"不是"表单名"！

5．打开表单文件 formthree.scx，使用布局工具栏使表单上的 4 个命令按钮顶边水平对齐。运行结果如图 LX6-1-5 所示。

图 LX6-1-5 练习 6.1-5 结果

图 LX6-1-7 练习 6.1-7 结果

6．打开表单文件 formfour.scx，设置有关属性使表单初始化时自动在 Visual FoxPro 主窗口内居中显示。

7．打开表单文件 myform.scx，然后在表单设计器环境下完成如下操作（运行结果如图 LX6-1-7 所示）。

（1）设置表单的有关属性，使表单在打开时在 VFP 主窗口居中显示。

（2）设置表单内的 Center、East、South、West 和 North 5 个按钮的大小为宽 60、高 25。

提示：可以同时选中 5 个按钮，同时设置其宽和高。

（3）将 West、Center 和 East 3 个按钮设置为顶边对齐，将 North、Center 和 South 3 个按钮设置为左边对齐。

（4）按 Center、East、South、West、North 的顺序设置各按钮的 Tab 键次序。

8．打开表单文件 myform.scx，并完成如下简单应用（运行结果如图 LX6-1-8 所示）。

（1）将表单的标题设置为"简单应用"，并设置表单运行时自动居中。

（2）增加命令按钮"退出"（Command1），程序运行时单击该按钮释放表单。

（3）将视图 myview 添加到数据环境中，并将视图 myview 拖曳到表单中使得表单运行时能够显示视图的内容（不要修改任何属性）。

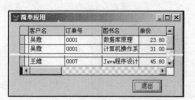

图 LX6-1-8　练习 6.1-8 结果　　　　　　图 LX6-1-9　练习 6.1-9 结果

9．打开表单 FORMONE.SCX，表单中包含一个命令按钮。在表单设计器环境下完成如下操作（运行结果如图 LX6-1-9 所示）。

（1）将表单的标题设置为"基本操作"，将表单的最大化按钮设置为无效。

（2）在表单的数据环境中添加数据表 customers.dbf。

（3）将命令按钮设置为"默认"按钮，即在表单激活的情况下，不管焦点在哪个控件上，都可以通过按 Enter 键来选择该命令按钮。提示：Default 属性。

10．新建一个文件名和表单名均为 score_form 的表单，向表单中添加一个命令按钮 Command1，标题为"计算"，为该命令按钮的 Click 事件增加命令，调用 two.prg 程序。最后运行表单，并单击"计算"按钮执行 two 程序，运行结果如图 LX6-1-10 所示。

图 LX6-1-10　练习 6.1-10 结果　　　　　　图 LX6-1-11　练习 6.1-11 结果

11．打开表单 myform.scx，表单中包含"请输入(s)"标签、Text1 文本框，以及"确定"命令按钮。然后在表单设计器环境下完成如下操作（运行结果如图 LX6-1-11 所示）。

（1）将表单的名称设置为 myform，将表单的标题设置为"表单操作"。

（2）按标签、文本框和命令按钮的顺序设置表单内 3 个控件的 Tab 键次序。

（3）为表单新建一个名为 mymethod 的方法，方法代码为：

Wait "文本框的值是"+this.text1.value window

（4）设置"确定"按钮的 Click 事件代码，其功能是调用表单的 mymethod 方法。

6.2　基本型控件

6.2.1　标签

标签控件用以显示文本，被显示的文本在 Caption 属性中指定，称为标题文本。

标签控件的常用属性：Name、 Caption、 BackStyle、Alignment、FontName、FontSize、

FontBold、FontItalic、BackColor、ForeColor、AutoSize、WordWrap、Visible。

标签控件的常用事件：Click 事件等。

【例 6.13】打开名为"表单 3"的表单，为标签设置属性和事件代码如下。

（1）设置 Label1：标签名为 LB1，标题为"标签控件 1"。字体为：楷体、14 号、加粗、倾斜，字体颜色为粉红色（255,0,255）。自动调整控件大小以容纳其内容，背景色与表单保持一致（即"透明"）。

（2）设置 Label2：标题为"将标签控件 1 隐藏"，标签文本的对齐方式为居中（Alignment），标签控件在表单中水平居中对齐。

（3）为标签 Label2 添加 Click 事件代码使得单击此标签时，将标签 LB1 隐藏。

操作步骤：

（1）打开名为"表单 3"的表单，操作参见【例 6.1】中的图 6-1（e）。

（2）设置 Label1 的属性，操作如图 6-13（a）所示。

①单击 Label1 标签，或在对象框的下拉列表中选 Label1

②分别设置各属性如下：
Name 为：LB1
Caption 为：标签控件 1
字体 FontName 为：楷体_GB2312
字号 FontSize 为：14
字体加粗 FontBold 为：.T.
字体倾斜 FontItalic 为：.T.
前景色 ForeColor 为：粉红色
自动调整大小 AutoSize 为.T.
背景透明 BackStyle 为：0
效果如图 6-13（c）所示

图 6-13（a）设置标签 Label1 的属性

（3）设置 Label2 的属性及编写 Click 事件代码，操作如图 6-13（b）所示。

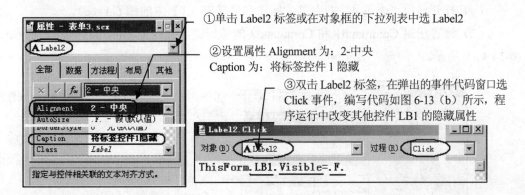

①单击 Label2 标签或在对象框的下拉列表中选 Label2

②设置属性 Alignment 为：2-中央
Caption 为：将标签控件 1 隐藏

③双击 Label2 标签，在弹出的事件代码窗口选 Click 事件，编写代码如图 6-13（b）所示，程序运行中改变其他控件 LB1 的隐藏属性

图 6-13（b）设置 Label2 属性以及 Click 事件代码

（4）保存并运行表单，结果如图 6-13（c）所示。

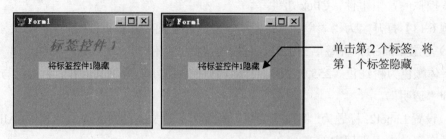

单击第 2 个标签，将
第 1 个标签隐藏

图 6-13（c） 运行结果

6.2.2 命令按钮

命令按钮：完成某个特定的功能，如关闭表单等。实现该功能的代码通常放在 Click 事件中，用户通过单击命令按钮执行。

命令按钮的常用属性：Name、Caption、AutoSize、Enabled、Top、Picture、Default 与 Cancel、Visible 等。

命令按钮控件的常用事件：Click 事件等。

【例 6.14】打开表单文件"表单 4.SCX"，其中包含 3 个按钮，在表单设计器环境下完成如下操作。

（1）将按钮 Command1 的访问键设置为 Y，按钮 Command2 的访问键设置为 x。

（2）将按钮 Command3 的标题设置为"表单居中"。

（3）设置按钮 Command1 的单击事件为：单击按钮，表单背景变黄色（255,255,0）。按钮 Comamnd2 的单击事件为：关闭表单。按钮 Command3 的单击事件为：表单运行时居中显示。

操作步骤：

（1）打开名为"表单 4"的表单，操作参见【例 6.1】中的图 6-1（e）。

（2）设置按钮 Command1 和 Command2 的访问键、按钮 Command3 的标题的操作如图 6-14（a）所示。

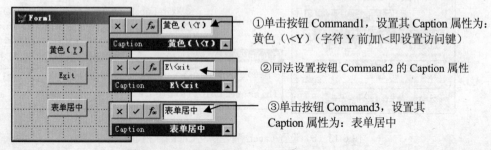

①单击按钮 Command1，设置其 Caption 属性为：黄色（\<Y）（字符 Y 前加\<即设置访问键）

②同法设置按钮 Command2 的 Caption 属性

③单击按钮 Command3，设置其 Caption 属性为：表单居中

图 6-14（a）设置按钮的 Caption 属性

（3）分别设置 3 个按钮的单击事件，操作如图 6-14（b）所示。

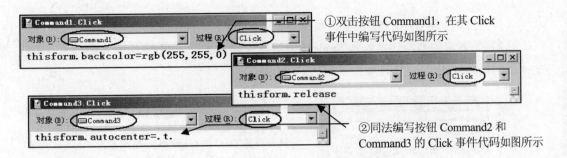

①双击按钮 Command1，在其 Click
事件中编写代码如图所示

②同法编写按钮 Command2 和
Command3 的 Click 事件代码如图所示

图 6-14（b）编写 3 个按钮的 Click 事件代码

（4）保存并运行表单，结果如图 6-14（c）所示。

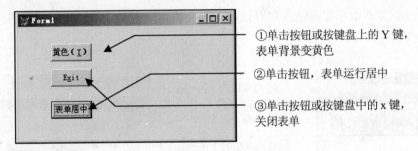

①单击按钮或按键盘上的 Y 键，
表单背景变黄色

②单击按钮，表单运行居中

③单击按钮或按键盘中的 x 键，
关闭表单

图 6-14（c） 表单运行结果

6.2.3 文本框

文本框是一种常用控件，可用于输入数据或编辑内存变量、数组元素和非备注型字段内的数据。

文本框的常用属性：Name、ControlSource、Value、PassWordChar、InputMask、Alignment、BorderStyle、BackStyle、Enabled、ReadOnly 等，文本框无 Caption 属性。

文本框的常用事件：Valid、KeyPress、GotFocus、LostFocus 等。

【例 6.15】打开表单 WBBD，在表单设计器环境下完成如下操作。

（1）将 Student 表添加到表单的数据环境中，依次设置 3 个文本框的 ControlSource 属性为 Student 表的学号、姓名和出生日期。

（2）设置 Text2 文本框的相关属性使得其只显示占位符*，而不显示姓名的实际内容。

（3）设置"关闭"按钮为"默认"按钮。

（4）修改 2 个命令的单击事件使得：

单击"上一条"命令按钮上移一条记录，如果已到文件首，则指向第一条记录；

单击"下一条"命令按钮下移一条记录，如果到了文件尾，则指向最后一条记录。

操作步骤:

(1) 打开名为 WBBD 的表单,操作参见【例 6.1】中的图 6-1 (e)。

(2) 为表单的数据环境添加 Student 表的操作参见【例 6.9】中的图 6-9 (a)。设置 3 个文本框的 ControlSource 属性如图 6-15 (a) 所示。

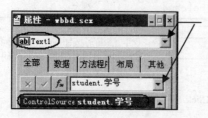

在对象框的下拉列表中选 Text1,在其 ControlSource 属性下拉列表框中选:student.学号
同法设置 Text2 的 ControlSource 属性为:student.姓名。
Text3 的 ControlSource 属性为:student.出生日期

图 6-15 (a) 设置文本框的 ControlSource 属性

(3) 设置 Text2 文本框不显示输入内容仅显示占位符*,"关闭"按钮为默认按钮,操作如图 6-15 (b) 所示。

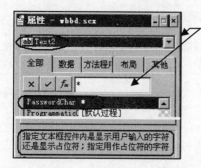

①在对象框的下拉列表中选 Text2,设置其 PasswordChar 为:*

②在对象框的下拉列表中选 Command3,设置其 Default 为:.T.

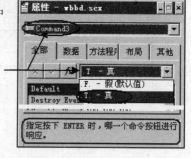

图 6-15 (b) 设置文本框和按钮的属性

(4) 修改 2 个命令按钮的单击事件,操作如图 6-15 (c) 所示。

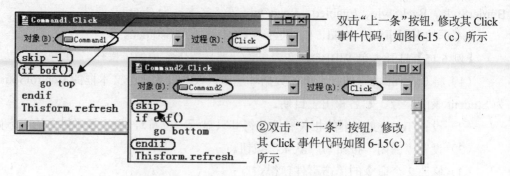

双击"上一条"按钮,修改其 Click 事件代码,如图 6-15 (c) 所示

②双击"下一条"按钮,修改其 Click 事件代码如图 6-15(c) 所示

图 6-15 (c) 修改按钮的 Click 事件代码

(5) 保存并运行表单,结果如图 6-15 (d) 所示。

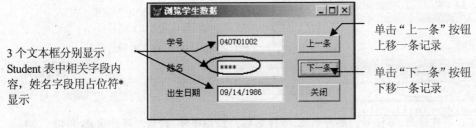

3个文本框分别显示
Student 表中相关字段内
容，姓名字段用占位符*
显示

单击"上一条"按钮
上移一条记录

单击"下一条"按钮
下移一条记录

图 6-15（d） 表单运行结果

【例 6.16】打开表单 FORMONE，其中包含 1 个标签（Label1），1 个文本框（Text1）和
1 个命令按钮（Command1）。然后按相关要求完成相应操作。

设置"确定"按钮的 Click 事件代码，使得表单运行时单击该按钮能够完成如下查询
功能：从"项目信息"、"零件信息"和"使用零件"表中查询指定项目所用零件的详细信
息，查询结果依次包含零件号、零件名称、数量、单价 4 项内容，各记录按"零件号"升
序排序，并将查询结果存放在以项目号为文件名的表中，如指定项目号为 s1，则生成文件
s1.dbf。

最后执行表单，并依次查询项目 s1 和 s3 所用零件的详细信息。

操作步骤：

（1）使用查询设计器完成"确定"按钮要完成的功能。

新建查询，注意 3 个表的添加顺序依次为：项目信息、使用零件、零件信息。按题意选
定输出字段、排序依据、查询去向（为表 s1）等操作参见第 5 章（略），设置筛选条件如图
6-16（a）所示（还将在"确定"按钮的 Click 事件代码中进行修改），以任意文件名保存查询
（以备修改之用），最后复制查询设计器所生成的 SQL 代码。

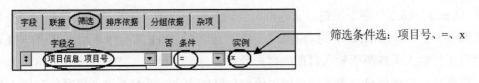

筛选条件选：项目号、=、x

图 6-16（a）设置"筛选"选项卡

（2）打开表单 FORMONE，设置"确定"按钮的 Click 事件代码，操作如图 6-16（b）
所示。

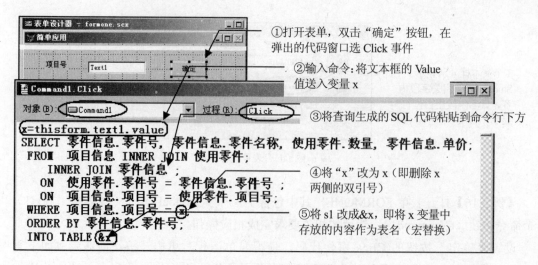

①打开表单，双击"确定"按钮，在弹出的代码窗口选 Click 事件

②输入命令：将文本框的 Value 值送入变量 x

③将查询生成的 SQL 代码粘贴到命令行下方

④将"x"改为 x（即删除 x 两侧的双引号）

⑤将 s1 改成&x，即将 x 变量中存放的内容作为表名（宏替换）

图 6-16（b）编辑 Click 事件代码

（3）保存并运行表单，结果如图 6-16（c）所示（在文本框输入 s3 的操作类似，此处略）。

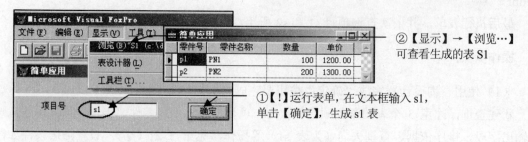

②【显示】→【浏览…】可查看生成的表 S1

①【!】运行表单，在文本框输入 s1，单击【确定】，生成 s1 表

图 6-16（c）运行表单和查看生成的表

【例 6.17】先打开"宾馆"数据库，然后打开 test 表单，其中包含 1 个标签（Label1）、1 个文本框（Text1）和 2 个命令按钮，文本框用于输入退房日期。按相关要求完成相应操作。

"查询"按钮（Command1）的功能如下：在该按钮的 Click 事件中使用 SQL 的 SELECT 命令查询退房日期大于或等于输入日期的客户号、身份证、姓名、工作单位和该客户入住的客房号、类型名、价格信息，查询结果按"价格"降序排序，并将查询结果存储到表 TABD 中。表 TABD 的字段为客户号、身份证、姓名、工作单位、客房号、类型名、价格。

表单设计完成后，运行该表单，查询退房日期大于或等于 2005-04-01 的顾客信息。

操作步骤：

（1）打开"宾馆"数据库。

（2）使用查询设计器完成"查询"按钮要完成的功能。

新建查询，表的添加顺序依次为：客户、入住、客房、房价。按题意选定输出字段、排序依据、查询去向（为表 TABD）等（操作参见第 5 章），设置筛选条件如图 6-17（a）所示

（还将在"查询"按钮的 Click 事件代码中进行修改），以任意文件名保存查询（以备修改之用），最后复制查询设计器所生成的 SQL 代码。

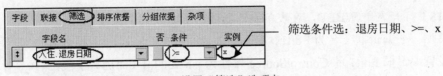

图 6-17（a）设置"筛选"选项卡

（3）打开表单 test，设置"查询"按钮的 click 事件代码，操作如图 6-17（b）所示。

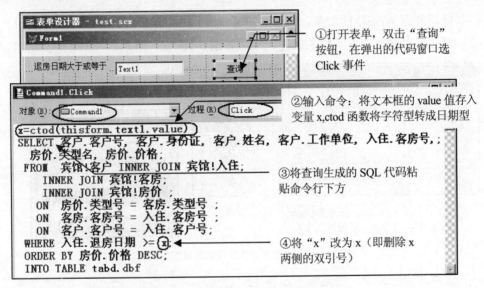

图 6-17（b）编辑"查询"按钮的 Click 事件代码

（4）保存并运行表单，结果如图 6-17（c）所示。

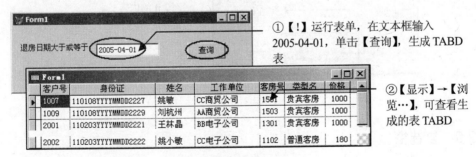

图 6-17（c）运行表单和查看生成的表

6.2.4 编辑框

编辑框控件的创建和使用与文本框控件有许多类似之处，通常用于处理长字符串或备注型字段的内容。

编辑框控件的常用属性：Name、ReadOnly、Value、ControlSource、ScrollBars、HideSelection、SelStart、SelLength、SelText。

【例 6.18】打开表单 WBBD，在表单设计器环境下完成如下操作。

（1）添加一个编辑框，名为 Edit1。

（2）设置编辑框 Edit1 的 ControlSource 属性为 jsb 表的 jl（简历）字段。

（3）设置编辑框 Edit1 的 ReadOnly 属性为.T.。保存并运行表单。

操作步骤：

（1）打开名为 WBBD 的表单，操作参见【例 6.1】中的图 6-1（e）。

（2）添加编辑框并设置其相关属性，操作如图 6-18（a）所示。

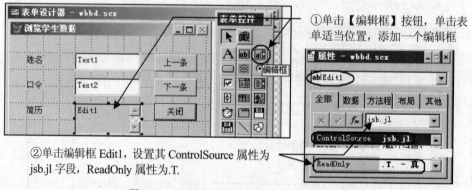

①单击【编辑框】按钮，单击表单适当位置，添加一个编辑框

②单击编辑框 Edit1，设置其 ControlSource 属性为 jsb.jl 字段，ReadOnly 属性为.T.

图 6-18（a）添加并设置编辑框的属性

（3）保存并运行表单，结果如图 6-18（b）所示。

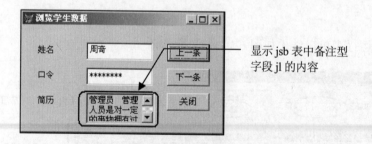

显示 jsb 表中备注型字段 jl 的内容

图 6-18（b）表单运行结果

6.2.5 复选框

复选框可以用来指定一个逻辑状态，可提供两个值的选择——"真"或"假"。其通常与逻辑型字段绑定（将 ControlSource 属性设置为字段名），或指定某条件选项。

复选框控件的常用属性：Name、Caption、Style、Value、ControlSource 等。Value 值为 1 或.T.表示被选中（方框内显示一个"√"），Value 值为 0 或.F.表示没被选中（方框内为空），

Value 值为 2 或 NULL 表示其值不确定（方框变为灰色）。

复选框的常用事件：Click 事件。

【例 6.19】打开表单 FXK.SCX，在表单设计器环境下完成如下操作。

（1）向表单中添加 1 个复选框 Check1，设置其标题为"粗体"，Style 属性为"0-标准"，value 属性值为 0。

（2）为复选框 Check1 设置 Click 事件代码：如果选中 Check1 时，将文本框的字体设置为粗体，没有选中时还原（参考复选框 Check2 的 Click 事件代码）。

保存并运行表单，在文本框中输入任意文本，分别选中"粗体"、取消"斜体"，观察文本框中字体的变化。

操作步骤：

（1）打开名为 FXK 的表单，操作参见【例 6.1】中图 6-1（e）。

（2）添加 1 个复选框并设置其相关属性，操作如图 6-19（a）所示。

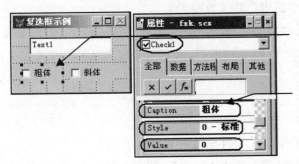

①单击"表单控件"工具栏的"复选框"按钮，在表单适当位置单击，添加复选框

②单击复选框 Check1，设置属性 Caption：粗体。Style：0-标准，Value：0

图 6-19（a）添加复选框并设置其属性

（3）设置复选框（Check1）的 Click 事件代码，如图 6-19（b）左图所示。

双击"粗体"复选框，弹出代码窗口，选 Click 事件，编写代码如图所示

在文本框中输入任意文本，选中粗体，取消斜体的效果

图 6-19（b）设置"粗体"复选框的单击事件及表单运行结果

（4）保存并运行表单，结果如图 6-19（b）右图所示。

6.2.6 列表框与组合框

列表框提供一组条目，用户可以从中选中一个或多个条目。

列表框控件的常用属性：Name、ColumnCount、RowSourceType、RowSource、Selected、

MultiSelect、Value、List、ListCount 等。

列表框控件的常用事件：Click、InteractiveChange。

列表框控件的常用方法：Clear、AddItem。

组合框兼有列表框和文本框的功能，它可以提供一组预先设定的选项供用户选择，也可以接收从键盘输入的数据。前面所述的列表框的属性大部分也适用于组合框（但组合框没有 MultiSelected 属性，即不提供多重选择的功能）。

组合框控件的常见属性：Name、Style、Value、RowSourceType、RowSource，常用事件包括 InterActiveChange、KeyPress 等。其中 Style 属性决定了组合框的样式，值为 0 表示下拉组合框（不仅可以选择数据，还可以输入数据），值为 2 表示下拉列表框（仅可以选择数据）。

1. 置列表框和组合框的数据源属性

【例 6.20】打开表单 formtest，表单中包括 1 个标签（Label1），在表单设计器环境下完成如下操作。

（1）在表单的数据环境中添加"学院表"和"教师表"。

（2）向表单中添加 1 个列表框（List1）用于显示系名（见图 6-20（b）右图），通过"属性"窗口将列表框（List1）的 RowSource 和 RowSourceType 属性指定为"学院表.系名"和 6。保存并运行表单。

操作步骤：

（1）打开名为 formtest 的表单，操作参见【例 6.1】中的图 6-1（e）。

（2）在表单的数据环境中添加"学院表"和"教师表"，操作如图 6-20（a）所示。

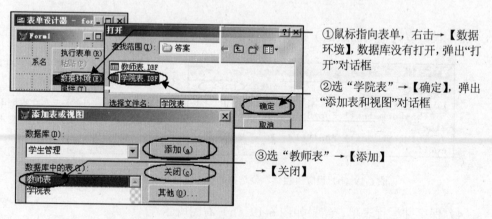

图 6-20（a）数据环境添加表

（3）添加列表框（List1）并设置其相关属性，操作如图 6-20（b）左图所示。

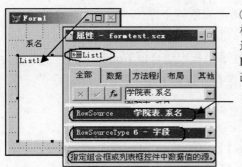

①单击"表单控件"工具栏的【列表框】,单击表单适当位置,添加列表框List1,如名字不对,可修改其 Name 属性

②单击列表框,设置其RowSourceType 属性为: 6。RowSource 属性为: 学院表.系名

图 6-20 (b) 添加列表框、设置有关属性以及表单运行结果

(4) 保存并运行表单,结果如图 6-20 (b) 右图所示。

【例 6.21】打开表单 myform,设置列表框的数据源(RowSource)和数据源类型(RowsourceType)两个属性: RowSourceType 属性为 3,在 RowSource 属性中使用 SQL 的 SELECT…INTO CURSOR LS 语句根据"国家"表中"国家名称"字段的内容在列表框中显示"国家名称"(注意不要使用命令指定这两个属性)。保存并运行表单。

操作步骤:

(1) 打开名为 myform 的表单,操作参见【例 6.1】中的图 6-1 (e)。

(2) 设置列表框的 RowSource 和 RowSourceType 属性,操作如图 6-21 (a) 所示。

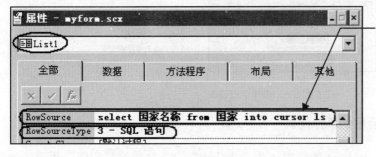

在对象框的下拉列表中选 List1,设置RowSourceType 为 3直接在 RowSource 属性框中输入 SELECT语句

图 6-21 (a) 设置列表框数据源与数据源类型属性

(3) 保存并运行表单,结果如图 6-21 (b) 所示。

图 6-21 (b) 运行结果

【例 6.22】打开表单 one，在表单设计器环境下完成如下操作。

（1）向表单添加 1 个组合框（Combo1），并将其设置为下拉列表框。

（2）通过 RowSource 和 RowSourceType 属性手工指定组合框 Combo1 的显示条目为"上海"、"北京"（不要使用命令指定这两个属性）。保存并运行表单。

操作步骤：

（1）打开名为 one 的表单，操作参见【例 6.1】中的图 6-1（e）。

（2）添加 1 个组合框 Combo1 并设置其相关属性，操作如图 6-22（a）所示。

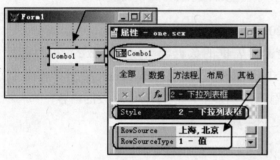

①单击"表单控件"工具栏的【组合框】，单击表单适当位置，添加组合框 Combo1，如名字不对，可修改其 Name 属性

②在对象框的下拉列表中选 Combo1，设置 Style 属性为：2-下拉列表框。RowSourceType 属性为 1 在 RowSource 属性框中直接输入条目并用英文逗号分割

图 6-22（a）添加组合框并设置其相关属性

（3）保存并运行表单，结果如图 6-22（b）所示。

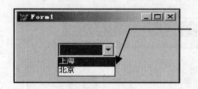

仅可选择下拉列表框中的数据，不可输入数据

图 6-22（b）表单运行结果

2. 编写列表框和组合框的事件代码

【例 6.23】打开名为 myform 的表单，为"生成表"命令按钮编写程序。程序的功能是：根据表单运行时列表框中选定的国家名称，将"获奖牌情况"表中相应国家的所有记录存入以该国家名称命名的自由表中，自由表中包含"运动员名称"、"项目名称"和"名次"3 个字段，并按照"名次"升序排列。

提示：假设从列表框中选择的国家名称存放在变量 gm 中，那么在 SQL SELECT 语句中使用短语 into table &gm 就可以将选择的记录存入以该国家名命名的自由表中。

运行表单，分别生成存有"日本"、"美国"2 个国家获奖情况的 2 个自由表。

操作步骤：

（1）使用查询设计器完成"生成表"按钮要完成的功能。

新建查询，添加国家表和获奖牌情况表，按题意选定输出字段、排序依据、查询去向（为表，表名暂定"日本"）等操作参见第 5 章（略），设置筛选条件如图 6-23（a）所示（还将在"生成表"按钮的 Click 事件代码中进行修改），以任意文件名保存查询（以备修改之用），最后复制查询生成的 SQL 代码。

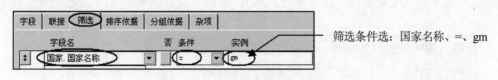

图 6-23（a）设置"筛选"选项卡

（2）打开表单 myform，设置"生成表"按钮的 click 事件代码，操作如图 6-23（b）所示。

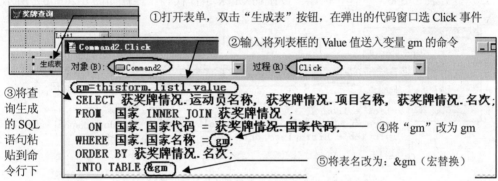

图 6-23（b）设置"生成表"按钮的 Click 事件代码

（3）保存并运行表单，结果如图 6-23（c）所示。

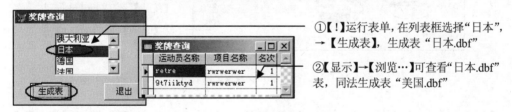

图 6-23（c）运行表单和查看生成的表

【例 6.24】打开表单 one，表单中已有"统计"（Command1）和"退出"（Command2）2 个命令按钮和 1 个组合框（Combo1）。为"统计"命令按钮的 Click 事件写一条 SQL 命令，执行该命令时，将"歌手表"中所有"歌手出生地"与组合框（Combo1）指定的内容相同的歌手的全部信息存入自由表 birthplace 中。运行表单，在组合框中选"北京"，单击"统计"，然后"退出"。

操作步骤：

（1）使用查询设计器完成"统计"按钮要完成的功能。

新建查询，添加歌手表，按题意选定输出字段、查询去向（为表 birthplace）等（操作参见第 5 章），设置筛选条件如图 6-24（a）所示（还将在"统计"按钮的 Click 事件代码中进行修改），以任意文件名保存查询（以备修改之用），最后复制查询所生成的 SQL 代码。

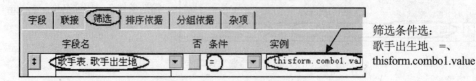

筛选条件选：
歌手出生地、=、
thisform.combo1.value

图 6-24（a）设置"筛选"选项卡

（2）打开表单 one，设置"统计"按钮的 Click 事件代码，操作如图 6-24（b）所示。

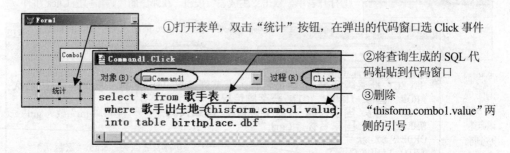

①打开表单，双击"统计"按钮，在弹出的代码窗口选 Click 事件

②将查询生成的 SQL 代码粘贴到代码窗口

③删除"thisform.combo1.value"两侧的引号

```
select * from 歌手表 ;
  where 歌手出生地=thisform.combo1.value;
  into table birthplace.dbf
```

图 6-24（b）设置"统计"按钮的 Click 事件代码

（3）保存并运行表单，结果如图 6-24（c）所示。

①【!】运行表单，选"北京"→【统计】，生成 birthplace 表

②【显示】→【浏览…】查看生成的 birthplace 表

图 6-24（c）运行表单和查看生成的表

【例 6.25】打开表单 myform，为列表框（List1）的 DBLClick 事件编写程序。程序的功能是：表单运行时，用户双击列表框中选项时，将该选送单位的"单位名称"、"最高分"、"最低分"和"平均分"4 个字段的信息存入自由表 two.dbf 中（字段名依次为单位名称、最高分、最低分和平均分），同时将统计数据显示在界面相应的文本框中。

最后运行表单，并在列表框中双击"空政文工团"，结果如图 6-25（a）所示。

图 6-25（a） 表单运行结果

操作步骤：

（1）使用查询设计器完成列表框（List1）的 DBLClick 事件要完成的功能。

新建查询，添加表的顺序依次为：选送单位、歌手信息、打分表。联接条件如图 6-25（b）所示，"字段"选项卡与"筛选"选项卡的设置如图 6-25（c）所示（还会在 DBLClick 事件代码中进行修改），查询去向（为表 two）等操作参见第 5 章（略）。以任意文件名保存查询（以备修改之用），最后复制查询所生成的 SQL 代码。

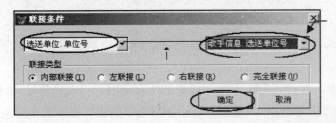

添加"歌手信息"表时因为没有同名字段，系统无法给出关联，要手动选择选送单位.单位号和歌手信息.选送单位号为联接字段→【确定】，添加"打分表"时则默认系统的联接条件→【确定】

图 6-25（b）手动设置联接条件

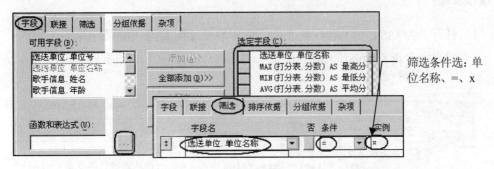

筛选条件选：单位名称、=、x

图 6-25（c）设置"字段"、"筛选"选项卡

（2）打开表单 myform，设置列表框（List1）的 DBLClick 事件代码，操作如图 6-25（d）所示。

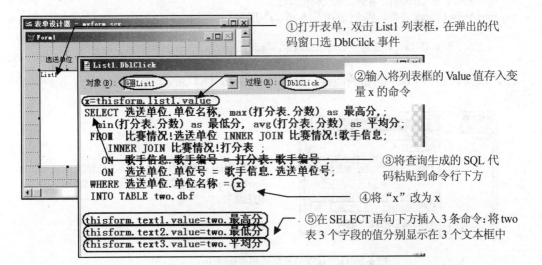

①打开表单，双击 List1 列表框，在弹出的代码窗口选 DblCilck 事件

②输入将列表框的 Value 值存入变量 x 的命令

③将查询生成的 SQL 代码粘贴到命令行下方

④将 "x" 改为 x

⑤在 SELECT 语句下方插入 3 条命令：将 two 表 3 个字段的值分别显示在 3 个文本框中

图 6-25（d）设置列表框的 DBLClick 事件代码

（3）保存并运行表单，结果如图 6-25（a）所示。

3. 列表框与组合框综合举例

【例 6.26】打开表单 LIST_COMBO，在表单设计器环境下完成如下操作。

（1）设置组合框 Combo1 的 RowSourceType 和 RowSource 属性分别为 7 和*.dbf。

（2）修改组合框 Combo1 的 InteractiveChange 事件，使得表单运行时，可以先在右侧的组合框中选择需要打开并查询的表文件（此时，表的字段就会自动显示在左侧的列表框内）。

（3）设置列表框 List1 为多选，RowSourceType 属性为 8。

（4）为"确定"按钮编写 Click 事件代码，在 VFP 窗口显示列表框中选择需要输出的字段。

最后运行表单，选择 student 表，在列表框中出现对应表的所有字段，单击"学号"，按住 Ctrl 键的同时分别单击"姓名"、"出生日期"，选中要显示的字段，确定，出现查询结果。

操作步骤：

（1）打开名为 LIST_COMBO 的表单，操作参见【例 6.1】中的图 6-1（e）。

（2）设置组合框 Combo1 相关属性、修改其 InteractiveChange 事件代码如图 6-26（a）所示。

图 6-26（a）设置组合框的相关属性，修改 InteractiveChange 事件代码

（3）设置列表框 List1 的相关属性，操作如图 6-26（b）所示。

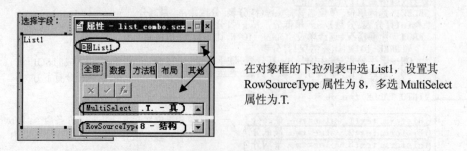

图 6-26（b）设置列表框的相关属性

（4）设置"确定"按钮的 Click 事件代码，操作如图 6-26（c）所示。

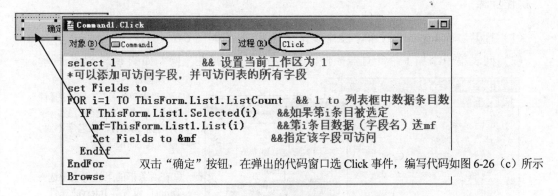

图 6-26（c）设置"确定"按钮的 Click 事件代码

（5）保存并运行表单，结果如图 6-26（d）所示。

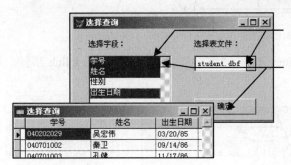

①在组合框的下拉列表中选 student 表，在列表框中出现对应表的所有字段

②单击"学号"，按住【Ctrl】键的同时分别单击"姓名"、"出生日期"→【确定】→出现查询结果

图 6-26（d） 表单运行结果

6.2.7　计时器

计时器控件允许以一定的时间间隔重复地执行某种操作。该控件在表单设计时可见，但在表单运行时不可见。

计时器控件的常用属性：Enabled、Interval 等。

计时器控件的常用事件：Timer 事件。

【例 6.27】打开 timer 表单，并按如下要求进行修改（注意要保存所作的修改），表单运行时自动显示系统的当前时间，运行结果如图 6-27（c）所示。

（1）在表单中添加一个计时器控件（Timer1）。

（2）通过"属性"窗口设置计时器控件（Timer1）的 Interval 属性为 1000，即每 1000ms 触发一次计时器控件的 Timer 事件（显示一次系统时间）。

（3）编写 Timer 事件，使得标签 Label1 中显示当前的系统时间。

（4）参考"继续"（Command2）命令按钮的 Click 事件设置"暂停"命令按钮（Command1）的 Click 事件，使得单击此按钮，时钟停止。最后运行表单。

操作步骤:

(1) 打开名为 timer 的表单,操作参见【例 6.1】中的图 6-1 (e)。

(2) 向表单中添加 1 个计时器控件,并设置其相应属性,操作如图 6-27 (a) 所示。

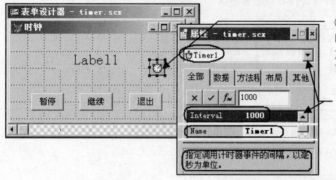

图 6-27 (a) 添加计时器控件设置其相关属性

(3) 分别设置计时器 Timer1 的 Timer 事件,"继续"、"暂停"按钮的 Click 事件,操作如图 6-27 (b) 所示。

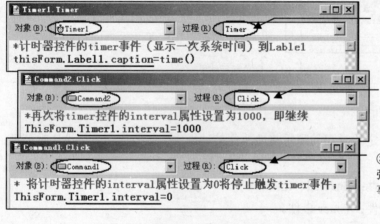

图 6-27 (b) 设置 "计时器"、"暂停" 控件的相应事件代码

(4) 保存并运行表单,结果如图 6-27 (c) 所示。

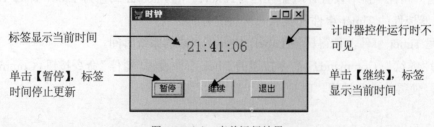

图 6-27 (c) 表单运行结果

练习 6.2

1. 在考生文件夹下完善表单 my 如图 LX6-2-1 所示。完成以下功能：表单上已有 1 个标签和 3 个命令按钮，表单运行时标签标题动态显示当前系统时间。

（1）设置表单的标题为"变色时钟"。

（2）设置标签的字体大小为"25"，文本对齐方式为"2-中央"，前景色为"粉红色"（调色板第 2 行第 8 列），标签"透明"显示。

（3）编写 3 个命令按钮的相关事件代码，完成功能如下：单击"蓝色"命令按钮，表单背景颜色变为蓝色；单击"绿色"命令按钮，表单背景颜色变为绿色；单击"退出"命令按钮关闭表单。

提示：背景颜色属性为 Backcolor，蓝色为 rgb（0,0,255），绿色为 rgb（0,255,0）。

图 LX6-2-1　练习 6.2-1 结果

图 LX6-2-2　练习 6.2-2 结果

2. 在考生文件夹下有一表单文件 myform.scx，其中包含"高度"标签、Text1 文本框以及"确定"命令按钮。打开表单 myform.scx，完成下列操作。

（1）将标签、文本框和命令按钮 3 个控件设置为顶边对齐；设置"确定"按钮的属性使得在表单运行时按 Enter 键就可以直接选择该按钮。

（2）将表单的标题设置为"表单操作"，表单的名称设置为 myform；设置表单的属性使得表单运行时"在顶层表单中"且运行时自动在 VFP 窗口居中。

（3）设置文本框的 VALUE 属性初值为 200；设置"确定"按钮的 Click 事件代码，使得表单运行时，单击该按钮可以将表单的高度设置成文本框中指定的值。

最后运行表单，结果如图 LX6-2-2 所示。

提示：在"确定"按钮的 Click 事件代码中添加一条表单的高度属性等于文本框 Text1 的 VALUE 值的命令。

3. 打开表单 three，为"生成数据"命令按钮（Command1）编写代码：用 SQL 命令查询视图 viewsc 的全部内容，要求先按"学号"升序，再按"成绩"降序排序，并将结果存储在 results.dbf 表文件中。结果如图 LX6-2-3 所示。

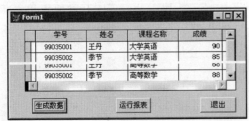
图 LX6-2-3　练习 6.2-3 结果

4. 在考生文件夹下建立表单文件 formone.scx，要求包含 1 个标签、1 个文本框和 1 个命令按钮（它们的名称依次为 Label1、Text1 和 Command1），表单的标题为"综合应用"。

设置"确定"按钮的 Click 事件代码，使得当表单运行时，单击命令按钮可以查询指定商品（由用户在文本框给定商品号）的订购信息，查询结果依次包含订单号、客户名、签订日期、商品名、单价和数量 6 项内容，各记录按"订单号"升序排序，查询结果存放在表 tablethree 中。最后运行表单，然后在文本框中输入商品号 a00002，并单击"确定"按钮完成查询。结果如图 LX6-2-4 所示。

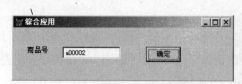

图 LX6-2-4　练习 6.2-4 结果

5. 在考生文件夹下，完成如下综合应用（所有控件的属性必须在表单设计器的"属性"窗口中设置）：设计一个文件名和表单名均为 myform 的表单，其中有 1 个标签 Label1（日期）、1 个文本框 Text1 和 2 个命令按钮 Command1（查询）和 Commad2（退出），如图 LX6-2-5 所示。

图 LX6-2-6　练习 6.2-6 结果

然后在表单设计器环境下进行如下操作。

（1）将表单的标题改为"综合应用"，将文本框的初始值设置为表达式 date()。

（2）编写"查询"命令按钮的 Click 事件代码，其功能是：根据文本框 Text1 中输入的日期，查询各会员在指定日期后（大于等于指定日期）签订的各商品总金额，查询结果的字段包括"会员号"（取自 Customer 表）、"姓名"和"总金额"3 项，其中"总金额"为各商品的数量（取自 Orderitem 表）乘以单价（来自 Article 表）的总和；查询结果的各记录按"总金额"升序排序；查询结果存储在表 dbfa 中。

（3）编写"退出"命令按钮的 Click 事件代码，其功能是：关闭并释放表单。最后运行表单，在文本框中输入 03/08/2003，并单击"查询"命令按钮。注意：不运行不得分，生成的 dbfa 表如图 LX6-2-5。提示：查询中按 Customer.会员号分组。

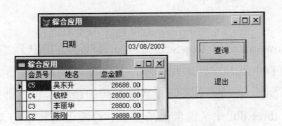

图 LX6-2-5 练习 6.2-5 结果

6. 在考生文件夹下已有表单文件 myform.scx，其中包含 1 个标签、1 个文本框和 1 个命令按钮（不要改变他们的名称），如图 LX6-2-6 所示：

设置"确定"按钮的 Click 事件代码，使得当表单运行时，单击命令按钮可以查询在文本框中输入的指定客户的所有订单信息，查询结果依次包含订单号、签订日期、商品名、单价和数量 5 项内容。各记录按"订单号"升序排序，"订单号"相同按"商品名"升序排序，并将查询结果存放在表 tabletwo 中。设置完成后运行表单，然后在文本框中输入客户名 lilan，并单击"确定"按钮完成查询。

7. 建立一个文件名和表单名均为 myform 的表单如图 LX6-2-7 所示，表单中包括 1 个列表框（List1）和 2 个命令按钮（Command1 和 Command2）。

（1）将"学院表"添加到表单的数据环境中。

（2）将 Command1 和 Command2 的标题分别改为"生成表"和"退出"。

（3）设置列表框的数据源（RowSource）和数据源类型（RowSourceType）两个属性，显示"学院表"中"系名"字段的内容（注意不要使用命令指定这两个属性）。

（4）为"退出"按钮添加事件，实现单击"退出"按钮时关闭表单功能。

图 LX6-2-7 练习 6.2-7 结果

图 LX6-2-8 练习 6.2-8 结果

8. 打开表单 formtest.scx，如图 LX6-2-8 所示为列表框（List1）的 DblClick 事件编写程序。程序的功能是：表单运行时，用户双击列表框中的选项时，将所选系教师的"职工号"、"姓名"和"课时"3 个字段的信息存入自由表 TOW.DBF 中，表中记录按"职工号"降序排列。

运行表单，在列表框中双击"通信"。

9. 建立表单 formtwo 如图 LX6-2-9 所示：包含 4 个标签（Label1～Label4 的标题分别为"部门名"、"最高工资"、"最低工资"、"平均工资"）、1 个列表框（List1）、3 个文本框（Text1～Text3 分别用于显示"最高工资"、"最低工资"、"平均工资"）和 1 个命令按钮

（退出）。

列表框（List1）的 RowSource 和 RowSourceType 属性手工指定为"部门.部门名"和 6。

为列表框（List1）的 DblClick 事件编写程序，其功能是：表单运行时，用户双击列表框中的部门名实例时，使用 SQL SELECT 语句计算该部门的最高工资、最低工资和平均工资，并将计算结果存入自由表 three.dbf 中（仅含最高工资、最低工资和平均工资 3 个字段），同时将相关信息显示在 Text1～Text3 3 个文本框中。

最后运行表单，在列表框中双击"信息管理"，然后单击"退出"命令按钮关闭表单。

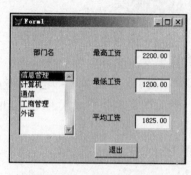
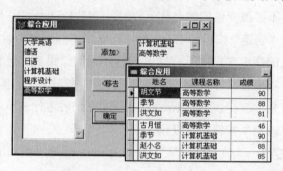

图 LX6-2-9　练习 6.2-9 结果　　　　　图 LX6-2-10　练习 6.2-10 结果

10. 打开考生文件夹下的 zonghe 表单如图 LX6-2-10 所示。其中：单击"添加>"命令按钮可以将左边列表框所选项添加到右边的列表框；单击"<移去"命令按钮可以将右边列表框所选项移去（删除）。现在请完善"确定"命令按钮的 Click 事件代码，其功能是：查询右边列表框所列课程的学生的考试成绩（依次包含姓名、课程名称和考试成绩 3 个字段），并先按"课程名称"升序，再按"考试成绩"降序存储在表 zonghe.dbf 中。

程序完成后必须运行，要求将"计算机基础"和"高等数学"从左边的列表框添加到右边的列表框，并单击"确定"命令按钮完成查询和存储。

提示：cn 变量中存放了查询的条件，可使用宏替换&。

11. 打开 timer 表单如图 LX6-2-11 所示。按如下要求进行修改（注意要保存所作的修改），表单运行时自动显示系统的当前时间，运行结果如图 LX6-2-11 所示。

（1）在表单中添加 1 个文本框（Text1），字体大小为 20 。

（2）通过"属性"窗口设置计时器控件（Timer1）的 Interval 属性为 2000，即每 2000ms 触发一次计时器控件的 Timer 事件（显示一次系统时间）。

（3）编写 Timer 事件，使得文本框 Text1 中显示当前的系统日期时间。

最后运行表单。提示：文本框没有 Caption 属性，显示内容需使用 Value 属性。

图 LX6-2-11　练习 6.2-11 结果

6.3 容器型控件

6.3.1 命令组

命令组是包含一组命令按钮的容器控件。

命令组控件的常用属性：Name、ButtonCount、Enabled、Value、AutoSize 和 BorderStyle。

命令组的常用事件：Click 事件。

【例 6.28】打开表单 wbbd，在表单设计器环境下完成如下操作。

（1）添加 1 个命令组 CommandGroup1；命令组默认是 2 个按钮，修改其 ButtomCount 属性为 3，分别设置命令组 CommandGroup1 中 3 个按钮的标题为 LAST、NEXT 和 CLOSE。

（2）添加"命令组"的 Click 事件代码，实现同左边"上一条"、"下一条"和"关闭"按钮一样的功能。结果如图 6-28（a）所示。

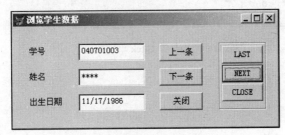

图 6-28（a）表单运行结果

操作步骤：

（1）打开名为 wbbd 的表单，操作参见【例 6.1】中的图 6-1（e）。

（2）添加命令组 CommandGroup1 并设置其属性，操作如图 6-28（b）所示。

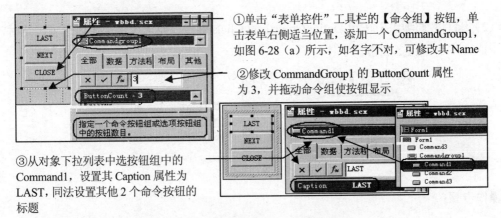

①单击"表单控件"工具栏的【命令组】按钮，单击表单右侧适当位置，添加一个 CommandGroup1，如图 6-28（a）所示，如名字不对，可修改其 Name

②修改 CommandGroup1 的 ButtonCount 属性为 3，并拖动命令组使按钮显示

③从对象下拉列表中选按钮组中的 Command1，设置其 Caption 属性为 LAST，同法设置其他 2 个命令按钮的标题

图 6-28（b）添加命令组控件并设置其属性

（3）设置命令组 CommandGroup1 的 Click 事件代码，操作如图 6-28（c）所示。

（4）保存并运行表单，结果如图 6-28（a）所示。

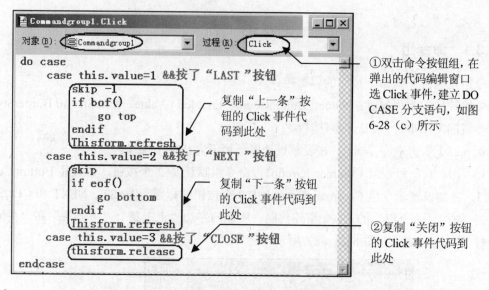

图 6-28（c）设置命令组控件的 Click 事件代码

6.3.2 选项按钮组

选项组又称为选项按钮组，是包含一组选项按钮的容器控件。

选项组控件的常用属性：Name、AutoSize、Style、ButtonCount、ControlSource、Value、Alignment 等。

选项组控件的常用事件：Click 事件。

【例 6.29】打开表单"选项组.scx"，在表单设计器环境下完成如下操作。

（1）为表单添加 1 个选项组 OptionGroup1，并设置选项组中各选项的标题如图 6-29（a）所示。

（2）编写"选项组"按钮 OptionGroup1 的 Click 事件，要求单击某字体选项按钮时，文本框中的文本字体随之变为该字体。

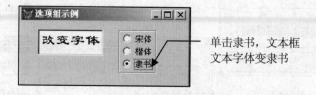

图 6-29（a）表单运行结果

操作步骤：

（1）打开名为"选项组"的表单，操作参见【例 6.1】中的图 6-1（e）。

（2）添加选项组 OptionGroup1 并设置其属性，操作如图 6-29（b）所示。

（3）设置"选项组"按钮 OptionGroup1 的 Click 事件代码，操作如图 6-29（c）所示。

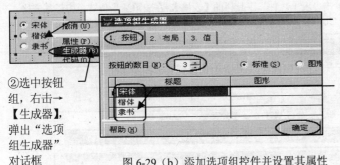

①单击"表单控件"工具栏的【选项组】，在表单适当位置单击添加 OptionGroup1 如图 6-29（a）所示，如名字不对，可修改其 Name 属性

②选中按钮组，右击→【生成器】，弹出"选项组生成器"对话框

③设置按钮数目为 3，输入各按钮标题（即 Caption 属性）→【确定】

图 6-29（b）添加选项组控件并设置其属性

（4）保存并运行表单，结果如图 6-29（a）所示。

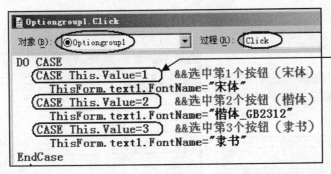

双击"选项组"，在弹出的代码窗口选 Click 事件，输入代码，如图所示

图 6-29（c）设置"选项组"的 Click 事件代码

6.3.3　表格

表格是一种容器对象，其外形与 browse 窗口相似，按行和列显示数据。一个表格对象由若干列对象（Column）组成，每个列对象包含一个标头对象（Header）和若干控件。

表格控件的常用属性：Name、ColumnCount、DeleteMark、ReadOnly、ScrollBars、GridLines、Width、RecordSourceType、RecordSource、Alignment 等。

表格显示数据表中的内容有如下两种方法。

方法 1：直接从数据环境将表拖到表单中生成表格，参见【例 6.10】。

方法 2：从"表单控件"工具栏添加表格到表单中，设置其数据源属性 RecordSourceType 和 RecordSource 使得表格中显示表的数据。既可以在表格的"属性"窗口设置（参见【例 6.30】），也可以在某控件的事件代码中动态设置（参见【例 6.31】）。

【例 6.30】打开表单 formtest，在表单中添加 1 个表格 Grid1，用于显示所有教师的相关信息。通过"属性"窗口将表格（Grid1）的 RecordSource 和 RecordSourceType 属性指定为"Select 职工号，姓名，课时 from 教师表 into cursor tmp"和 4。

操作步骤：

（1）打开名为 formtest 的表单，操作参见【例 6.1】中的图 6-1（e）。

（2）添加 1 个表格控件 Grid1 并设置其数据源属性，操作如图 6-30（a）所示。

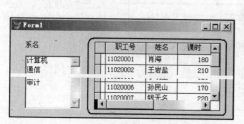

图 6-30（a）添加表格控件并设置其数据源属性

（3）保存并运行表单，结果如图 6-30（b）所示。

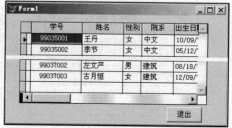

图 6-30（b）例 6.30 表单运行结果

图 6-31（a）例 6.31 表单运行结果

【例 6.31】打开表单 two，在表单中添加 1 个表格控件 Grid1，如图 6-31（a）所示。将表 student 添加到表单的数据环境中，在表单的 Init 事件中写两条语句，第 1 条语句将 Grid1 的 RecordSourceType 属性设置为 0（即数据源的类型为表），第 2 条语句将 Grid1 的 RecordSource 属性设置为 student，使得在表单运行时表格控件中显示表 student 的内容（注：不可以写多余的语句）

操作步骤：

（1）打开名为 two 的表单，操作参见【例 6.1】中的图 6-1（e）。

（2）将表 student 添加到表单的数据环境中，操作参见【例 6.9】中的图 6-9（a）。

（3）添加 1 个表格控件 Grid1，并设置表单的 Init 事件，操作如图 6-31（b）所示。

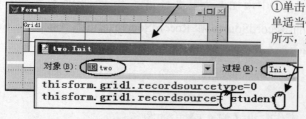

图 6-31（b）添加表格控件并设置表单的 Init 事件

（4）保存并运行表单。

说明：

（1）RecordSourceType 和 RecordSource 属性的取值含义如表 6-1 所示。

表 6-1　　　　　　　　　　RecordSourceType 和 RecordSource 属性的取值含义

RecordSourceType	RecordSource	备注
0	Student	将 Student 表的内容显示在表格中（该表能被自动打开）
1	Student	将 Student 表的内容显示在表格中（该表必须已经打开）
3	queryone.qpr	将查询 queryone.qpr 的结果显示在表格中
4	select 职工号，姓名，课时 from 教师表 into cursor tmp	将 select 语句的执行结果显示在表格中

（2）若在"属性"窗口中设置 RecordSourceType 和 RecordSource 属性，则不需要加双引号""；若在事件代码中设置 RecordSourceType 和 RecordSource 属性，一定要加双引号""。

6.3.4　页框

页框是包含页面控件的容器对象，定义了页面的位置和数量，用来扩展表单的表面面积。页框控件的常用的属性：Name、PageCount、Enabled、Activepage、TabStyle、Tabs、SpecialEffect。

【例 6.32】打开表单 oneform，在表单设计器环境下完成如下操作。

（1）往表单中添加一个页框 Pageframe1，Pageframe1 中有 2 个页面（Page1 和 Page2），标题分别为"系名"和"计算方法"，Page1 中有 1 个组合框（Combo1），Page2 中有 1 个选项组（OptionGroup1），选项组中有 2 个选项按钮，标题分别为"平均工资"和"总工资"。

（2）手工设置组合框（Combo1）的 RowSourceType 属性为 6-字段，RowSource 属性为"学院表.系名"，使得程序开始运行时，组合框中有可供选择的来源于"学院表"的所有"系名"。

（3）运行表单，在选项组中选择"总工资"，在组合框中选择"通信"，单击"生成"命令按钮。

操作步骤：

（1）打开名为 oneform 的表单，操作参见【例 6.1】中的图 6-1（e）。

（2）添加一个页框 Pageframe1，设置页框的标题属性，操作如图 6-32（a）所示。

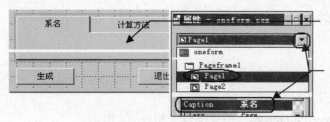

①单击"表单控件"工具栏的【页框】，在表单适当位置单击添加页框

②选 Page1，设置标题为：系名。同法设置 Page2 标题为：计算方法

图 6-32（a）添加页框控件并设置标题属性

（3）在 Page1 页面添加组合框控件并设置相关属性，操作如图 6-32（b）所示。

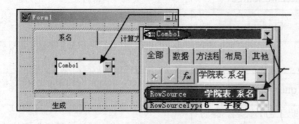

①鼠标指向页框，右击→【编辑】，出现斜线标注的编辑框，单击"系名"页面，添加组合框 Combo1

②选中 Combo1，设置数据源属性

图 6-32（b）在"系名"页面添加组合框并设置数据源属性

（4）在 Page2 页面添加选项组控件并设置相关属性，操作如图 6-32（c）所示。

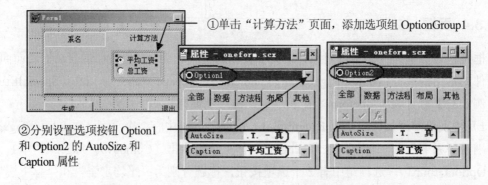

①单击"计算方法"页面，添加选项组 OptionGroup1

②分别设置选项按钮 Option1 和 Option2 的 AutoSize 和 Caption 属性

图 6-32（c）在"计算方法"页面添加选项组并设置相应属性

（5）保存并运行表单，结果如图 6-32（d）所示。

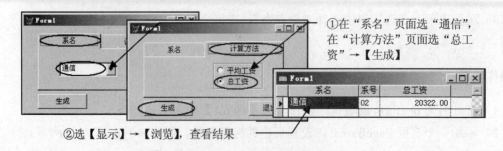

①在"系名"页面选"通信"，在"计算方法"页面选"总工资"→【生成】

②选【显示】→【浏览】，查看结果

图 6-32（d）表单运行结果

【例 6.33】打开表单 tab，在表单设计器环境下完成如下操作。

（1）向表单中添加一个页框控件 Pageframe1，该页框包含有 3 个页面，页面的标题依次为"学生"（Page1）、"课程"（Page2）和"成绩"（Page3）。

（2）将表 student（学生）、course（课程）和 score（成绩）添加到表单的数据环境中。

（3）直接用拖曳的方法使得在页框控件的相应页面上依次分别显示表 student（学生）、course（课程）和 score（成绩）的内容。

操作步骤：

（1）打开名为 tab 的表单，操作参见【例 6.1】中的图 6-1（e）。

（2）添加 1 个页框 Pageframe1，设置相关属性，操作如图 6-33（a）所示。

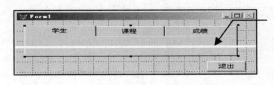

参见【例 6.32】中的图 6-32（a），在表单中添加 1 个"页框"Pageframe1，设置其 PageCount 属性值为 3（3 个页面）
分别设置 Page1、Page2 和 Page3 的标题如图所示

图 6-33（a）添加页框控件并设置标题属性

（3）将表 student（学生）、course（课程）和 score（成绩）添加到表单的数据环境中，操作参见【例 6.9】中的图 6-9（a）。

（4）在 3 个页面上分别生成 3 个表格控件，操作如图 6-33（b）所示。

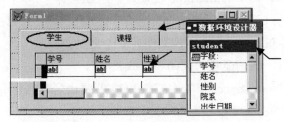

①鼠标指向页框，右击→【编辑】，出现斜线标注的编辑框

②单击"学生"页面，鼠标指向数据环境设计器中 student 表的标题栏，拖动到"学生"页面，出现表格控件 grdStudent；同法生成其他页面的表格控件

图 6-33（b）用拖曳的方法往页框添加表格控件

（5）保存并运行表单，结果如图 6-33（c）所示。

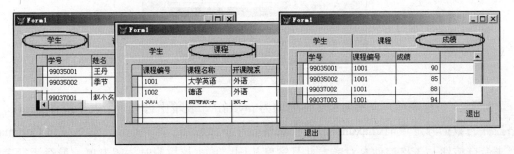

图 6-33（c）表单运行结果

练习 6.3

1. 打开表单 oneform，在表单设计器环境下完成如下操作（结果如图 LX6-3-1）。

（1）添加 1 个选项组 OptionGroup1，选项组中有 2 个选项按钮 option1 和 option2，标题分别为"平均工资"和"总工资"。

（2）添加 1 个组合框（Combo1）。

（3）将"学院表"添加到表单的数据环境中，然后手工设置组合框（Combo1）的 RowSourceType 属性为 6，RowSource 属性为"学院表.系名"，使得程序开始运行时，组合框中有可供选择的来源于"学院表"的所有"系名"。

图 LX6-3-1　练习 6.3-1 结果

2. 创建设计一个文件名为 testA 的表单，如图 LX6-3-2 所示。

（1）表单的标题名为"选择磁盘文件"，表单名为 Form1。

（2）添加列表框 List1，其列数为 1；RowSourceType 设置为"7-文件"。

（3）添加选项组 OptionGroup1 如图 LX6-3-2 所示，设置其 Click 事件代码，使每当在选项按钮组中选择一个文件类型，列表框（List1）就列出该文件类型的文件。

（4）添加"退出"按钮 Command1，其功能是"关闭和释放表单"。

提示：选择的 3 种文件类型分别为 Word、Excel 和 Txt 文本文件。若要让列表框显示 Word 文件，可将其 RowSource 属性设置为：*.DOC。

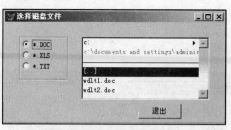

图 LX6-3-2　练习 6.3-2 结果

3. 建立一个表单，表单名和文件名均为 myform，表单中含有一个表格控件 Grid1，该表格控件的数据源是查询 chaxun；然后在表格控件下面添加一个"退出"命令按钮 Command1，要求命令按钮与表格控件左对齐、并且宽度相同，单击该按钮时关闭表单。最后运行表单。

图 LX6-3-3　练习 6.3-3 结果

图 LX6-3-4　练习 6.3-4 结果

4. 设计一个名为 mystu 的表单（文件名为 mystu，表单名为 form1），表单标题为"计算机系学生选课情况"，所有控件的属性必须在表单设计器的"属性"窗口中设置。表单中有 1个表格控件（名称为 Grid1，该控件的 RecordSourceType 属性设置为 4-SQL 说明）和 2 个命令按钮"查询"（Command1）和"退出"（Command2）。

运行表单时，单击"查询"命令按钮后，表格控件中显示 6 系（系字段值等于字符 6）的所有学生的姓名、选修的课程名和成绩。单击"退出"按钮关闭表单。

提示："查询"的 Click 事件代码：

```
thisform.grid1.recordsource=;
"SELECT 学生.姓名, 课程.课程名称, 选课.成绩;
 FROM   学生!学生  INNER JOIN  学生!选课;
    INNER JOIN 学生!课程 ;
  ON   选课.课程号 = 课程.课程号 ;
  ON   学生.学号 = 选课.学号;
WHERE  学生.系 = '6';
INTO CURSOR temp"
thisform.refresh
```

5. 考生文件夹下存在数据库"销售"，其中包含表"购买信息"和表"会员信息"，这 2个表存在一对多的联系。基于销售数据库建立文件名和表单名均为 myf 的表单，其中包含两个表格控件，1 个命令按钮，如图 LX6-3-5 所示，要求如下。

（1）将表"购买信息"和表"会员信息"添加到表单的数据环境。

（2）第一个表格控件（表格名为：grd 会员信息）用于显示表"会员信息"的记录，第二个表格控件（表格名为：grd 购买信息）用于显示与表"会员信息"当前记录对应的"购买信息"表中的记录。

提示：可以从数据环境中拖曳表到表单生成表格。

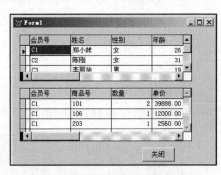
图 LX6-3-5　练习 6.3-5 结果

6.4 综合举例

6.4.1 选项按钮组综合

【例 6.34】 打开表单 oneform.scx，为"生成"命令按钮编写程序。

程序的功能是：表单运行时，根据组合框和选项组中选定的"系名"和"计算内容"，将相应"系"的"平均工资"或"总工资"存入自由表 salary.dbf 中，表中包括"系名"、"系号"以及"平均工资"或"总工资" 3 个字段。

运行表单，在组合框中选择"信息管理"，选项组中选择"总工资"，单击"生成"命令按钮进行计算，结果如图 6-34（a）所示，最后，单击"退出"命令按钮结束。

图 6-34（a）表单运行结果

分析：

"生成"命令按钮 Click 事件中的查询语句要根据表单运行后文本框中输入的系名以及所选择的计算方式（平均工资或总工资）才能确定，因此算法设计如下：

文本框的 Value 值存入变量 XM；

选项组的 Value 值存入变量 JSNR（选"平均工资"时 JSNR=1，选"总工资"为 JSNR=2）。

用分支语句根据选项组的值分别确定查询语句如下：

```
DO CASE
    CASE JSNR=1                &&选中"平均工资"
        SELECT 语句中：查询输出为：系名，系号，平均工资，条件为：系名=XM
    CASE JSNR=2                &&选中"总工资"
        SELECT 语句中：查询输出为：系名，系号，总工资，条件为：系名=XM
ENDCASE
```

查询语句可以通过查询设计器生成：添加"学院表"和"教师表"，"字段"和"筛选"选项卡的设置如图 6-34（b）所示，"查询去向"为表 salary。

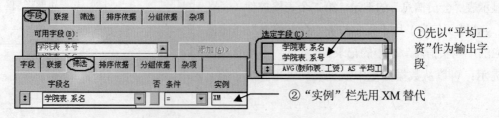

图 6-34（b）查询设计器中的主要设置

操作步骤：

（1）按照分析，新建一个查询，生成相应的 SQL 语句如图 6-34（c）所示，复制此语句。

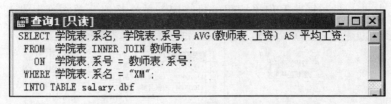

图 6-34（c）用查询设计器生成的 SQL 语句

（2）打开表单，双击"生成"按钮，在弹出代码编辑窗口 Click 事件，编辑代码如图 6-34（d）所示。

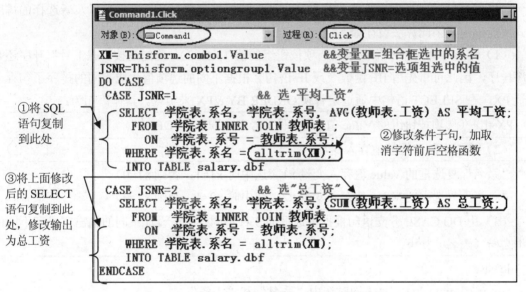

图 6-34（d）Command1 的 Click 事件代码

（3）运行表单，在组合框中选择"信息管理"，选项组中选择"总工资"，单击"生成"命令按钮进行计算，此时表处于打开状态，选【显示】→【浏览】查看 salary，如图 6-34（a）右图所示。最后，单击"退出"命令按钮结束。

【例 6.35】打开表单 myform.scx，为"生成表"命令按钮编写程序。

程序的功能是：根据表单运行时复选框指定的字段和选项按钮组指定的排序方式生成新的自由表。如果 2 个复选框都被选中，生成的自由表名为 two.dbf，two.dbf 的字段包括职工号、姓名、系名、工资和课程号；如果只有"系名"复选框被选中，生成的自由表命名为 one_x.dbf，one_x.dbf 的字段包括职工号、姓名、系名和课程号；如果只有"工资"复选框被选中，生成的自由表命名为 one_xx.dbf，one_xx.dbf 的字段包括职工号、姓名、工资和课程号。结果如图 6-35（a）所示。

运行表单，并分别执行如下操作。

（1）选中 2 个复选框和"按职工号升序"单选按钮，单击"生成表"命令按钮。

（2）只选中"系名"复选框和"按职工号降序"单选按钮，单击"生成表"命令按钮。

（3）只选中"工资"复选框和"按职工号降序"单选按钮，单击"生成表"命令按钮。

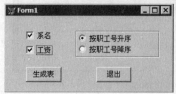

图 6-35（a）表单运行结果

分析：

"生成表"命令按钮 Click 事件中的查询语句要根据表单运行后复选框以及所选择的排序方式才能确定，因此算法设计如下。

（1）因为每种查询中都要根据选项按钮组的值（1 或 2），确定是按"职工号"升序还是降序排序，因此可事先用 IIF 函数（或 IF 语句）根据不同的选项值生成不同的排序子句存入变量 PX，在 SELECT 语句中通过宏替换 ORDER BY &PX 来实现。具体语句为：

> PX=IIF（选项按钮组的 Value 值=1，"职工号"，"职工号 DESC"）

（2）将 2 个复选框的值存入变量：

> "系名"复选框的 Value 值存入变量 x1（选中时 x1=1，否则 x1=0）
>
> "工资"复选框的 Value 值存入变量 x2（选中时 x2=1，否则 x2=0）

（3）用 DO CASE 分支语句根据复选框的 3 种不同选择，设计不同的输出字段和不同的查询去向（表名）如下：

```
do case
case x1=1 and x2=1    &&同时选中"系名"和"工资"
    查询输出字段为：职工号，姓名，系名，工资，课程号，查询去向为表 two
case x1=1 and x2=0    &&只选中"系名"
    查询输出字段为：职工号，姓名，系名，课程号，查询去向为表 one_x
case x1=0 and x2=1    &&只选中"工资"
    查询输出字段为：职工号、姓名、工资，课程号，查询去向为表 one_xx
endcase
```

其中第一个查询语句如下（也可使用查询设计器建立查询，复制，修改）：

```
SELECT 职工号,姓名,系名,工资,课程号;
FROM 教师表,学院表 WHERE 教师表.系号 = 学院表.系号;
ORDER BY &PX  INTO TABLE two.dbf
```

操作步骤：

（1）打开表单，双击"生成表"按钮，弹出代码编辑窗口，选 Command1 的 Click 事件，编辑代码如图 6-35（b）所示。

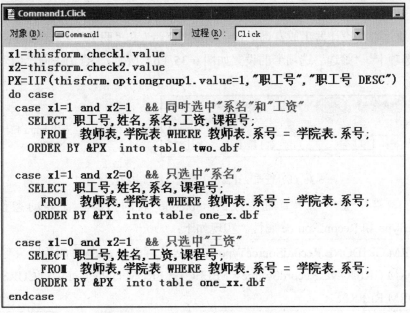

图 6-35（b）Command1 的 Click 事件代码

（2）运行表单，选中 2 个复选框和"按职工号升序"单选钮，单击"生成表"命令按钮，选【显示】→【浏览】查看 two 表，如图 6-35（a）右图所示，其他两种情形请读者自行运行并验证。

6.4.2 表格综合

1. 表格与文本框

【例 6.36】打开表单 pform.scx，为"查询"命令按钮编写程序：单击"查询"按钮，查询指定部门所有职工的信息，包括职工的姓名、性别、出生日期和编号，按"编号"升序排序。查询结果不仅显示在表单右侧的表格中，也保存在表文件 tableone.dbf 中。

最后运行表单，在文本框中输入部门名称"开发部"，单击"查询"按钮，显示并保存相应的查询结果，如图 6-36（a）所示。

图 6-36（a）表单运行结果

分析:

"查询"按钮 Click 事件中的查询语句要根据表单运行后文本框中输入的部门名才能确定,因此算法设计如下。

(1)文本框的 Value 值存入变量 bmm。

(2)可通过查询设计器生成查询语句:添加"部门"和"职工"表,依题意设置"字段"和"排序"选项卡,"筛选"选项卡的设置如图 6-35(b)所示,"查询去向"为表 tableone。

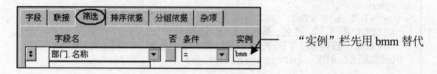

图 6-36(b)查询设计器中"筛选"选项卡的设置

(3)在表格中显示以上查询生成的 tableone 表的内容,需要动态设置表格的 RecordSourceType 和 RecordSource 属性。实现如下:

```
THISFORM.GRIDONE.RecordSourceType=4    &&设置表格 gridone 的数据源类型为 4-SQL
THISFORM.GRIDONE.RecordSource="SELECT * FROM tableone INTO CURSOR tmp"
THISFORM.REFRESH
```

操作步骤:

(1)新建查询,按照分析生成相应的 SQL 语句如图 6-36(c)所示,复制此语句。

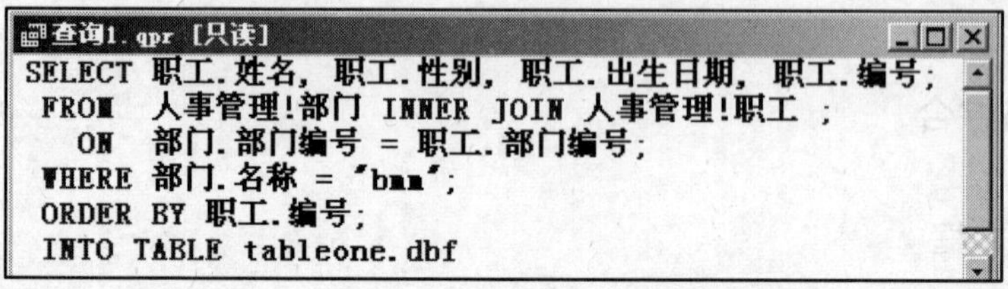

```
🗏查询1. qpr [只读]                                    _ □ ×
SELECT 职工.姓名, 职工.性别, 职工.出生日期, 职工.编号;
 FROM  人事管理!部门 INNER JOIN 人事管理!职工 ;
   ON  部门.部门编号 = 职工.部门编号;
WHERE 部门.名称 ='bmm';
ORDER BY 职工.编号;
INTO TABLE tableone.dbf
```

图 6-36(c)用查询设计器生成的 SQL 语句

(2)打开表单,双击"查询"按钮,在弹出的代码窗口选 Click 事件,编辑代码如图 6-36(d)所示。

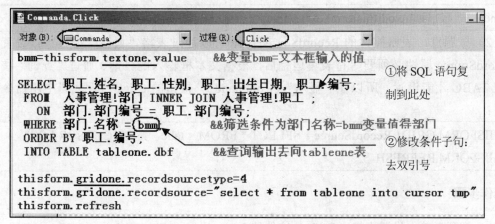

```
[■ Commanda.Click                                                      _ □ ×]
对象(B): [□Commanda          ▼]  过程(R): [Click              ▼]
bmm=thisform.textone.value        &&变量bmm=文本框输入的值
                                                        ①将 SQL 语句复
SELECT 职工.姓名，职工.性别，职工.出生日期，职工.编号；        制到此处
  FROM   人事管理!部门 INNER JOIN 人事管理!职工 ；
    ON   部门.部门编号 ＝ 职工.部门编号；
WHERE 部门.名称 ＝(bmm)         &&筛选条件为部门名称=bmm变量值得部门
ORDER BY 职工.编号；                                    ②修改条件子句：
  INTO TABLE tableone.dbf      &&查询输出去向tableone表      去双引号
thisform.gridone.recordsourcetype=4
thisform.gridone.recordsource="select * from tableone into cursor tmp"
thisform.refresh
```

图 6-36（d）　"查询"按钮的 Click 事件代码

（3）运行表单，在文本框中输入"开发部"，单击"查询"命令按钮进行查询，同时查询结果显示在表格中，如图 6-36（a）所示。此时表处于打开状态，选【显示】→【浏览】可以查看生成的 tableone 表。最后，单击"退出"命令按钮结束。

【例 6.37】打开文件名为 TESTB 的表单，为"查询"和"显示"命令按钮编写程序。

（1）"查询"（Command1）按钮：在该按钮的 Click 事件中使用 SQL 的 SELECT 命令查询结账日期等于从文本框输入日期的顾客序号、顾客姓名、单位和消费金额，查询结果按"消费金额"降序排序，并将查询结果存储到表 TABC 中。

（2）"显示"（Command2）按钮：在该按钮的 Click 事件中使用命令将表 TABC 中记录在表格控件中显示。

提示：设置表格控件的 RecordSourecType 和 RecordSource 属性，其中 RecordSourceType 属性应设置成"4-SQL 说明"。

表单设计完成后，运行该表单，查询结账日期等于 2005-10-01 的顾客信息，结果如图 6-37（a）所示。

注意：输入的日期格式应为月/日/年（参见对应的表的结账日期字段）。

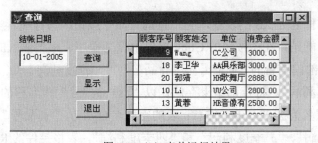

图 6-37（a）表单运行结果

分析：

（1）"查询"（Command1）按钮 Click 事件代码。查询语句中的关键是设置条件子句，由于"结账表"中的"结账日期"字段是日期型，因此要用字符转日期函数将文本框的 Value 值转换为日期型，条件子句如下：

```
where  结账日期=ctod(thisform.text1.value)
```

（2）按题意，表格控件的 RecordSourecType 可以通过表格"属性"窗口直接设置，而 RecordSource 属性必须要等待表单运行后，根据文本框输入的日期、通过"查询"按钮生成表 TABC 才能设置。所以在"显示"（Command2）按钮的 Click 事件代码中用命令实现如下：

```
THISFORM.GRID1.RecordSource="SELECT * FROM  tabc  INTO CURSOR LSB"
THISFORM.REFRESH
```

操作步骤：

（1）打开表单，设置表格（Grid1）控件的 RecordSourecType 属性为"4-SQL 说明"。

（2）分别双击"查询"、"显示"按钮，设置其 Click 事件代码如图 6-37（b）、（c）所示。

图 6-37（b）Command1 的 Click 事件代码

图 6-37（c）Command2 的 Click 事件代码

（3）运行表单，按题意输入相关数据，单击"查询"按钮生成表 TABC，此时通过【显示】→【浏览】命令可查看生成的表（与表格内容一致），再单击"显示"按钮，结果如图 6-37（a）所示。

【例 6.38】打开文件名为 XS 的表单，为"查询"命令按钮编写程序。

"查询"按钮的功能是：在该按钮的 Click 事件中编写程序、根据输入的部门号和年度，在表格控件中显示：该部门销售的"商品号"、"商品名"、"一季度利润"、"二季度利润"、"三季度利润"和"四季度利润"，将查询结果存储在以"xs+部门号"为名称的表中（例如：部门号为 02，则相应的表名为 xs02.dbf）。注意：表的字段名分别为："商品号"、"商品名"、"一季度利润"、"二季度利润"、"三季度利润"和"四季度利润"，表格控件的 RecordSourceType 属性设置为"4-SQL 说明"。

表单设计完后，运行该表单，输入部门号：02。年度：2005。单击"查询"按钮进行查询，结果如图 6-38（a）所示。

图 6-38（a）表单运行结果

分析：

"查询"命令按钮 Click 事件中的查询语句要根据表单运行后 2 个文本框分别输入的部门号和年度值才能确定，因此算法设计如下。

（1）将 2 个文本框的值存入变量：

文本框 Text1 的 Value 值存入变量 bmh

文本框 Text2 的 Value 值存入变量 nd

（2）因为查询结果存储在以"xs+部门号"为名称的表中，因此可事先构造表名并存入变量 x，在 SELECT 语句中通过宏替换 INTO TABLE &x 来实现。具体语句为：

'xs'+bmh　存入变量 x

（3）查询语句中的关键是设置条件子句，本题要满足两个条件，即部门号=bmh 并且年度=nd，逻辑关系为 AND，"筛选"选项卡的设置如图 6-38（b）所示。

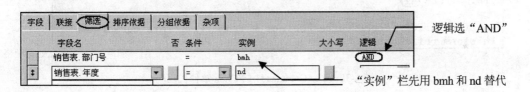

图 6-38（b）查询设计器中"筛选"选项卡的设置

（4）按题意，表格控件的 RecordSourecType 可以通过表格"属性"窗口直接设置，而 RecordSource 属性必须要在表单运行后，根据文本框输入的部门号和年度值，执行 SELECT 语句生成了表名为 x 变量的内容的表后才能设置。所以用命令实现如下：

```
thisform.grid1.recordsource="select  *  from  "+x+" into cursor tmp"
thisform.refresh
```

操作步骤：

（1）按照分析，新建一个查询，生成相应的 SQL 语句如图 6-38（c）所示，复制此语句。

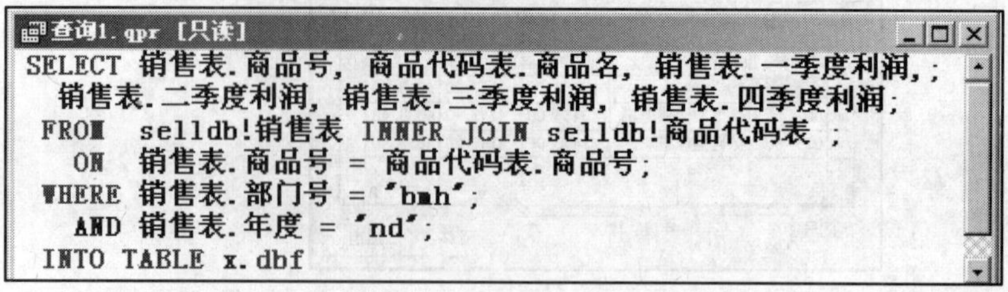

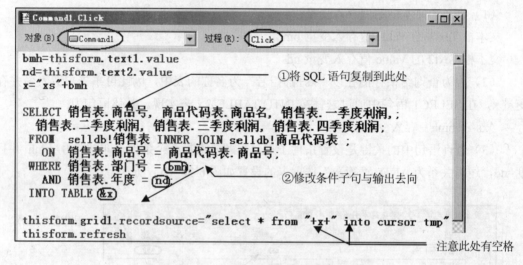

图 6-38（c）用查询设计器生成的 SQL 语句

（2）打开表单，双击"查询"按钮，在弹出的代码窗口选 Click 事件，编辑代码如图 6-36（d）所示。

图 6-38（d） Command1 的 Click 事件代码

（3）运行表单，按题意输入部门号：02，年度：2005，单击"查询"按钮生成表 xs02.dbf，此时可通过【显示】→【浏览】命令查看生成的表（与表格内容一致），结果参如图 6-38（a）。

【例 6.39】打开表单 myform_c，为 DO 命令按钮编写程序。其功能如下：程序运行时，在文本框 Text1 中输入一个职工号的值，并单击 DO（Command1）按钮，然后在 Text2 文本框中显示职工的姓名，在 Text3 文本框中显示职工的性别，在表格控件（grdorders）中显示该职工的订单（orders 表）的信息。最后运行表单，输入职工号 e1，结果如图 6-39（a）所示。

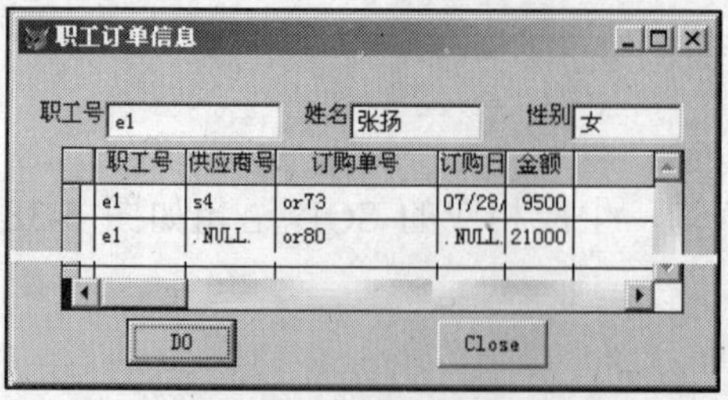

图 6-39（a）表单运行结果

注意：在表单设计器中将表格控件 grdorders 的数据源类型设置为 SQL 语句。

分析：

算法设计如下。

文本框的 Value 值存入变量 x。

查询 1：按题意，表格控件的 RecordSourecType 可以通过表格"属性"窗口直接设置，而 RecordSource 属性必须在表单运行后，根据文本框输入的职工号进行查询并显示。其中 SELECT 语句可以利用查询设计器生成并复制、修改，也可直接编辑。查询语句中的关键是设置条件子句，条件子句为"职工号=x"。实现如下：

> thisform.grdorders.recordsource="select * from orders where 职工号=x into cursor tmp1"

查询 2：按题意，输入职工号后，按"DO"按钮，可将职工号为 x 的职工姓名和性别输出到 2 个文本框中，需要建立查询 2。实现如下：

> select 姓名,性别 from employee where 职工号=x into cursor tmp2
> thisform.text2.value=tmp2.姓名　&&将查询结果姓名输出到 text2 文本框
> thisform.text3.value=tmp2.性别　&&将查询结果性别输出到 text3 文本框

操作步骤：

（1）打开表单，设置表格控件 grdorders 的 RecordSourceType 属性为 4，双击"DO"按钮，在弹出的代码窗口选 Click 事件，编辑代码如图 6-39（b）所示。

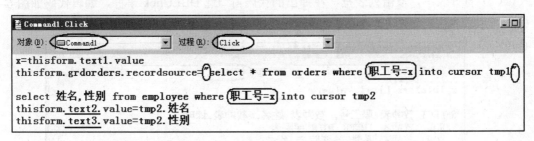

图 6-39（b）Command1 的 Click 事件代码

（2）运行表单，按题意输入职工号：e1。单击"DO"按钮，结果如图 6-39（a）所示。

2. 表格与列表框

【例 6.40】打开表单 myform_c，在表单设计器环境下完成如下操作：为列表框（List1）的 DBLClick 事件编写程序。程序的功能是：表单运行时，用户双击列表框中的选项时，将所选系教师的"职工号"、"姓名"和"课时"3 个字段的信息存入自由表 TOW.DBF 中，表中记录按职工号降序排列，并显示在表格控件中，如图 6-40（a）所示。

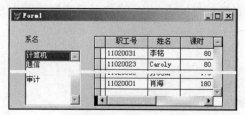

图 6-40（a）表单运行结果

分析：

算法设计如下：

列表框的 Value 值存入变量 x。

通过查询设计器生成 SELECT 语句：选择"教师表"和"学院表"，输出"字段"为：职工号、姓名、课时。"筛选"条件为：系名=x。"排序"为"职工号"降序，"查询去向"为表 TOW。

在表格中显示查询生成的 TOW 表的内容，即在 List1 的 DBLClick 事件中动态设置表格的 RecordSourceType 和 RecordSource 属性。实现如下：

```
Thisform.grid1.RecordSourceType=4
Thisform.grid1.RecordSource="SELECT * FROM TOW INTO CURSOR tmp"
Thisform.refresh
```

操作步骤：

（1）打开表单，双击列表框，在弹出的代码窗口选 DBLClick 事件，编辑代码如图 6-40（b）所示。

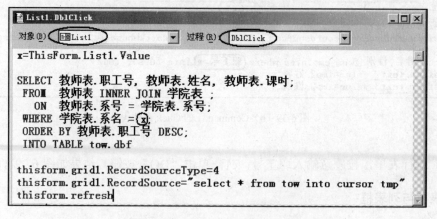

图 6-40（b）List1 的 DBLClick 事件代码

（2）保存并运行表单，双击"计算机"，结果如图 6-40（a）所示。

3. 表格与页框

【例 6.41】打开表单 myform，其中含有 1 个页框控件（Pageframe1）和 1 个"退出"命令按钮（Command1），表单的数据环境中已有 employee 和 orders 表，页框控件（Pageframe1）中含有 3 个页面，每个页面都通过一个表格控件显示有关信息，如图 6-41（a）所示。

设置第 1 个页面 Page1 中表格的 RecordSourceType 属性值为 1（别名），并设置其相应的 RecordSource 属性使得表格用于显示表 employee 中的内容。

设置第 2 个页面 Page2 中表格的 RecordSourceType 属性值为 1（别名），并设置其相应的 RecordSource 属性使得表格用于显示表 orders 中的内容。

设置第 3 个页面 Page3 中表格的 RecordSourceType 属性值为 4（SQL 语句），并设置其相应的 RecordSource 属性为 select 查询语句，使得表格显示每个职工的职工号、姓名及其所经手的订单总金额（注：表格只有 3 列，第 1 列为"职工号"，第 2 列为"姓名"，第 3 列为"总金额"，并将查询结果写入自由表 tmp 表中）。

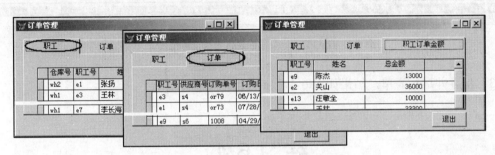

图 6-41（a）表单运行结果

操作步骤：

（1）打开表单，设置第 1、2 页面中表格 grdemployee、grdorders 的数据源属性，操作如图 6-41（b）所示。

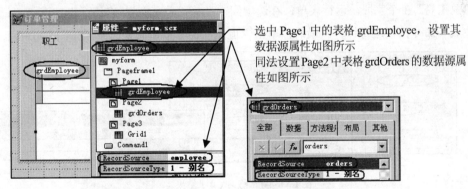

图 6-41（b）设置第 1、2 页面中表格的数据源属性

（2）设置第 3 页面中表格 Grid1 的数据源属性，操作如图 6-41（c）、（d）所示。

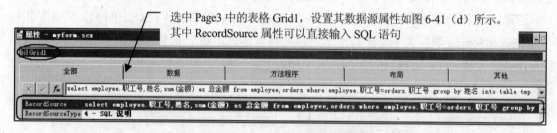

图 6-41 (c) 第 3 个页面的表格属性设置步骤 1

选中 Page3 中的表格 Grid1，设置其数据源属性如图 6-41 (d) 所示。其中 RecordSource 属性可以直接输入 SQL 语句

图 6-41 (d) 第 3 个页面的表格属性设置步骤 2

（3）保存并运行表单，结果如图 6-41 (a) 所示。

练习 6.4

1. 打开表单 oneform.scx，为"生成"命令按钮编写程序。程序的功能是：

表单运行时，根据选项组和组合框中选定的"系名"和"计算方法"，将相应"系"的"平均工资"或"总工资"存入自由表 salary.dbf 中，表中包括"系名"、"系号"以及"平均工资"或"总工资"3 个字段。运行表单，在选项组中选择"总工资"，在组合框中选择"通信"，单击"生成"命令按钮进行计算。最后，单击"退出"命令按钮结束，结果如图 LX6-4-1 所示。

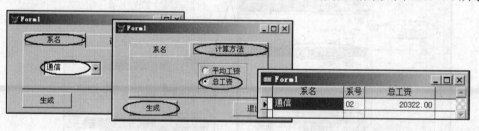

图 LX6-4-1 练习 6.4-1 结果

2. 在考生文件夹下完成下列操作。

（1）建立一个文件名和表单名均为 oneform 的表单，表单中包括 2 个标签（Label1 和 Label2）、1 个选项组（Optiongroup1）、1 个组合框（Combo1）和 2 个命令按钮（Command1 和 Command2），Label1 和 Label2 的标题分别为"工资"和"实例"，选项组（Optiongroup1）中有 2 个选项按钮，标题分别为"大于等于"和"小于"，Command1 和 Command2 的标题分

别为"生成"和"退出",如图 LX6-4-2 所示。

（2）将组合框（Combo1）的 RowSourceType 和 RowSource 属性手工指定为 5 和 a，然后在表单的 Load 事件代码中定义数组 a 并赋值，使得程序开始运行时，组合框中有可供选择的"工资"实例 3000、4000、5000。

（3）为"生成"命令按钮编写程序。程序的功能是：表单运行时，根据选项组和组合框中选定的值，将"教师表"中满足工资条件的所有记录存入自由表 salary.dbf 中，表中的记录先按"工资"降序，再按"姓名"升序排列。

（4）为"退出"命令按钮设置 Click 事件代码，其功能是：释放表单。

（5）运行表单，在选项组中选择"小于"，在组合框中选择"4000"，单击"生成"命令按钮，最后，单击"退出"命令按钮。

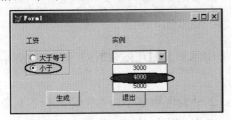

图 LX6-4-2　练习 6.4-2 结果

3．打开表单 myform，为"查询"按钮编写程序。其功能是：用户首先在文本框中输入影片的类别"喜剧"，然后单击"查询"按钮，如果输入正确，在表单右侧以表格形式显示此类别的影片信息，按发行年份降序排序，包括字段影片名、导演、发行年份，并将此信息存入文件 tabletwo.dbf 中。运行结果如图 LX6-4-3 所示。

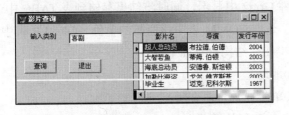

图 LX6-4-3　练习 6.4-3 结果

4．打开考生文件夹下的 SDB 数据库，创建一个标题名为"查询"，文件名为 testb 的表单，如图 LX6-4-4 所示。

（1）为表单建立数据环境，并向数据环境中添加"学生表"，设置相应属性让表单启动后自动居中。

（2）向该表单中添加 1 个标签、1 个文本框、1 个表格和 2 个命令按钮。标签对象（Label1）的标题文本为"学生注册日期"，文本框（Text1）用于输入学生注册日期，表格（Grid1）用于显示结果。

（3）"查询"按钮（Command1）的功能是：在该按钮的 Click 事件中使用 SQL 的 SELECT

命令从"学生表"中查询学生注册日期等于文本框中指定注册日期的学生的学号、姓名、年龄、性别、班级和注册日期，查询结果按"年龄"降序排序，并将查询结果在表格控件中显示，同时将查询结果存储到表 TAB 中。

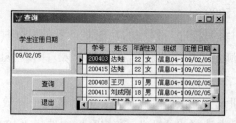

图 LX6-4-4　练习 6.4-4 结果

5. 在考生文件夹下，打开 CDB 数据库，创建一个标题名为"查询"，文件名为"TWO"的表单，如图 LX6-4-5 所示。

（1）为表单建立数据环境，依次向数据环境中添加 ORDER、CUST 和 COMM 表，表单启动后自动居中。

（2）在表单中设计 1 个标签、1 个文本框、2 个表格和 2 个命令按钮。标签对象的标题文本为"输入顾客号"，文本框用于输入顾客号，2 个表格控件用于显示结果。

（3）命令按钮的功能如下。

"查询"按钮：在该按钮的"Click"事件中使用 SQL 的 SELECT 命令查询顾客号等于文本框中输入的"顾客号"的顾客的顾客号、顾客名和地址，以及购买商品的商品号、商品名、单价、数量和金额（各商品记录按"商品号"升序排序）。

将查询的顾客信息在表格控件 Grid1 中显示，同时将结果存储到表 TABB 中；将查询的顾客购买商品的结果在表格控件 Grid2 中显示，同时将结果存储到表 TABC 中。

注意：每件商品的"金额"是由 COMM 表中该商品的单价×ORDER 表中该商品的订购数量计算得到。表 TABB 和表 TABC 结构分别如下：

TABB（顾客号，顾客名，地址）

TABC（商品号，商品名，单价，数量，金额）

"退出"按钮：功能是"关闭和释放表单"。

注意：表格控件的 RecordSourceType 属性设置为"4-SQL 说明"。

表单设计完成后，运行该表单，查询顾客号等于"010003"的顾客信息和购买的商品信息。

提示：

```
gkh=取文本框的值
SELECT …;
 FROM …;
 WHERE 顾客号 = gkh;
 INTO TABLE tabb.dbf
 thisform.grid1.recordsource="select * from tabb into cursor ls1"
```

```
SELECT …;
 FROM    …;
 WHERE  顾客号  = gkh;
 INTO TABLE tabc.dbf
 thisform.grid2.recordsource="select * from tabc into cursor ls2"
```

图 LX6-4-5 练习 6.4-5 结果

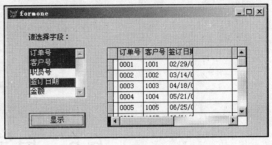

图 LX6-4-6 练习 6.4-6 结果

6. 在考生文件夹下已有表单文件 formone.scx，如图 LX6-4-6 所示，其中包含 1 个列表框、1 个表格和 1 个命令按钮。请按下面要求完成相应的操作。

（1）在表单的数据环境中添加 orders 表。

（2）将列表框 List1 设置成多选，将其 RowSourceType 属性设置为 "8-结构"，RowSource 设置为 orders。

（3）将表格 Grid1 的 RecordSourceType 属性值设置为 "4-SQL 说明"。

（4）修改 "显示" 按钮的 Click 事件代码。当单击该按钮时，表格 Grid1 内将显示在列表框中所选 orders 表中指定字段的内容。

7. 建立一个表单，文件名和表单名均为 form1，表单标题为 "外汇"，如图 LX6-4-7 所示。所有控件的属性必须在表单设计器的 "属性" 窗口中设置。

（1）表单中含有 1 个页框控件（Pageframe1）和 1 个 "退出" 命令按钮（Command1）。

（2）页框控件（Pageframe1）中含有 3 个页面，每个页面都通过 1 个表格控件显示相关信息。

第 1 个页面 Page1 上的标题为 "持有人"，上面的表格控件名为 grdCurrency_sl，记录源的类型（RecordSourceType）为 "表"，显示自由表 currency_sL 中的内容。

第 2 个页面 Page2 上的标题为 "外汇汇率"，上面的表格控件名为 grdRate_exchange，记录源的类型（RecordSourceType）为 "表"，显示自由表 rate_exchange 中的内容。

第 3 个页面 Page3 上的标题为 "持有量及价值"，上面的表格控件名为 Grid1，记录源的类型（RecordSourceType）为 "查询"，记录源（RecordSource）为查询文件 query。

（3）单击 "退出" 命令按钮（Command1）关闭表单。

注意：完成表单设计后要运行表单的所有功能。

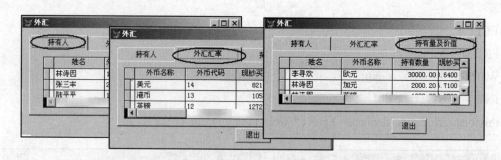

图 LX6-4-7　练习 6.4-7 结果

6.5　自定义类

【例 6.42】扩展 Visual FoxPro 基类 CommandButton，创建一个名为 MyButton 的自定义按钮类。自定义按钮保存在名为 myclasslib 的类库中。自定义按钮类 MyButton 需满足以下要求：

标题为"退出"；Click 事件代码的功能是关闭并释放所在的表单；然后创建一个文件名为 formone 的表单，并在表单上添加一个基于自定义类 MyButton 的按钮。

操作步骤：

（1）创建类。

【文件】→【新建】，在弹出的"新建"对话框选"类"→【新建文件】，弹出"新建类"对话框，操作如图 6-42（a）所示。

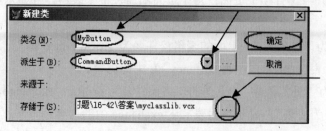

① 输入新类名，单击"派生于"栏下的三角形，选父类 CommandButton

② 单击【…】，在弹出的"另存为"对话框输入类库名→【保存】，返回"新建类"对话框→【确定】，弹出类设计器，如图 6-42（b）所示

图 6-42（a）　新建类

（2）设置自定义类的相关属性和事件，操作如图 6-42（b）所示。

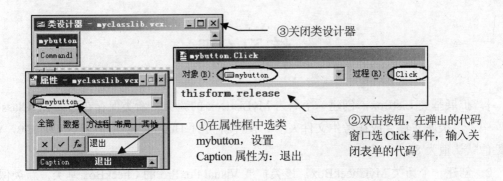

图 6-42（b）　设置新类的属性与事件

（3）创建表单，添加自定义类，操作如图 6-42（c）所示。

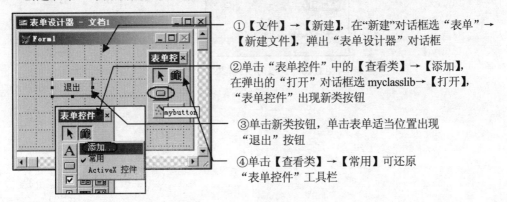

图 6-42（c）　创建表单并添加新类

（4）保存并运行表单，结果如图 6-42（d）所示。

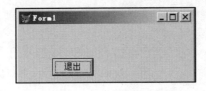

图 6-42（d）　表单运行结果

练习 6.5

1．扩展基类 ListBox，创建一个名为 MyListBox 的新类。新类保存在名为 MyClasslib 的类库中，该类库文件存放在考生文件夹下。设置新类的 Height 属性的默认值为 120，Width 属性的默认值为 80。

2．创建一个新类 MyCheckBox，该类扩展 Visual FoxPro 的 CheckBox 基类，新类保存在考生文件夹下的 myclasslib 类库中，在新类中将 Value 属性设置为 1。新建一个表单 MyForm，然后在表单中添加 1 个基于新类 MyCheckBox 的复选框，如图 LX6-5-2 所示。

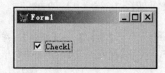

图 LX6-5-2 练习 5.2 结果

第 7 章

菜单

7.1　条形菜单

7.1.1　用菜单设计器创建条形菜单的主要步骤

1．打开菜单设计器

方法 1：用 VFP 菜单。选【文件】→【新建】，在弹出的"新建"对话框中选"菜单"→【新建文件】→【菜单】。

方法 2：用 VFP 命令。在命令窗口输入 CREATE MENU。

方法 3：在 VFP 项目管理器中创建菜单。打开项目管理器，选中【其他】选项卡（或【全部】选项卡中"其他"栏）中的"菜单"→【新建】，在弹出的"新建菜单"对话框中选【菜单】。

2．保存菜单

保存菜单的目的是把菜单设计器生成的菜单以扩展名为.MNX 的文件保存，以便反复使用或修改已经建立的菜单，保存的方法与保存程序文件类似。

3．生成菜单

为了能够运行菜单,必须将第2步创建的.MNX文件生成扩展名为.MPR 的菜单程序文件。生成菜单程序文件的方法如下：

用 VFP 菜单，选【菜单】→【生成】，弹出"生成菜单"对话框，"输出文件"栏一般默认由系统给定的、与菜单文件（.MNX）同名、存放位置（文件夹）也相同的扩展名为.MPR 的菜单程序名，所以可直接单击【生成】按钮生成菜单程序。

单击"输出文件"栏右侧的【…】按钮，在弹出的"另存为"对话框中可以改变菜单程序的存放位置或菜单程序的文件名。

说明：一般选择默认，文件名也无需修改。

4. 运行菜单

运行菜单的常见方法是在 VFP 命令窗口中，输入命令：DO <菜单名.MPR>，其中扩展名.MPR 一定不能缺省。

7.1.2 菜单设计器基本操作举例

以下通过例题具体介绍使用菜单设计器建立菜单的设计过程，以及如何运行菜单等操作。

1. 设置下拉式菜单项的基本方法

【例 7.1】新建一个具有 3 个子菜单项【打开文件】、【关闭文件】和【退出(R)】（R 为退出菜单的热键）的菜单，并以文件名 mymenu.mnx 保存菜单。

操作步骤：

（1）打开菜单设计器，操作如图 7-1（a）所示。

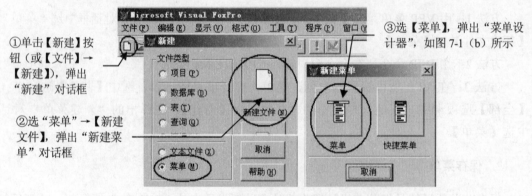

图 7-1（a）新建菜单

（2）设置 3 个菜单项，操作如图 7-1（b）所示，注意热键的设置方法。

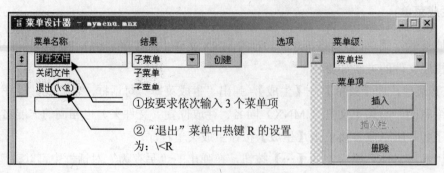

图 7-1（b）菜单项的设置

（3）保存菜单文件，操作如图 7-1（c）所示。

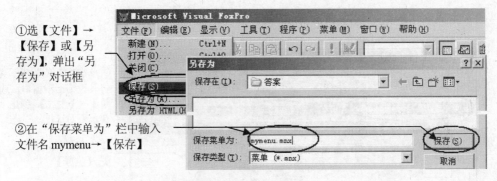

①选【文件】→
【保存】或【另
存为】,弹出"另
存为"对话框

②在"保存菜单为"栏中输入
文件名 mymenu→【保存】

图 7-1 (c) 保存菜单文件

（4）预览菜单，操作如图 7-1 （d）所示。

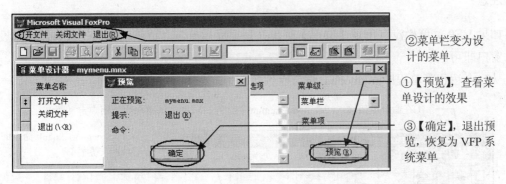

②菜单栏变为设
计的菜单

①【预览】，查看菜
单设计的效果

③【确定】，退出预
览，恢复为 VFP 系
统菜单

图 7-1 （d） 预览菜单结果

说明：

菜单的预览功能仅是提供菜单的设计效果，无法运行程序代码，并不是真正意义上的运行菜单。必须先生成菜单程序并用 do 命令才能运行，见【例 7.2】。

2.生成菜单程序文件

【例 7.2】为菜单文件 mymenu.mnx 生成可执行的菜单程序 mymenu.mpr，并运行菜单程序。

操作步骤：

（1）打开已建菜单 mymenu.mnx，操作如图 7-2 （a）所示。

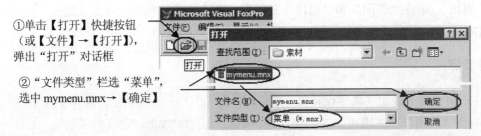

①单击【打开】快捷按钮
（或【文件】→【打开】），
弹出"打开"对话框

②"文件类型"栏选"菜单"，
选中 mymenu.mnx→【确定】

图 7-2 （a） 打开 mnx 菜单文件

（2）生成同名的菜单程序 mymenu.mpr，操作如图 7-2（b）所示。

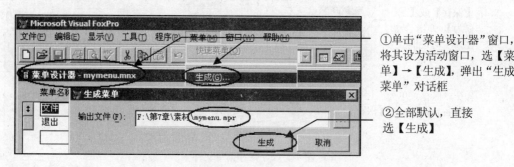

①单击"菜单设计器"窗口，将其设为活动窗口，选【菜单】→【生成】，弹出"生成菜单"对话框

②全部默认，直接选【生成】

图 7-2（b） 生成 mpr 菜单文件

注意：

如果 VFP 菜单栏没有出现【菜单】菜单，只要鼠标单击"菜单设计器"窗口，将其设为活动窗口即可。

（3） 运行菜单程序 mymenu.mpr，操作如图 7-2（c）所示。

①在命令窗口输入：do mymenu.mpr 并运行，VFP 系统菜单变为用户定义菜单

②运行 set sysmenu to default 命令即可返回 VFP 系统菜单

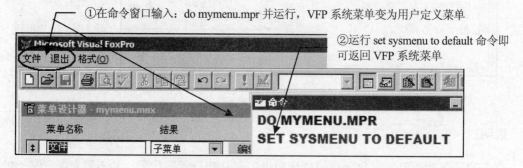

图 7-2（c）运行菜单程序

注意：

如果执行命令：do 菜单名.mpr 时，系统提示"文件 mymenu.mpr 不存在"对话框，请设置当前操作文件的路径，设置方法参见第 1 章的【例 1.3】。

3. 为菜单添加分割线及设置菜单项的快捷键

【例 7.3】修改菜单 my_menu。在"文件"菜单项下有子菜单项"新建"、"打开"、"关闭"和"退出"，请在"关闭"和"退出"之间加一条水平的分组线，并为"退出"设置快捷键"CTRL+Q"。

操作步骤：

（1）打开菜单，弹出"菜单设计器"窗口，如图 7-3（a）上图所示，操作参见【例 7.2】。

（2）在"关闭"和"退出"之间加一条水平的分组线，如图 7-3（a）所示。

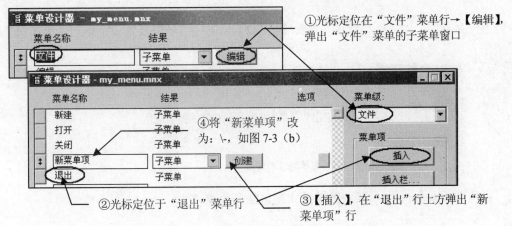

①光标定位在"文件"菜单行→【编辑】，弹出"文件"菜单的子菜单窗口

④将"新菜单项"改为：\-，如图7-3（b）

②光标定位于"退出"菜单行

③【插入】，在"退出"行上方弹出"新菜单项"行

图7-3（a） 设置分组线和命令

（3）为"退出"菜单项设置快捷键 CTRL+Q，如图7-3（b）所示。

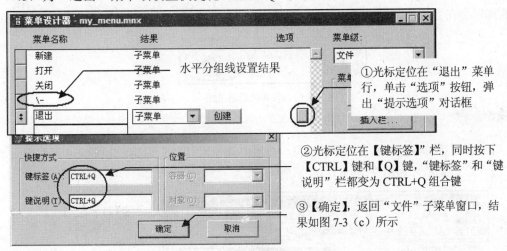

①光标定位在"退出"菜单行，单击"选项"按钮，弹出"提示选项"对话框

②光标定位在【键标签】"栏，同时按下【CTRL】键和【Q】键，"键标签"和"键说明"栏都变为 CTRL+Q 组合键

③【确定】，返回"文件"子菜单窗口，结果如图7-3（c）所示

图7-3（b） 设置快捷键

注意：

快捷键的设定是同时按下多个键，不是从键盘输入 CTRL+Q 组合键。

（4）从"文件"子菜单窗口返回"主菜单"窗口，操作如图7-3（c）所示。

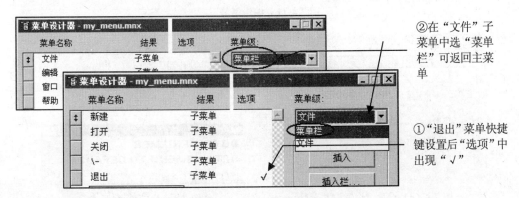

②在"文件"子菜单中选"菜单栏"可返回主菜单

①"退出"菜单快捷键设置后"选项"中出现"√"

图7-3（c） 菜单修改结果

（5）保存菜单、生成菜单程序（参见【例 7.2】），运行菜单以及生成菜单的效果如图 7-3（d）所示。

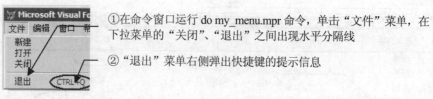

①在命令窗口运行 do my_menu.mpr 命令，单击"文件"菜单，在下拉菜单的"关闭"、"退出"之间出现水平分隔线

②"退出"菜单右侧弹出快捷键的提示信息

图 7-3（d）菜单运行的效果

4. 在当前 Visual FoxPro 系统菜单的末尾追加子菜单

【例 7.4】在考生文件夹下创建一个下拉式菜单 mymenu.mnx，该菜单只有"考试"菜单项，"考试"菜单项包含有"计算"和"退出"两项子菜单，并生成菜单程序 mymenu.mpr，运行该菜单程序时会在当前 Visual FoxPro 系统菜单的末尾追加"考试"子菜单，如图 7-4（a）所示。

图 7-4（a）设计菜单结果图

操作步骤：

（1）新建菜单（操作参见【例 7.1】），弹出"菜单设计器"窗口，如图 7-4（b）所示。
（2）编辑菜单，如图 7-4（b）、（c）所示。

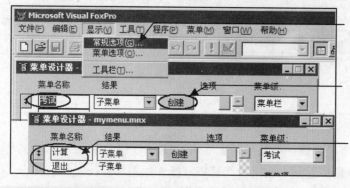

③选【显示】→【常规选项】，弹出"常规选项"对话框，转图 7-6（c）

①输入"考试"，单击"创建"，弹出"考试"菜单的子菜单

②在子菜单中输入"计算"和"退出"菜单项

图 7-4（b）编辑菜单

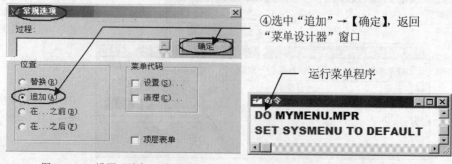

④选中"追加"→【确定】，返回"菜单设计器"窗口

运行菜单程序

图 7-4（c）设置"追加"并运行   图 7-4（d）运行程序

（3）保存菜单，生成菜单程序（参见【例 7.2】），在命令窗口运行菜单程序如图 7-4（d）所示，运行结果如图 7-4（a）所示。

注意：

菜单文件做任何更改，都必须先保存菜单，再重新生成菜单程序.MPR 文件。

5. 编辑菜单项和调用系统标准功能

【例 7.5】修改菜单 mymenu，在"文件"菜单与"退出"菜单之间增加一个"编辑"新菜单项，该菜单下有 3 个子菜单，分别为"剪切"、"复制"、"粘贴"；并删除"文件"菜单下的"替换"子菜单项。

操作步骤：

（1）打开菜单文件（操作参见【例 7.2】），弹出"菜单设计器"窗口，如图 7-5（a）所示。

（2）插入并设置"编辑"菜单项，操作如图 7-5（a）、（b）所示。

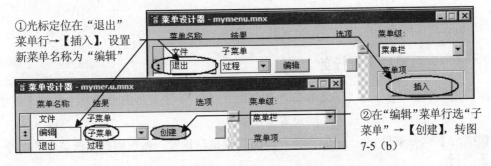

图 7-5（a）插入新菜单项

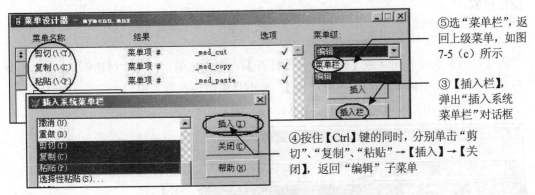

图 7-5（b） 插入系统菜单栏

注意：

如果"插入栏"为灰色不可用，请将光标定位在"菜单名称"下的插入菜单项位置。

（3）删除 "替换" 子菜单，操作如图 7-5（c）所示。

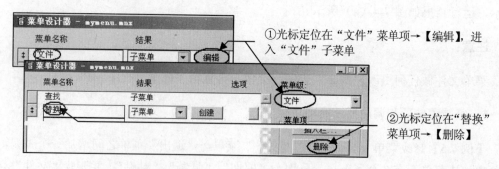

图 7-5（c） 删除菜单项

（4）保存菜单，生成菜单程序，运行菜单程序（参见【例 7.2】），运行结果如图 7-5（d）所示。

图 7-5（d）菜单运行结果

7.1.3　为菜单项设置任务

菜单项的任务一般分为 "子菜单"、"命令"、"过程"。子菜单的设置方法参见【例 7.4】，本节着重介绍 "命令" 和 "过程" 的设置方法。

【例 7.6】打开菜单 my_menu，为 "退出" 菜单项设置一条返回到系统菜单的命令（不可以使用过程）。

操作步骤：

（1）打开菜单文件 my_menu。

单击【打开】快捷按钮（或【文件】→【打开】），在弹出的 "打开" 对话框中，"文件类型" 栏选 "菜单"，选中 my_menu→【确定】，弹出 "菜单设计器" 窗口。

（2）设置 "退出" 菜单项的命令如图 7-6（a）所示。

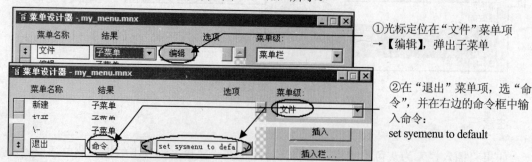

图 7-6（a）　设置分组线和命令

（3）保存菜单、生成菜单程序（参见【例 7.2】），运行菜单程序及结果如图 7-6（b）
所示。

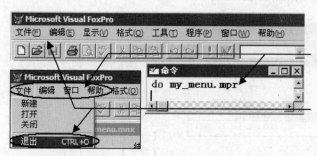

①在命令窗口输入并运行菜单程序，弹出设计的菜单

②选【文件】→【退出】，则恢复 VFP 系统菜单（不必在命令窗口运行 set sysmenu to default 命令）

图 7-6（b）运行菜单和结果

【例 7.7 】打开菜单 mymenu，将菜单项"查询 orders 表"移至"退出"菜单项和"运行程序"菜单项之间。其中：

"打开表"为打开 employee 表；

"运行查询"为运行 query1 查询；

"运行表单"为运行 formone 表单；

"运行程序"为执行 program1 文件；

"查询 orders 表"为显示 orders 表的两个字段"订单号"和"金额"，并将结果保存至新表 tableone 中，浏览 tableone；

"退出"为返回系统菜单。

其中"查询 orders 表"为过程，其余均为命令。

菜单设计完成后，保存并生成菜单程序文件，运行菜单。

操作步骤：

（1）打开菜单 mymenu，将菜单项"查询 orders 表"移至"退出"菜单项和"运行程序"菜单项之间的操作如图 7-7（a）所示。

光标定位在"查询 orders 表"菜单项，鼠标指向带有上下箭头的图标，拖动到指定位置，结果如图7-7（a）右图所示

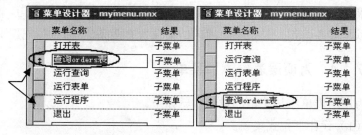

图 7-7（a）移动菜单项

（2）设置各菜单项的命令如图 7-7（b）所示。其中各菜单调用的命令如下。

菜单"打开表"的命令为：use employee。

菜单"运行查询"的命令为：do query1.qpr （扩展名不能缺）。

菜单"运行表单"的命令为：do form formone。

菜单"运行程序"的命令为：do program1.prg （程序文件的扩展名.prg 可以省略）。

菜单"退出"的命令为：set sysmenu to default。

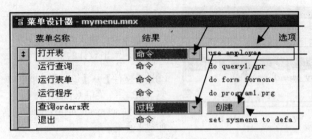

①在"结果"栏选"命令"，输入对应的命令，同法设置其他命令

②在"查询 orders 表"行选"过程"→【创建】，弹出"过程"对话框，如图 7-7（c）所示

③当关闭"过程"对话框返回后【创建】就变为【编辑】，单击【编辑】，可修改过程

图 7-7（b）设置各菜单项

（3）"查询 orders 表"菜单项的过程对话框的设置。

设置方法一般有两种，当查询语句比较简单时，可以直接在"过程"框输入 SQL SELECT 命令，如图 7-7（c）上图所示；如果是比较复杂的查询，则可以通过查询设计器生成 SQL SELECT 语句，然后复制到"过程"对话框中，如图 7-7（c）下图所示。

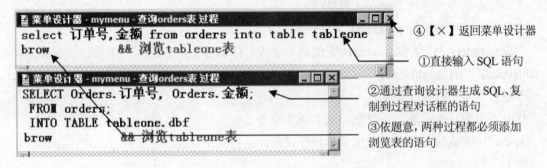

④【×】返回菜单设计器

①直接输入 SQL 语句

②通过查询设计器生成 SQL、复制到过程对话框的语句

③依题意，两种过程都必须添加浏览表的语句

图 7-7（c）设置"查询 orders 表"菜单的过程

说明：

菜单的结果列中命令和过程的区别是：命令只能是一条语句，而过程既可以是一条语句，也可以是多条语句。如果菜单项的结果包含有多条语句，必须使用过程。

7.1.4　为顶层表单添加菜单

为顶层表单添加菜单的设计步骤如下。

（1）设计下拉式菜单。

- 新建下拉式菜单（方法参见【例 7.1】）。
- 当菜单设计器处于当前窗口时，在 VFP 菜单栏选【显示】→【常规选项…】，在弹出的"常规选项"对话框中选中"顶层表单"复选框→【确定】。
- 保存菜单文件并生成菜单程序文件（.MPR）。

（2）设计表单。

- 设置表单为顶层表单。打开表单，将表单的 ShowWindow 属性值设置为 "2-作为顶层表单"。
- 在表单的 Init 事件代码中添加调用菜单程序的命令，格式如下：

DO <文件名.MPR> WITH this

<文件名>指定被调用的菜单程序文件，其中的扩展名.mpr 不能省略。

【例 7.8】在考生文件夹下创建一个顶层表单 myform.scx（表单的标题为"考试"），然后创建并在表单中添加菜单（菜单的名称为 mymenu.mnx，菜单程序的名称为 mymenu.mpr）。效果如图 7-8（a）所示。

（1）菜单命令"统计"和"退出"的功能都通过执行过程完成。

（2）菜单命令"统计"的功能是从 customers 表中统计各年份出生的客户人数。统计结果包含"年份"和"人数"两个字段，各记录按"年份"升序排序，统计结果存放在 tablethree 表中。

（3）菜单命令"退出"的功能是释放并关闭表单（在过程中包含命令 myform.release）。

（4）运行表单并依此执行其中的"统计"和"退出"菜单命令。

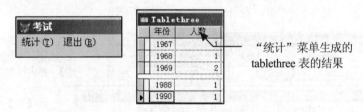

图 7-8（a）顶层表单及运行结果

操作步骤：

（1）新建名为 mymenu.mnx 的菜单，编辑菜单项，如图 7-8（b）所示（操作参见【例7.1】）。

①光标定位在"退出"菜单项，在"结果"列选"过程"→【创建】，弹出过程对话框

②输入命令 myform.release，【×】关闭过程框，返回菜单设计器

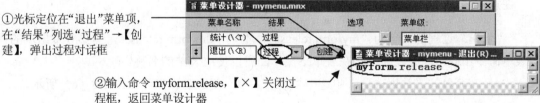

图 7-8（b）创建菜单及设置"退出"菜单的过程

（2）设置"退出"菜单的过程，操作如图 7-8（b）所示。

（3）设置"统计"菜单的过程分为两步：首先利用查询设计器生成相应的 SQL 语句，然后将其复制到"统计"菜单的过程对话框中。

- 新建查询，添加表 customers，查询设计器的设置如图 7-8（c）所示。

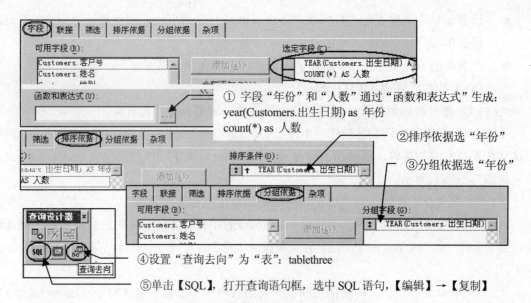

① 字段"年份"和"人数"通过"函数和表达式"生成：
year(Customers.出生日期) as 年份
count(*) as 人数

②排序依据选"年份"

③分组依据选"年份"

④设置"查询去向"为"表"：tablethree

⑤单击【SQL】，打开查询语句框，选中 SQL 语句，【编辑】→【复制】

图 7-8（c）新建查询按题意生成 SQL 语句

● 设置"统计"菜单的过程，操作如图 7-8（d）所示。

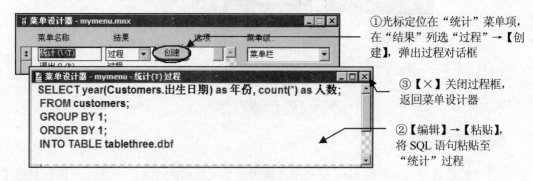

①光标定位在"统计"菜单项，在"结果"列选"过程"→【创建】，弹出过程对话框

③【×】关闭过程框，返回菜单设计器

②【编辑】→【粘贴】，将 SQL 语句粘贴至"统计"过程

图 7-8（d）设置"统计"菜单的过程

注意：

"退出"过程的代码为"myform.release"，不是"thisform.release"，与第 6 章出现的释放表单命令不同，因为当前不是在表单下操作，所以使用表单的名称。

（4）在菜单的"常规选项"中选中"顶层表单"复选框。操作如图 7-8（e）所示。

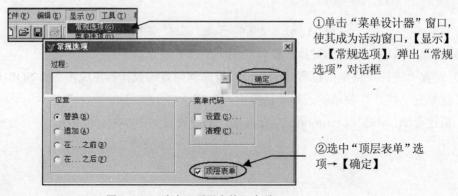

①单击"菜单设计器"窗口，使其成为活动窗口，【显示】→【常规选项】，弹出"常规选项"对话框

②选中"顶层表单"选项→【确定】

图 7-8（e）选中"顶层表单"选项

（5）保存菜单文件 mymenu.mpr，生成菜单程序（参见【例 7.2】）。

（6）新建表单 myform，设置表单属性和代码，主要操作如图 7-8（f）所示。表单的 Init 过程代码中的 mymenu.mpr 是指以上创建的菜单程序文件。

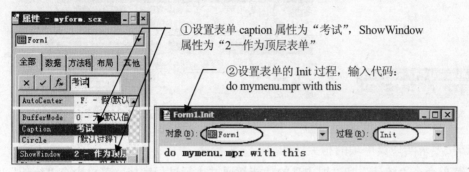

①设置表单 caption 属性为"考试"，ShowWindow 属性为"2—作为顶层表单"

②设置表单的 Init 过程，输入代码：
do mymenu.mpr with this

图 7-8（f）设置表单

（7）运行表单，出现如图 7-8（a）所示的结果，单击"统计"将生成 tablethree 表，由于没有设置将表显示在 VFP 窗口的命令，所以不会显示表的内容。单击"退出"关闭菜单。可用打开表以及浏览命令浏览生成的 tablethree 表。

注意：

如果运行表单时提示"mymenu.mpr 不存在"，请设置 VFP 默认目录为当前考生文件夹。

练习 7.1

1．在考生文件夹下，新建菜单文件 mymenu，结果如图 LX7-1-1 所示。

图 LX7-1-1　练习 7.1-1 菜单

2．在考生文件夹下，修改菜单 cdlx_1.mnx，将其改为菜单运行时添加到当前菜单内容的后面，保存修改后的菜单定义以及菜单程序，结果如图 LX7-1-2 所示。

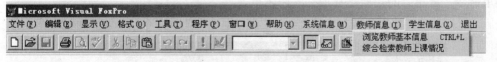

图 LX7-1-2　练习 7.1-2 菜单

3．在考生文件夹下，新建菜单 mymenu，单击"退出"菜单项或键盘输入 ALT+R：恢复标准的系统菜单,其他菜单项不做设置。注意要生成菜单程序,结果如图 LX7-1-3 所示。

4. 在当前文件夹下有一个表单文件 myform.scx 和菜单文件 mymenu.mnx。运行相应的菜单程序时会在当前 VFP 系统菜单的末尾追加一个"考试"子菜单,结果如图 LX7-1-4 所示。

图 LX7-1-3　练习 7.1-3 菜单　　　　图 LX7-1-4　练习 7.1-4 菜单

现在请按要求实现菜单项的相关功能。

(1) 菜单命令"统计"和"退出"的功能都通过执行过程完成。菜单命令"统计"的功能是运行 myform 表单。菜单命令"退出"的功能是恢复标准的系统菜单。

(2) 表单中"退出"按钮的功能是:关闭并释放所在表单。

5. 在考生文件夹下,建立菜单 mymenu,包含菜单项"查询"和"退出",选择"查询"时运行表单 form_three(直接用命令),选择"退出"时返回到默认的系统菜单(直接使用命令),结果如图 LX7-1-5 所示。

图 LX7-1-5　练习 7.1-5 菜单

6. 在考生文件夹下完成如下操作。

在考生文件夹下创建一个顶层表单 myform.scx(表单的标题为"考试"),然后创建并在表单中添加菜单(菜单的名称为 mymenu.mnx,菜单程序的名称为 mymenu.mpr)。

菜单命令"统计"和"退出"的访问键分别为"T"和"R",功能都通过执行过程完成。

菜单命令"统计"的功能是以客户为单位,从 customer 和 orders 表中求出订单金额的和。统计结果包含"客户号"、"客户名"和"合计" 3 项内容,其中"合计"是指与某客户所签所有订单金额的和。统计结果应按"合计"降序排序,并存放在 tabletwo 表中。

菜单命令"退出"的功能是释放并关闭表单。

最后,运行表单并依次执行其中的"统计"和"退出"菜单命令。结果如图 LX7-1-6 所示。

客户号	客户名	合计
1010	深圳港联汽车维修公司	2603.10
1005	上海沪空进口汽车修理厂	1442.90
1008	杭州康桥汽车修配厂	1358.00
1012	北京燕京汽车厂	1012.40
1006	上海强生泰克斯车辆工程有限公司	212.80
1003	广州市黄花进口汽车修理厂	209.20
1015	广州市梅花园汽车修理厂	115.00

图 LX7-1-6　练习 7.1-6 菜单与结果数据

提示：创建顶层表单的步骤参考【例 7.8】，创建"统计"过程时使用查询设计器生成代码，思考以哪个字段分组？释放表单命令格式为：表单名.release。

7. 在考生文件夹下完成如下操作。

（1）建立一个菜单 mymenu，该菜单只有一个菜单项"退出"，该菜单项对应于一个过程，并且含有两条语句，第一条语句是关闭表单 myform，第二条语句是将菜单恢复为默认的系统菜单。

（2）在 myform 的 Load 事件中执行生成的菜单程序 mymenu.mpr。

图 LX7-1-7 练习 7.1-7 菜单

注意：程序完成后要运行所有功能，结果如图 LX7-1-7 所示。

提示：本题不是创建顶层表单，仅是在表单的 load 事件中执行菜单程序，所以只要使用执行菜单的命令即可。关闭表单参考练习 7.1 第 6 题。

7.2 快捷菜单设计

7.2.1 建立快捷菜单设计的步骤

1. 打开"快捷菜单设计器"窗口

选【文件】→【新建】，弹出"新建"对话框，选"菜单"→【新建文件】，弹出"新建菜单"对话框，选【快捷菜单】，打开"快捷菜单设计器"窗口。

2. 设计快捷菜单

设计快捷菜单的方法与设计下拉式菜单类似，设计完成后保存快捷菜单，并生成菜单程序文件（.MPR）。

3. 设置要调用快捷菜单的表单

打开要调用快捷菜单的表单，在表单设计器中，选定需要添加快捷菜单的对象，并在此对象的 RightClick 事件代码中输入命令：do <快捷菜单程序文件名>，其中文件名的扩展名.MPR 不能省略。

7.2.2　建立快捷菜单设计举例

【例 7.9】在考生文件夹中，建立快捷菜单 cd，菜单选项有"打开"、"关闭"和"退出"，并生成同名的菜单程序文件。

操作步骤：

（1）新建快捷菜单，操作如图 7-9（a）所示。

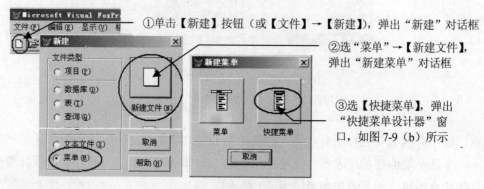

①单击【新建】按钮（或【文件】→【新建】），弹出"新建"对话框

②选"菜单"→【新建文件】，弹出"新建菜单"对话框

③选【快捷菜单】，弹出"快捷菜单设计器"窗口，如图 7-9（b）所示

图 7-9（a）创建快捷菜单

（2）在"快捷菜单设计器"窗口设置菜单项，如图 7-9（b）所示。

依次输入如图 7-9（b）所示的菜单项

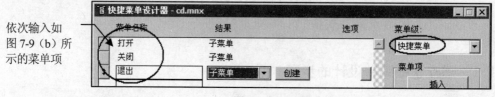

图 7-9（b）设置菜单项

（3）保存菜单为 cd.mnx，并生成同名菜单程序文件。

【例 7.10】在考生文件夹中完成下列操作。

在考生文件夹下已有表单文件 formone.scx 和快捷菜单 cd，通过设计实现将快捷菜单 cd 作为表单文件 formone 的右键快捷菜单。

操作步骤：

（1）设置 VFP 默认目录为当前考生文件夹，打开已有的快捷菜单 cd.mnx，生成同名的菜单程序文件，操作如图 7-10（a）所示。

①【文件】→【打开】，在弹出的"打开"对话框中，"文件类型"选"菜单"，选中文件cd→【确定】，弹出"快捷菜单设计器"窗口

②将"快捷菜单设计器"窗口设为活动窗口，【菜单】→【生成】，生成同名菜单程序cd.mpr

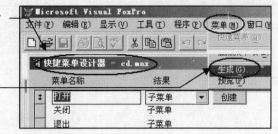

图7-10（a） 打开菜单cd并生成菜单程序文件

（2）打开表单formone.scx，设置表单的右击事件RightClick，操作如图7-10（b）所示。

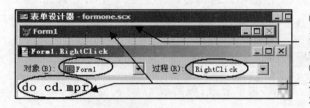

③【文件】→【打开】，在弹出的"打开"对话框中，"文件类型"选"表单"，选formone→【确定】，弹出"表

④双击表单弹出代码编辑窗口，对象选FORM1，过程选RightClick，输入运行快捷菜单程序的命令

图7-10（b） 设置表单的RightClick事件代码

（3）运行表单，结果如图7-10（c）所示。

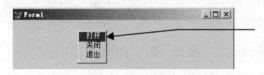

鼠标指向表单任意处，右击，弹出快捷菜单

图7-10（c） 运行表单并右击的结果

【例7.11】在考生文件夹中完成下列操作。

在考生文件夹下已有表单文件myform，文件名和表单名均为myform。

（1）建立一个如图7-11（a）所示的快捷菜单mymenu，该快捷菜单有两个选项："取前3名"和"取前5名"。分别为它们建立过程，使得程序运行时，单击"取前3名"选项的功能是：根据"学院表"和"教师表"统计查询平均工资前3名（最高）的系的信息并存入表sa_three中，sa_three中包括两个字段"系名"和"平均工资"，结果按"平均工资"降序排列；单击"取前5名"选项的功能与"取前3名"类似，统计查询"平均工资"最高的前5名的信息，结果存入sa_five中，sa_five表中的字段和排序方法与sa_three相同。

（2）在表单myform中设置相应的事件代码，使得右键单击表单内部区域时，能调出快捷菜单，并能运行菜单中的选项。

（3）运行表单，调出快捷菜单，分别执行"取前3名"和"取前5名"两个选项。

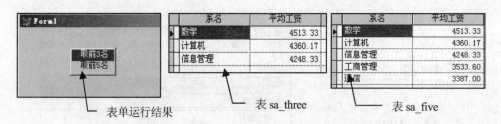

图 7-11（a） 设计结果

操作步骤：

（1）新建快捷菜单 mymenu.mnx，保存快捷菜单文件，同时生成同名的菜单程序文件 mymenu.mpr，操作参见【例 7-9】。

（2）使用查询设计器生成相应的 SQL 语句，查询设计器主要设置如图 7-11（b）所示。

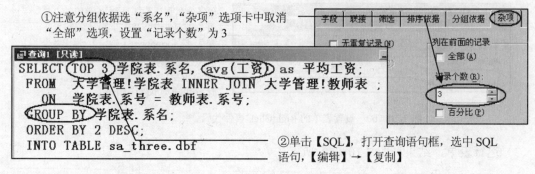

①注意分组依据选"系名"，"杂项"选项卡中取消 "全部"选项，设置"记录个数"为 3

②单击【SQL】，打开查询语句框，选中 SQL 语句，【编辑】→【复制】

图 7-11（b）用查询设计器生成 SQL 语句

（3）在"快捷菜单设计器"窗口设置过程，操作如图 7-11（c）所示。

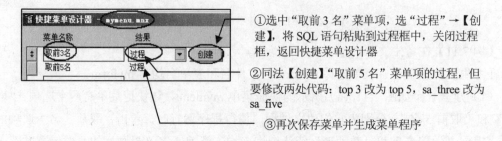

①选中"取前 3 名"菜单项，选"过程"→【创建】，将 SQL 语句粘贴到过程框中，关闭过程框，返回快捷菜单设计器

②同法【创建】"取前 5 名"菜单项的过程，但要修改两处代码：top 3 改为 top 5，sa_three 改为 sa_five

③再次保存菜单并生成菜单程序

图 7-11（c） 设置菜单项的过程

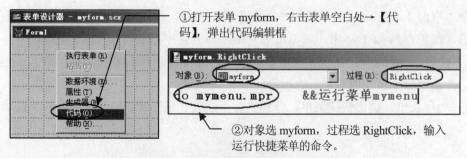

①打开表单 myform，右击表单空白处→【代码】，弹出代码编辑框

②对象选 myform，过程选 RightClick，输入运行快捷菜单的命令。

图 7-11（d） 设置表单的 RightClick 事件代码

（4）打开表单 myform，设置表单的 RightClick 事件代码，如图 7-11（d）所示。

（5）运行表单，右击，弹出快捷菜单，执行"取前 3 名"和"取前 5 名"两个选项，分别生成 sa_three 表和 sa_five 表，结果如图 7-11（a）所示。

练习 7.2

1. 建立快捷菜单 menu，快捷菜单有两条命令，"打开文件"和"关闭文件"。注意要生成菜单程序文件。

2. 利用快捷菜单设计器创建一个弹出式菜单 one，菜单有两个选项："增加"和"删除"，两个选项之间用分组线分隔，结果如图 LX7-2-2 所示。

提示：可通过菜单设计器右下角的【预览】命令得到预览结果。

3. 在考生文件夹下完成如下操作。

创建一个快捷式菜单 mymenu.mnx，运行该菜单程序时会在 formone 表单中弹出如图 LX7-2-3 所示的右键子菜单。

菜单命令"统计"和"返回"的功能都通过执行过程完成。

菜单命令"统计"的功能是以某年某月为单位求订单金额的和。统计结果包含"年份"、"月份"和"合计"3 项内容（若某年某月没有订单，则不应包含记录）。统计结果应按"年份"降序、"月份"升序排序，并存放在 tabletwo 表中。

菜单命令"返回"的功能是释放表单。

年份	月份	合计
2002	1	294.40
2002	2	206.50
2002	3	255.50
2002	11	59.10
2002	12	169.00
2001	1	31.10
2001	2	169.00
2001	3	214.00
2000	10	80.10
2000	11	90.00

图 LX7-2-2　练习 7.2-2 快捷菜单　　　图 LX7-2-3　练习 7.2-3 快捷菜单及结果数据

7.3 综合举例

【例 7.12】在考生文件夹下已有一个菜单文件 mymenu.mnx，运行相应的菜单程序时会在当前 VFP 系统菜单的末尾追加一个"考试"子菜单，如图 7-12（a）所示。

在考生文件夹下还有一个表单文件 myform.scx，表单中包含 1 个标签、1 个文本框和 2 个命令按钮，如图 7-12（a）所示。

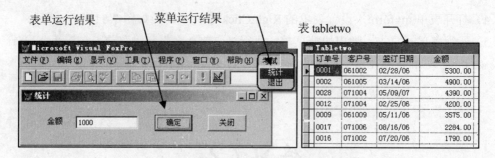

图 7-12 (a) 菜单表单和运行结果

现在请按要求实现菜单项和命令按钮的相关功能。

菜单命令"统计"和"退出"的功能都通过执行过程完成。菜单命令"统计"的功能是运行 myform 表单。菜单命令"退出"的功能是恢复标准的系统菜单。

单击命令按钮"确定"要完成的功能是：从 customer、orders、orderitems 和 goods 表中查询金额大于等于用户在文本框中指定金额的订单信息。查询结果依次包含订单号、客户号、签订日期、金额 4 项内容，其中金额为该订单所签所有商品的金额之和。各记录按"金额"降序排序，"金额"相同按"订单号"升序排序。查询去向为表 tabletwo。

单击命令按钮"关闭"要完成的功能是：关闭并释放所在表单。

最后，运行表单程序，打开表单，然后在文本框中输入 1000，并单击"确定"按钮完成查询统计。

操作步骤：

先设置当前的考生文件夹为 VFP 当前默认目录，然后依次按如下步骤操作。

（1）使用查询设计器完成"确定"按钮要完成的功能，操作如图 7-12（b）～（e）所示。

图 7-12 (b) 新建查询添加表

图 7-12 (c) 设置"字段"选项卡

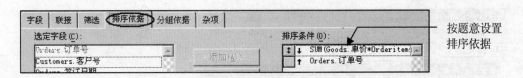

图 7-12（d）设置"排序依据"选项卡

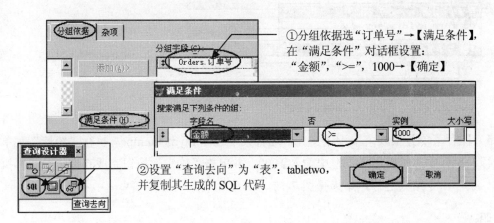

①分组依据选"订单号"→【满足条件】，
在"满足条件"对话框设置：
"金额"，">="，1000→【确定】

②设置"查询去向"为"表"：tabletwo，
并复制其生成的 SQL 代码

图 7-12（e）设置"分组依据"选项卡及"查询去向"

（2）打开表单 myform，设置 "确定"、"关闭" 按钮的代码，如图 7-12（f）所示。

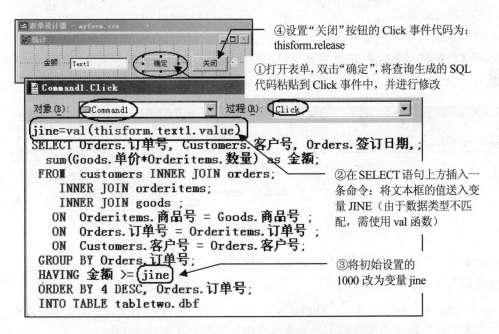

④设置"关闭"按钮的 Click 事件代码为：
thisform.release

①打开表单，双击"确定"，将查询生成的 SQL 代码粘贴到 Click 事件中，并进行修改

②在 SELECT 语句上方插入一条命令：将文本框的值送入变量 JINE（由于数据类型不匹配，需使用 val 函数）

③将初始设置的 1000 改为变量 jine

图 7-12（f）编辑"确定"、"退出"按钮的 Click 事件代码

（3）保存表单并运行，查看修改的代码及产生的结果，如有错及时修改。

（4）打开菜单文件 mymenu，设置菜单项过程的操作如图 7-12（g）所示。

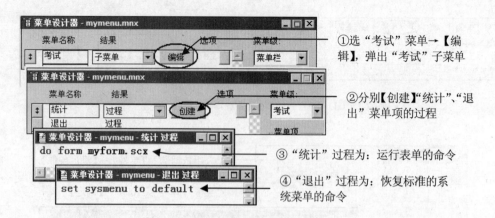

①选"考试"菜单→【编辑】，弹出"考试"子菜单

②分别【创建】"统计"、"退出"菜单项的过程

③"统计"过程为：运行表单的命令

④"退出"过程为：恢复标准的系统菜单的命令

图 7-12（g）设置菜单项的过程

（5）保存菜单并生成菜单程序文件，运行菜单程序 mymenu.mpr，执行"统计"菜单命令。运行表单程序，然后在文本框中输入 1000，并单击"确定"按钮完成查询统计。再执行"退出"菜单命令结束运行，结果见图 7-12（a）。

说明：

设计和修改菜单的命令或过程时，如果在运行菜单的过程中由于编写的命令有错误而导致无法正常运行或生成的结果不正确，一定要先退出菜单的运行状态、返回 VFP 系统默认菜单后再对错误进行修改。

【例 7.13】在考生文件夹下创建一个下拉式菜单 mymenu.mnx，并生成菜单程序 mymenu.mpr。运行该菜单程序时会在当前 VFP 系统菜单的末尾追加一个"考试"子菜单，如图 7-13（a）所示。

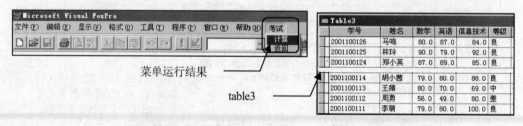

菜单运行结果

table3

图 7-13（a）菜单及运行结果

菜单命令"计算"和"返回"的功能都通过执行过程完成。

菜单命令"计算"的功能如下。

（1）先用 SQL-SELECT 语句完成查询，按"学号"降序列出所有学生在学号、姓名、数学、英语和信息技术 5 个字段上的数据，查询结果存放在表 table3 中。

（2）用 ALTER TABLE 语句在表 table3 中添加一个"等级"字段，该字段为字符型，宽度为 4。

（3）最后根据数学、英语和信息技术的成绩为所有学生计算等级：3 门课程都及格（大于等于 60）且平均分大于等于 90 分的填为"优"；3 门课程都及格且平均分大于等于 80 分、小于 90 分的填为"良"；3 门课程都及格且平均分大于等于 70 分、小于 80 分的填为"中"；3 门课程都及格且平均分小于 70 分的填为"及格"；其他的填为"差"。

菜单命令"返回"的功能是恢复标准的系统菜单。

菜单程序生成后，运行菜单程序并依次执行"计算"和"返回"菜单命令。

操作步骤：

（1）新建查询，按题目中菜单的"计算"的功能（1）的要求设置查询设计器，生成 SQL 语句（操作参考【例 7.12】）。将 SQL 语句复制到"计算"菜单项的过程中，如图 7-13（b）所示。

（2）新建菜单（操作参考【例 7.4】），设置"考试"子菜单中"计算"菜单项的过程如图 7-13（b）所示。在"返回"菜单项的过程中输入返回系统菜单的命令 set sysmenu to default。

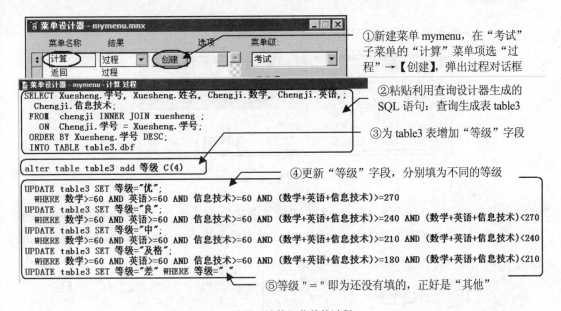

图 7-13（b）设置"计算"菜单的过程

（3）保存菜单文件 mymenu.mnx，生成菜单程序文件 mymenu.mpr。运行菜单，结果如图 7-13（a）所示。

【例 7.14】在考生文件夹下完成下列操作。

首先利用表设计器在考生目录下建立表 table3，表结构如下：

民族　　　　　字符型（4）

数学平均分　　数值型（6,2）

英语平均分　　数值型（6,2）

然后在考生文件夹下创建一个下拉式菜单 mymenu.mnx，并生成菜单程序 mymenu.mpr。运行该菜单程序时会在当前 VFP 系统菜单的末尾追加一个"考试"子菜单，如图 7-14（a）

所示。

菜单命令"计算"和"返回"的功能都通过执行过程完成。

菜单命令"计算"的功能是根据 xuesheng 表和 chengji 表分别统计汉族学生和少数民族学生在数学和英语两门课程上的平均分，并把统计数据保存在表 table3 中。表 table3 的结果有两条记录：第 1 条记录是汉族学生的统计数据，"民族"字段填"汉"，第 2 条记录是少数民族学生的统计数据，"民族"字段填"其他"。

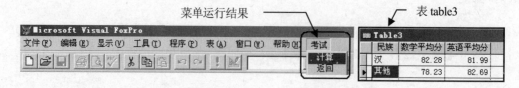

图 7-14 （a）菜单及运行结果

操作步骤：

（1）新建表 table3 如图 7-14（b）所示，不输入记录。

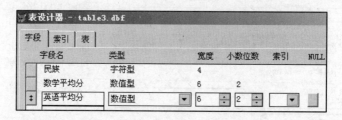

图 7-14 （b）建立表 table3

（2）新建菜单（操作参考【例 7.4】），设置"考试"子菜单中"计算"菜单项的过程如图 7-1（c）所示。在"返回"菜单项的过程中输入返回系统菜单的命令 set sysmenu to default。

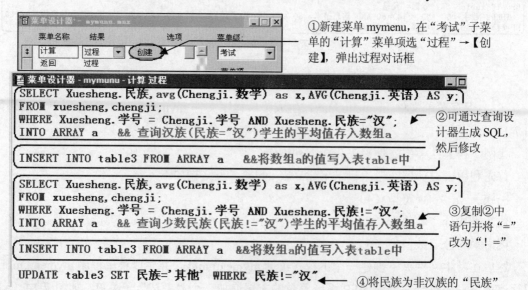

图 7-14 （c）设计菜单

说明:

图 7-14（c）中步骤②"查询汉族学生平均值存入数组 a"的 SQL 语句可以通过查询设计器生成，由于查询设计器的"查询去向"中没有将查询结果存入数组的选项，因此可以不设置"查询去向"，等粘贴到"计算"菜单的过程中后人工添加"INTO　ARRAY　A"。

图 7-14（c）中步骤③"查询少数民族民族学生平均值存入数组 a"，可以将步骤②中的 SQL 语句复制到此处，再将：民族="汉"中的"="改为"！="。如果想用查询设计器生成 SQL 语句，由于"筛选依据"选项卡的条件列中没有"不等于"运算符，只好用其他运算符替代，粘贴到过程框后再修改。

图 7-14（c）中步骤④：当将非汉族学生的查询结果存入表 table3 时，浏览表可以看到表中相应记录的"民族"字段的值是某个少数民族的内容（SQL SELECT 语句只会取分组、筛选后满足条件的第一条记录的"民族"字段的内容作为输出结果中"民族"字段的值），如图 7-14（d）所示，因此需要更新为"其他"。

图 7-14（d）初始表 table3 的数据

（3）保存菜单文件为 mymenu.mnx，生成同名菜单程序文件 mymenu.mpr，运行菜单结果如图 7-14（a）所示。

练习 7.3

1. 在考生文件夹下创建一个下拉式菜单 mymenu.mnx，并生成菜单程序 mymenu.mpr。运行该菜单程序时会在当前 VFP 系统菜单的"帮助"子菜单之前插入一个"考试"子菜单，如图 LX7-3-1 所示。

菜单命令"统计"和"返回"的功能都通过执行过程完成。

菜单命令"统计"的功能是以组为单位求订单金额的和。统计结果包含"组别"、"负责人"和"合计"3 项内容，其中"负责人"为该组组长（由 employee 中的"职务"一项指定）的姓名，"合计"为该组所有职员所签订的金额总和。统计结果应按"合计"降序排序，并存放在 tabletwo 表中。

菜单命令"返回"的功能是返回标准的系统菜单。

菜单程序生成后，运行菜单程序并依次执行"统计"和"返回"菜单命令。

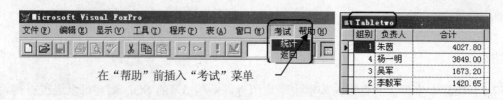

在"帮助"前插入"考试"菜单

图 LX7-3-1　练习 7.3-1 菜单及结果数据

提示：可通过两次查询实现，第 1 次生成具有"组别"和"合计"两个字段的查询，生成 table1。第 2 次查询使用 employee 和刚生成的表 table1 生成具有"组别"、"负责人"和"合计" 3 个字段的表 tabletwo。负责人可采用"employee.姓名 as 负责人"实现。

2．在考生文件夹下已有一个下拉式菜单 mymenu.mpr，生成菜单程序 mymenu.mpr。运行该菜单程序时会在当前 VFP 系统菜单的末尾追加一个"考试"子菜单，如图 LX7-3-2（a）所示。设计菜单命令"计算"和"返回"的功能。

菜单命令"计算"和"返回"的功能都通过执行过程完成。

菜单命令"计算"的功能如下。

（1）用 ALTER TABLE 语句在 order 表中添加一个"总金额"字段，该字段为数值型，宽度为 7，小数位数位 2。

（2）根据 orderitem 表和 goods 表中的相关数据计算各订单的总金额（一个订单的总金额等于它所包含的各商品的金额之和，每种商品的金额等于数量乘以单价），并填入刚才建立的字段中。

菜单命令"返回"的功能是恢复标准的系统菜单。

菜单程序生成后，运行菜单程序并依此执行"计算"和"返回"菜单命令。

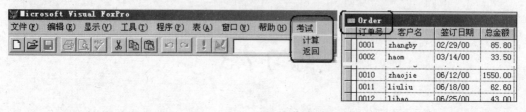

图 LX7-3-2（a）　练习 7.3-2 菜单及结果数据

提示：先根据 orderitem 表和 goods 表中的相关数据生成 temp 表，表中包含有"订单号"和"总金额"两个字段，然后利用刚生成的 temp 中的总金额数据一一更改 order 表的"总金额"字段的值，实现方法如图 LX7-3-2（b）所示。

```
use temp
do while .not.eof()
update order set 总金额=temp.总金额  where order.订单号=temp.订单号
skip
enddo
```

图 LX7-3-2（b）　修改 order 表的"总金额"字段

如果由于多次运行，导致出现如图 LX7-3-2（c）所示的情况，需要打开 order 表的表设计器，把已经存在的"总金额"字段删除并永久保存表结构，再次运行菜单命令即可。

单击【取消】，打开 order 表的表设计器，删除已有的"总金额"字段

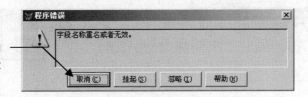

图 LX7-3-2（c）字段名重复

3．在考生文件夹下完成如下操作。

（1）建立如图 LX7-3-3 所示的表单文件 form_three（表单名为 form1）。标签控件命名为 Ln，文本框控件命名为 Textn，命令按钮控件命名为 Commands。表单运行时在文本框中输入职员号，单击"开始查询"命令按钮查询该职员所经手的订购单信息（order 表），查询的信息包括：订单号、客户号、签订日期和金额。按"签订日期"升序排序，并将结果存储到用字母"t"加上职员号命名的表文件中（如职员 101 经手的订购单信息将存储在 t101.dbf 文件中），完成查询后关闭表单。

（2）建立菜单 mymenu，包含菜单项"查询"和"退出"，选择"查询"时运行表单 form_three（直接用命令），选择"退出"时返回到默认的系统菜单（直接用命令）。

（3）最后从菜单运行所建立的表单，并依此查询职员 107、111 和 115 经手的订购单信息。运行结果如图 LX7-3-3 所示。

菜单

表单

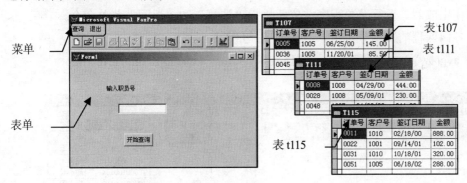

图 LX7-3-3　练习 7.3-3 菜单、表单及结果数据

4．在考生文件夹完成如下操作。

在考生文件夹下创建一个下拉式菜单 mymenu.mnx，并生成菜单程序 mymenu.mpr。运行该菜单程序时会在当前 VFP 系统菜单的末尾追加一个"考试"子菜单，如图 LX7-3-4 所示。

菜单命令"统计"和"返回"的功能都通过执行过程完成。

菜单命令"统计"的功能是统计 2007 年有关客户签订的订单数。统计结果依次包含"客户名"和"订单数"两个字段，其中"客户名"即为客户的姓名（在 customers 表中）。各记录按"订单数"降序排序，"订单数"相同按"客户名"升序排序，统计结果存放在 tabletwo 表中。

菜单命令"返回"的功能是恢复标准的系统菜单。

菜单程序生成后，运行菜单程序并依次执行"统计"和"返回"菜单命令。

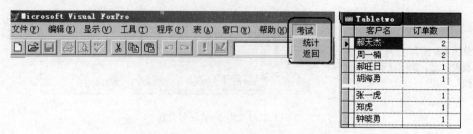

图 LX7-3-4 练习 7.4-4 菜单及结果数据

5. 在考生文件夹下已有一个下拉式菜单 mymenu.mnx，生成菜单程序 mymenu.mpr。运行该菜单程序时会在当前 VFP 系统菜单的末尾追加一个"考试"子菜单，如图 LX7-3-5（a）所示。

设计菜单命令"计算"和"返回"的功能。

菜单命令"计算"和"返回"的功能都通过执行过程完成。

菜单命令"计算"的功能是从 xuesheng 表和 chengji 表中找出所有满足如下条件的学生：其在每门课程上的成绩都大于等于所有同学在该门课程上的平均分。并把这些学生的"学号"和"姓名"保存在表 table2 中（表中只包含"学号"和"姓名"两个字段）。表 table2 中各记录应该按"学号"降序排序。

菜单命令"返回"的功能是恢复标准的系统菜单。

菜单程序生成后，运行菜单程序并依此执行"计算"和"返回"菜单命令。

提示：各门课程的平均分可用下面 SQL 语句获得：

Select avg(数学), avg(英语), avg(信息技术) from chengji into array tmp

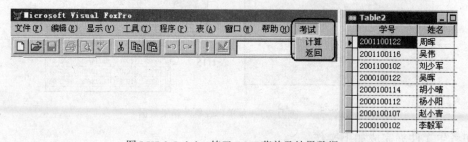

图 LX7-3-5（a） 练习 7.3-5 菜单及结果数据

提示："计算"子菜单的过程代码可以使用如下两种方法实现。

方法 1：将数学、英语和信息技术的平均值写入数组中，在查询时分别与平均值比较，参考图 LX7-3-5（b）。

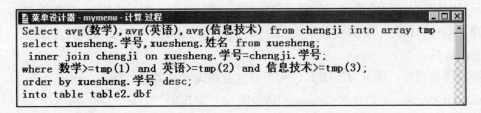

图 LX7-3-5（b）　"计算"过程的代码之一

方法 2："计算"过程用 SELECT 嵌套实现的代码参考图 LX7-3-5（c）。

```
select xuesheng.学号,xuesheng.姓名 from xuesheng;
 inner join chengji on xuesheng.学号=chengji.学号;
where 数学>=(select avg(数学) from chengji);
and 英语>=(select avg(英语) from chengji);
and 信息技术>=(select avg(信息技术) from chengji);
order by xuesheng.学号 desc;
into table table2.dbf
```

图 LX7-3-5（c）　"计算"过程的代码之二

6．在考生文件夹下创建一个下拉式菜单 mymenu.mnx，并生成菜单程序 mymenu.mpr。运行该菜单程序时会在当前 VFP 系统菜单的末尾追加一个"考试"子菜单，如图 LX7-3-6 所示。

菜单命令"计算"和"返回"的功能都通过执行过程完成。

菜单命令"计算"的功能是计算各商品在 2001 年的订购总金额（若某商品没有被订购，则其总金额为零）。计算结果保存在 tablethree 表中，其中包含"商品名"和"总金额"两个字段，各记录按"商品名"升序排序。

菜单命令"返回"的功能是恢复标准的系统菜单。

菜单程序生成后，运行菜单程序并依次执行"计算"和"返回"菜单命令。

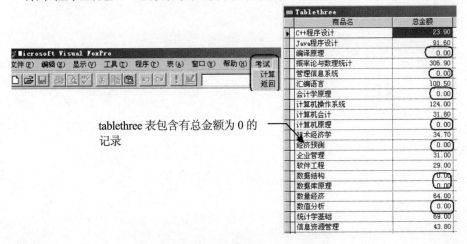

tablethree 表包含有总金额为 0 的记录

图 LX7-3-6　练习 7.3-6 菜单及结果数据

提示："计算"过程的查询可分两步完成，首先从表 order 和 orderitem 中获取 2001 年订单有关商品数量的信息，并保存在表 temp 中；然后再将 goods 与 temp 表进行左联接，并完成总金额的计算。

总金额没有值时，显示为.NULL.，为了让总金额为零，需要更新值，语句为：

update tablethree set 总金额=0 where 总金额 is NULL

8.1　创建报表

创建报表主要方法是利用报表向导，报表向导主要有"报表向导"（用一个单一的表或视图创建带格式的报表）、"一对多报表向导"（包含一组父表的记录及其相关子表的记录）以及创建快速报表。下面通过例题介绍报表向导的操作方法。

8.1.1　使用报表向导创建报表

【例 8.1】在当前文件夹下完成下列操作：使用报表向导为"学院表"创建一个报表 three，选择"学院表"的所有字段，其他选项取默认值。

操作步骤：

（1）创建报表，操作如图 8-1（a）、（b）、（c）所示。

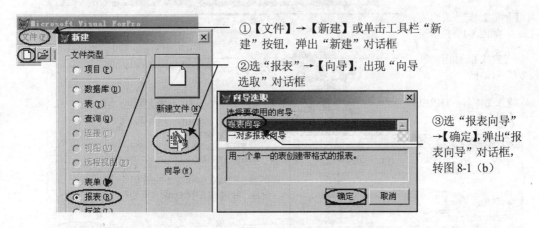

①【文件】→【新建】或单击工具栏"新建"按钮，弹出"新建"对话框

②选"报表"→【向导】，出现"向导选取"对话框

③选"报表向导"→【确定】，弹出"报表向导"对话框，转图 8-1（b）

图 8-1（a）选择报表向导

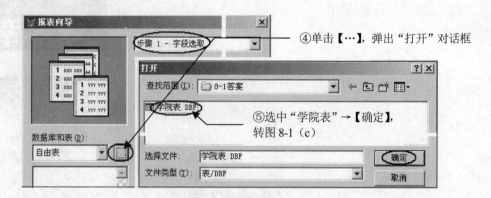

④单击【…】，弹出"打开"对话框

⑤选中"学院表"→【确定】，转图 8-1（c）

图 8-1（b）选取表

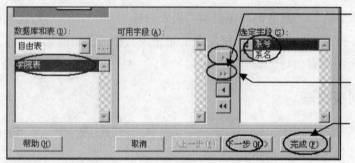

⑥单击"向右单三角形"按钮一次将移动一个选中的字段

⑦单击"向右双三角形"按钮，将"可用字段"栏全部字段移至"选定字段"栏

⑧因为本题已无其他要求→【完成】，如图 8-1（d）所示

图 8-1（c）选取字段

（2）预览、保存表报，如图 8-1（d）所示。

①【预览】，可查看生成的报表，如图 8-1（f）所示

②【完成】，弹出"另存为"对话框

③输入文件名：THREE→【保存】

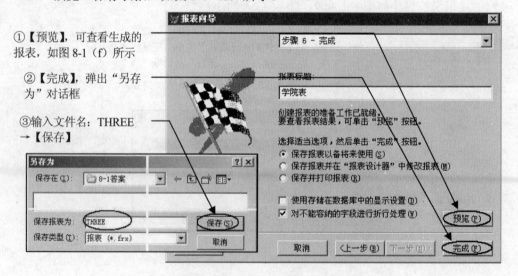

图 8-1（d）报表向导的完成界面

说明：

如果要查看生成的表报文件 three.frx，操作如图 8-1（e）、（f）所示。

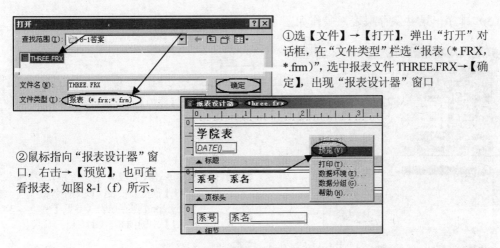

①选【文件】→【打开】，弹出"打开"对话框，在"文件类型"栏选"报表（*.FRX，*.frm)"，选中报表文件 THREE.FRX→【确定】，出现"报表设计器"窗口

②鼠标指向"报表设计器"窗口，右击→【预览】，也可查看报表，如图 8-1（f）所示。

图 8-1（e）打开报表

预览（即打印）结果

单击打印预览工具栏上的【结束预览】（或【×】）可结束预览，返回报表设计器

图 8-1（f） 预览报表

【例 8.2】在当前文件夹下完成下列操作：使用报表向导为"职称表"建立一个报表 myreport，选定"职称表"的"职称名"和"基本工资"两列，按"基本工资"字段降序排序，其他选项选择默认值。

操作步骤：

（1）创建报表，操作如【例 8.1】中的图 8-1（a）所示。

（2）打开表"职称表"，选取"职称名"和"基本工资"两个字段，操作如图 8-2（a）所示。

①打开"职称表"

②依次选"职称名"→"向右单三角形"按钮，选"基本工资"→"向右单三角形"按钮将选中字段移到"选定字段"栏

③单击【下一步】→…，至步骤（3）

图 8-2（a） 选取字段

（3）排序记录并保存报表，操作如图 8-2（b）所示。

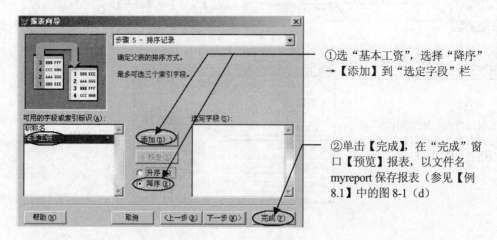

①选"基本工资"，选择"降序"→【添加】到"选定字段"栏

②单击【完成】，在"完成"窗口【预览】报表，以文件名 myreport 保存报表（参见【例 8.1】中的图 8-1（d）

图 8-2（b） 设置排序

【例 8.3】在当前文件夹下完成下列操作：使用报表向导建立一个简单报表。要求选择 TABA 中的所有字段；记录不分组；报表样式为随意式；列数为 1，字段布局为"列"，方向为"横向"；排序字段为 No，升序；报表标题为"计算结果一览表"；报表文件名为 P_ONE。

操作步骤：

（1）创建报表操作参见【例 8.1】中的图 8-1（a）。

（2）打开 TABA 表，选取所有字段操作参见【例 8.1】中的图 8-1（c），单击【下一步】2 次，出现"步骤 3"窗口，如图 8-3（a）左图所示。

（3）设置报表样式和报表布局，操作如图 8-3（a）所示。

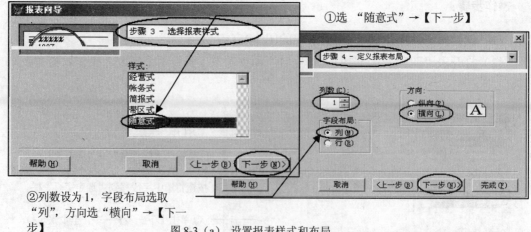

①选 "随意式"→【下一步】

②列数设为 1，字段布局选取"列"，方向选"横向"→【下一步】

图 8-3（a） 设置报表样式和布局

（4）设置报表的排序字段为 No，升序，操作参见【例 8.2】中的图 8-2（b），单击【下一步】。

（5）设置报表的标题并保存报表，操作如图 8-3（b）所示。

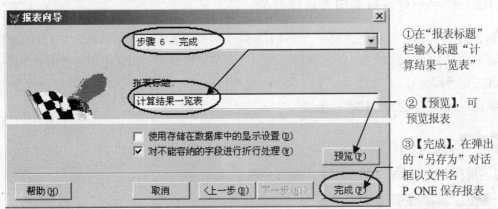

①在"报表标题"
栏输入标题"计
算结果一览表"

②【预览】，可
预览报表

③【完成】，在弹出
的"另存为"对话
框以文件名
P_ONE 保存报表

图 8-3（b） 设置报表标题，浏览、保存表报

【例 8.4】在当前文件夹下，使用报表向导建立一个报表，该报表按顺序包含 SDB 数据
库中的视图 viewsc 的"学号"、"姓名"和"班级"3 个字段，样式为"简报式"，报表文件名
为 three.frx。

操作步骤：

（1）打开含有该视图的数据库 SDB。

不管是自由表还是数据库表，可以独立存在，也可以单独打开；视图是虚表，不能独立
存在，要存放在数据库文件中，为了使用视图，必须首先打开相关的数据库。

（2）创建报表，操作参见【例 8.1】中的图 8-1（a）。

（3）选取字段和报表样式并保存报表，操作如图 8-4 所示。

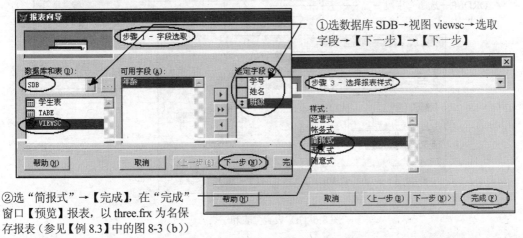

①选数据库 SDB→视图 viewsc→选取
字段→【下一步】→【下一步】

②选"简报式"→【完成】，在"完成"
窗口【预览】报表，以 three.frx 为名保
存报表（参见【例 8.3】中的图 8-3（b））

图 8-4 添加视图中的字段并设置报表样式

8.1.2 使用一对多报表向导创建报表

【例 8.5】在当前文件夹下完成下列操作：使用一对多报表向导建立名称为 P_ORDER 的报表。要求从父表顾客表 CUST 中选择所有字段，从子表订单表 ORDER 中选择所有字段；两表之间采用"顾客号"字段连接；按"顾客号"字段升序排序；报表样式为"经营式"，方向为"纵向"；报表标题为"顾客订单表"。

操作步骤：

（1）用报表向导建立一对多表报，操作如图 8-5（a）所示。

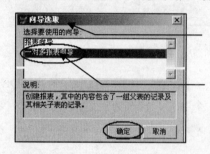

①【文件】→【新建】，在"新建"对话框选"报表"→【向导】，弹出"向导选取"对话框

②选"一对多报表向导"→【确定】

图 8-5（a）选一对多表报向导

（2）设置父表和子表，操作如图 8-5（b）所示。

①选 CDB 数据库→父表 CUST →选所有字段→【下一步】

②选 CDB 数据库→子表 ORDER→选所有字段→【下一步】

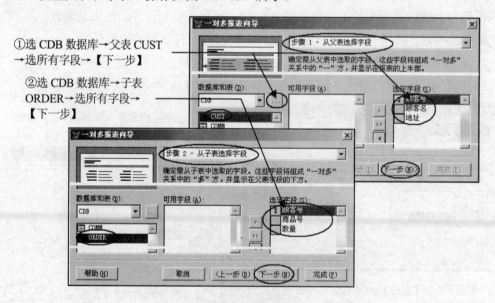

图 8-5（b）设置父表和子表

说明：

由于 CUST 表是数据库 CDB 的数据库表，所以当选择打开 CUST 表时会自动打开数据库，数据库中所有的表及视图都会显示在"数据库和表"处。当进入步骤（2）设置子表时，只需

要从"数据库和表"处选择表 ORDER 即可，而无需选择打开。

（3）设置两表的连接和排序字段，操作如图 8-5（c）所示。

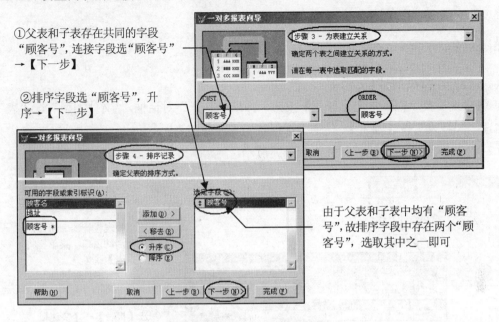

①父表和子表存在共同的字段"顾客号"，连接字段选"顾客号"→【下一步】

②排序字段选"顾客号"，升序→【下一步】

由于父表和子表中均有"顾客号"，故排序字段中存在两个"顾客号"，选取其中之一即可

图 8-5（c）设置两表连接和排序

（4）设置报表样式和报表标题并保存报表，操作如图 8-5（d）所示。

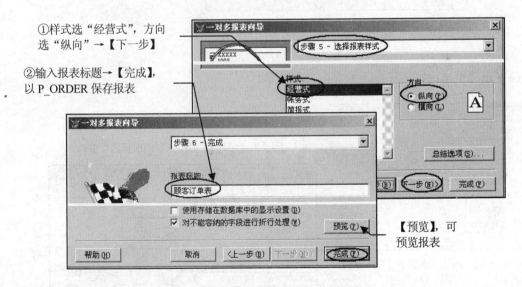

①样式选"经营式"，方向选"纵向"→【下一步】

②输入报表标题→【完成】，以 P_ORDER 保存报表

【预览】，可预览报表

图 8-5（d）设置报表样式和标题

8.1.3　创建快速报表

创建快速报表不使用报表向导，所以与使用报表向导创建报表的方法不同，它没有提示【下一步】、……、【下一步】，而是直接创建报表。创建快速报表最先做的一步是首先打开创

建报表的数据来源的表。

【例 8.6】在当前文件夹下完成下列操作：创建一个快速报表 study_report，报表中包含"课程表"中的所有字段。

操作步骤：

（1）打开 "课程表"表。

在 VFP 快捷菜单栏，单击【打开】按钮，弹出"打开"对话框，"文件类型"选"表"，文件名选"课程表"→【确定】，使得"课程表"成为当前表。

（2）新建快速报表，操作如图 8-6（a）所示。

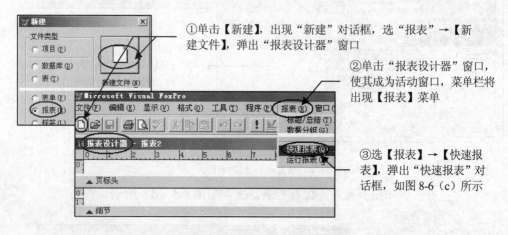

图 8-6（a）打开快速报表对话框

（3）设置快速报表，操作如图 8-6（b）所示。

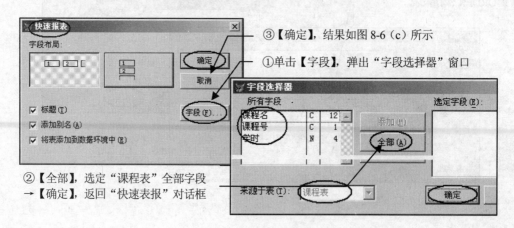

图 8-6（b）设置快速报表

（4）保存、预览报表，操作如图 8-6（c）所示。

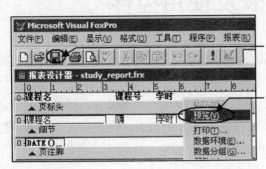

①【保存】，弹出"另存为"对话框，输入文件名 study_report→【保存】

②鼠标指向报表设计器，右击→【预览】可预览快速表报，单击预览窗口的【×】结束预览

图 8-6（c）保存和预览快速报表

练习 8.1

1. 在当前文件夹下完成下列操作：使用报表向导为"职工"表创建一个报表 one，选择"职工"表的所有字段，报表样式选择简报式，按"职工号"升序排列，其他选项取默认值。

2. 在当前文件夹下完成下列操作：使用报表向导为"教师"表创建一个名为 two 的报表，选择"教师"表的所有字段，按"职工号"降序排列，标题为"教师情况报表"，其他选项取默认值。

3. 在当前文件夹下完成下列操作：使用报表向导生成一个报表文件 employee.frx，其中包括 employee 表的职员号、姓名、性别和职务 4 个字段，报表样式为"简报式"，按"职员号"升序排序，报表标题为"职员一览表"。

4. 在当前文件夹下完成下列操作：使用报表向导创建一个简单报表。要求选择 xuesheng 表中的所有字段；记录不分组；报表样式为账务式；列数为 2，字段布局为行，方向为纵向；按"学号"升序排序记录；报表标题为"XUESHENG"；报表文件名为 report1。

5. 在当前文件夹下完成下列操作：为"教师表"创建一个快速报表 two，选择"教师表"的所有字段，其他选项取默认值。

6. 在当前文件夹下完成下列操作：创建一个快速报表 app_report，报表中包含了"评委表"中的所有字段。

7. 在当前文件夹下完成下列操作：创建一个快速报表 sport_report，报表中包含了表"金牌榜"中的"国家代码"和"金牌数"两个字段。

8. 在当前文件夹下完成下列操作：使用报表向导建立一个报表，报表的数据来源分别是"打分表"（父表）和"歌手信息"（子表）两个数据库文件，选取这两个表的全部字段，连接字段为"歌手编号"，按"分数"升序排列，报表的标题为"打分一览表"，最后将报表保存为"打分表"。

8.2 修改报表及使用控件

使用报表向导方法或快速报表方法创建报表后，有时需要对其结果进行调整，这就需要对已有的报表进行修改。

【例 8.7】在当前文件夹下完成下列操作：先选择"销售表"为当前表，然后使用报表设计器中的快速报表功能为"销售表"创建一个文件名为 P_S 的报表，快速报表建立操作过程均为默认（取表中所有字段）。最后，给快速报表增加一个标题，标题为"销售一览表"。

操作步骤：

（1）以"销售表"为当前表，创建快速报表并以文件名 P_S 保存（操作参见【例 8.6】）。

（2）给快速报表增加标题带区，操作如图 8-7（a）所示。

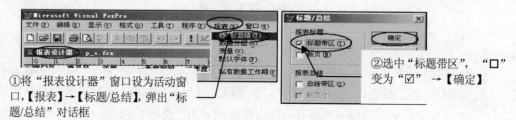

图 8-7（a）给报表添加标题带区

（3）在标题带区设置表报标题，操作如图 8-7（b）所示。

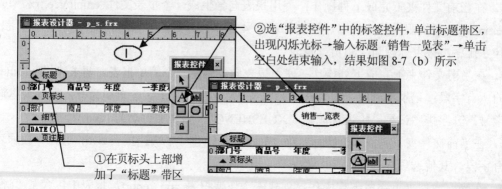

图 8-7（b）设置标题

（4）保存、预览报表（略）。

【例 8.8】在当前文件夹下完成下列操作：修改 P_order 报表，在页注脚中增加一个标签"制表人：王爱学"；该标签水平居中；标签中的"："为中文的冒号；题目中标签两端的双引号不是标签的一部分。

操作步骤：

（1）打开报表 P_order。

在 VFP 菜单栏选【文件】→【打开】，弹出"打开"对话框，"文件类型"选"表报"，选中要打开的报表 P_order→【确定】，弹出"报表设计器"窗口，如图 8-8（a）所示。

（2）在页注脚中增加一个标签"制表人：王爱学"，操作如图 8-8（a）所示。

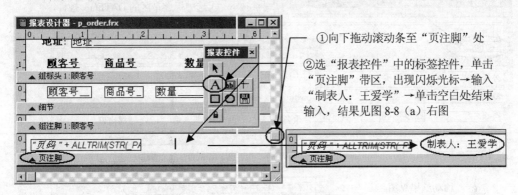

图 8-8（a）在页注脚处插入标签

（3）设置标签水平居中对齐，操作如图 8-8（c）所示。

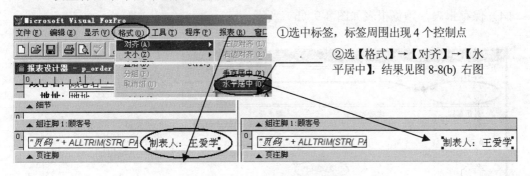

图 8-8（b）设置标签的对齐方式

（4）保存、预览报表（略）。

【例 8.9】在当前文件夹下完成下列操作：利用报表向导根据 rate_exchange.dbf 表生成一个外币汇率报表，报表按顺序包含"外币名称"、"现钞买入价"和"卖出价"3 列数据，报表的标题为"外币汇率"（其他使用默认设置），生成的报表文件保存为 rate_exchange。

打开生成的报表文件 rate_exchange 进行修改，使显示在标题区域的日期改在每页的注脚区显示。

提示：将标题区域的日期拖到页脚区。

操作步骤：

（1）新建并以文件名 rate_exchange 保存报表（操作参见【例 8.3】）。

（2）打开报表（操作参见【例 8.8】），弹出"报表设计器"窗口，如图 8-9（a）所示。

（3）将标题带区的日期移到页注脚带区，操作如图 8-9（a）所示。

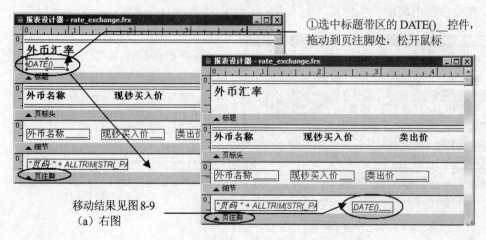

图 8-9（a）改变日期控件的位置

（4）保存报表，预览报表如图 8-9（b）所示。

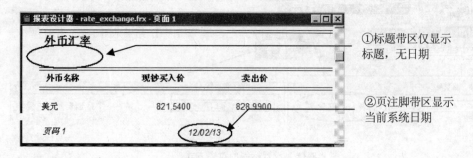

图 8-9（b）预览报表

练习 8.2

1. 使用报表向导建立一个简单报表，要求选择"菜单表"中所有字段（其他不做要求），并把报表保存为 one.frx 文件。

打开报表文件 one，将报表标题修改为"菜单一览表"，最后保存所做的修改。

提示：先删除原标题（选中标题，【DELETE】），再插入标题。

2. 建立一个命令文件 one.prg，该文件包含一条运行（预览）报表文件 employee.frx 的命令。

提示：预览报表的命令为 report form〈报表名〉preview。

第 9 章

应用程序的开发与生成

9.1　项目管理器创建应用程序的主要步骤

9.1.1　新建项目或打开已建项目

1. 新建项目的方法

方法 1：单击 VFP 快捷菜单栏的【新建】按钮，在弹出的"新建"对话框中选"项目"→【新建文件】。

方法 2：在 VFP 菜单栏选【文件】→【新建】，在弹出的"新建"对话框中选"项目"→【新建文件】。

方法 3：在 VFP 的"命令"窗口运行 CREATE PROJECT 命令。

三种方法都会弹出"创建"对话框，在"创建"对话框中，输入项目文件名→【保存】，出现"项目管理器"窗口。

2. 打开已建项目的方法

方法 1：单击 VFP 快捷菜单栏的【打开】按钮

方法 2：在 VFP 菜单栏选【文件】→【打开】；

方法 3：在 VFP 的"命令"窗口运行 MODIFY PROJECT 命令；

三种方法都会弹出"打开"对话框，在"打开"对话框中，"文件类型"栏选"项目（*.pjx;*.fpc;*.cat）"，选中要打开的项目文件名→【确定】，弹出"项目管理器"窗口。

9.1.2　项目管理器的主要功能

（1）对数据库、数据库表或自由表、数据库中的视图、程序、查询、表单、菜单等文件进行："新建"、"添加"、"移去"、"修改"、"运行"等操作。

（2）设置主文件，在文件中设置启动事件循环和退出事件循环的语句。

（3）对项目进行连编，生成扩展名为.app 或.exe 的程序文件。

（4）运行.app 文件或.exe 文件，并执行菜单或表单的相关命令。

以上各功能的操作步骤将在例题中逐一介绍。

9.2   项目管理器应用举例

9.2.1   添加项目文件，设置项目主文件及生成应用程序

【例 9.1】在考生文件夹下，新建项目文件 score_project，将自由表"歌手表"、"评委表"和"评分表"以及表单文件 one.scx 加入该项目，将"歌手表"、"评委表"和"评分表"设置为包含，然后将项目文件连编成可执行程序文件 score_p.exe。

操作步骤：

（1）新建项目文件 score_project 文件，操作如图 9-1（a）所示。

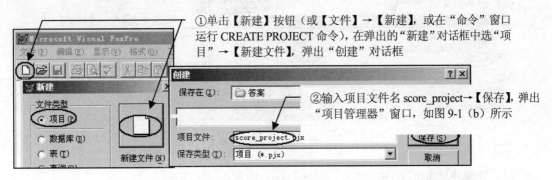

①单击【新建】按钮（或【文件】→【新建】，或在"命令"窗口运行 CREATE PROJECT 命令），在弹出的"新建"对话框中选"项目"→【新建文件】，弹出"创建"对话框

②输入项目文件名 score_project→【保存】，弹出"项目管理器"窗口，如图 9-1（b）所示

图 9-1（a）新建项目

（2）添加"歌手表"、"评委表"和"评分表"到项目中，并将 3 个表设置为"包含"。操作如图 9-1（b）、（c）所示。

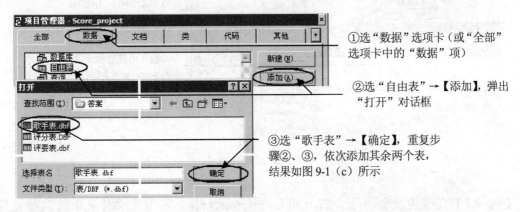

①选"数据"选项卡（或"全部"选项卡中的"数据"项）

②选"自由表"→【添加】，弹出"打开"对话框

③选"歌手表"→【确定】，重复步骤②、③，依次添加其余两个表，结果如图 9-1（c）所示

图 9-1（b）添加表

"-"为开关键，表示目录处于展开状态，单击变为"+"表示目录处于折叠状态

①当前表为"排除"状态，选中歌手表，右击→【包含】，变为"包含"状态，见图 9-1（c）右图

②同法修改其他 2 表的包含状态

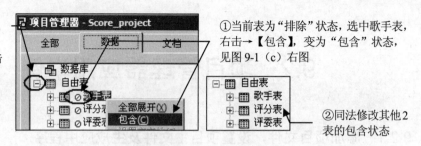

图 9-1（c）设置表为包含

（3）添加表单 one.scx 到项目中，操作如图 9-1（d）所示。

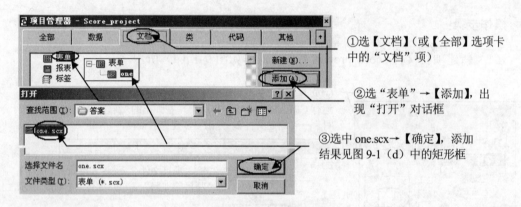

①选【文档】（或【全部】选项卡中的"文档"项）

②选"表单"→【添加】，出现"打开"对话框

③选中 one.scx→【确定】，添加结果见图 9-1（d）中的矩形框

图 9-1（d）添加表单文件

（4）连编生成.exe 文件，操作如图 9-1（e）所示。

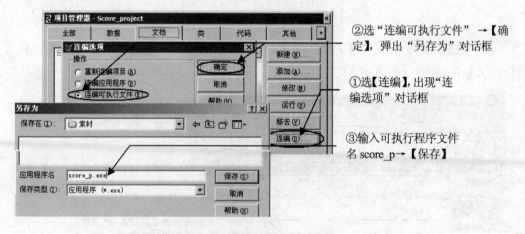

②选"连编可执行文件"→【确定】，弹出"另存为"对话框

①选【连编】，出现"连编选项"对话框

③输入可执行程序文件名 score_p→【保存】

图 9-1（e）连编生成.exe 文件

【例 9.2】在考生文件夹下，打开项目 myproject.pjx，将考生文件夹下的菜单文件 mymenu.mnx 添加至项目，并设置成主文件。在项目管理器中新建数据库文件 mybase，然后连编产生应用程序 myproject.app。最后运行 myproject.app，并依次执行"统计"和"返回"

菜单命令。

操作步骤：

（1）打开项目 myproject.pjx，添加菜单文件 mymenu.mnx，操作如图 9-2（a）所示。

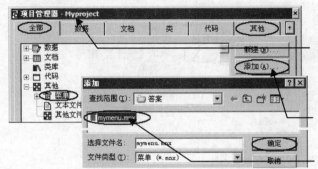

①单击【打开】按钮（或【文件】→【打开】），在弹出的"打开"对话框中，"文件类型"栏选"项目"，"选择文件名"栏选 myproject.pjx→【确定】，弹出"项目管理器"窗口

②在"全部"（或"其他"）选项卡选"其他"中的"菜单"→【添加】，弹出"添加"对话框

③选菜单 mymenu.mnx→【确定】

图 9-2（a）打开项目添加菜单文件

（2）设置菜单为主文件的操作如图 9-2（b）所示。

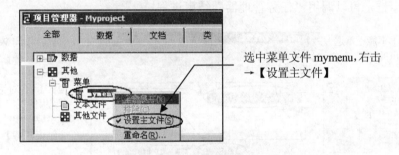

选中菜单文件 mymenu，右击→【设置主文件】

图 9-2（b）设置菜单为主文件

（3）在项目管理器中新建数据库 mybase，操作如图 9-2（c）所示。

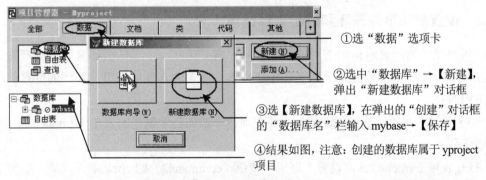

①选"数据"选项卡

②选中"数据库"→【新建】，弹出"新建数据库"对话框

③选【新建数据库】，在弹出的"创建"对话框的"数据库名"栏输入 mybase→【保存】

④结果如图，注意：创建的数据库属于 yproject 项目

图 9-2（c）创建数据库

（4）生成应用程序文件 myproject.app。

在"项目管理器"窗口中选【连编】，弹出"连编选项"对话框，选"连编应用程序"　→

【确定】。(可参考【例 9.1】中的图 9-1 (e),但第②步要选"连编应用程序")。

(5) 运行 myproject.app 文件,如图 9-2 (d) 所示。

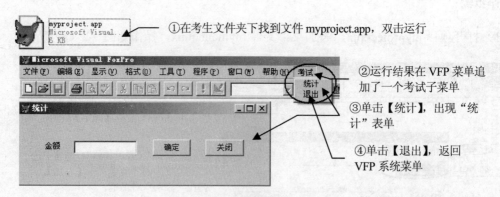

图 9-2 (d) 运行.app 文件

注意:

如果设置命令程序有问题,导致不能正常关闭打开的 myproject.app,弹出如图 9-2 (e) 左图所示的提示框,可以调用"任务管理器"结束进程。

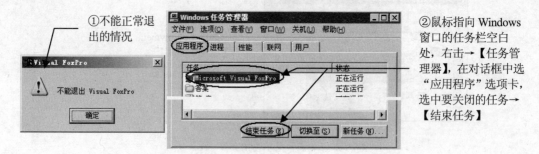

图 9-2 (e) 不能正常退出的处理方法

9.2.2　设置启动事件循环和退出事件循环

建立应用程序环境,显示初始的用户界面之后,需要建立一个事件循环来等待用户的交互动作。控制事件循环的方法是执行 READ EVENTS 命令,并在要结束事件循环的位置使用 CLEAR　EVENTS。

【例 9.3】创建一个项目 projectone.pjx,并在项目中添加已经创建的表单 formone.scx,然后再完成以下任务。

(1) 打开表单 formone.scx,设置"退出"按钮(command2)的 click 事件代码,功能是释放表单、退出用户事件循环,具体代码为:

Thisform.release

Clear events

（2）为项目新建主文件 main.prg，该程序文件的功能是运行表单 formone.scx，然后启动用户事件循环。

（3）连编项目产生可执行文件 projectone.exe。

操作步骤：

（1）新建项目 project.pjx，在项目中添加表单文件 formone.scx（操作参见【例 9.1】中的图 9-1（a）、（d）），结果如图 9-3（a）所示。

（2）修改表单 formone.scx，为"退出"按钮编写代码，操作如图 9-3（a）、（b）所示。

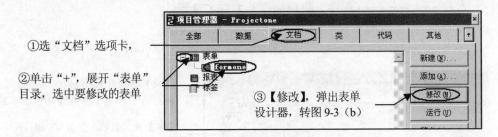

①选"文档"选项卡，

②单击"+"，展开"表单"目录，选中要修改的表单

③【修改】，弹出表单设计器，转图 9-3（b）

图 9-3（a）选【修改】表单

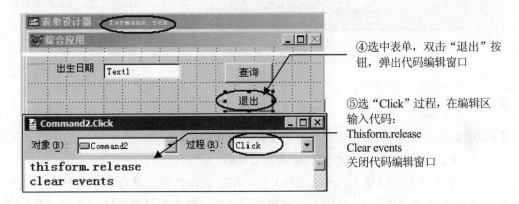

④选中表单，双击"退出"按钮，弹出代码编辑窗口

⑤选"Click"过程，在编辑区输入代码：
Thisform.release
Clear events
关闭代码编辑窗口

图 9-3（b）编辑"退出"按钮的 Click 事件

（3）建立主文件 main.prg，如图 9-3（c）、（d）所示。

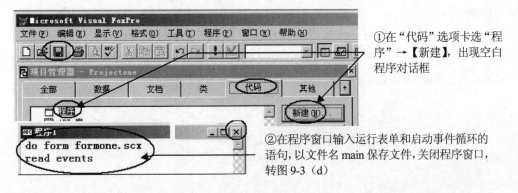

①在"代码"选项卡选"程序"→【新建】，出现空白程序对话框

②在程序窗口输入运行表单和启动事件循环的语句，以文件名 main 保存文件，关闭程序窗口，转图 9-3（d）

图 9-3（c）新建 main 程序文件

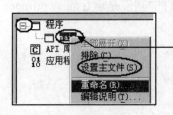

③选中刚创建的 main 程序, 右
击→【设置主文件】

图 9-3 (d) 设置主文件

（4）连编、生成程序 projectone.exe, 操作参见【例 9.1】中的图 9-1 (e)。

（5）运行 projectone.exe 程序, 操作如图 9-3 (e) 所示。

①打开考生文件夹，找到 projectone.exe 文件，双击运行，结果如图 9-3 (e) 所示

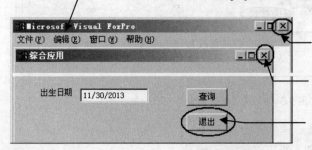

【×】会弹出"不能退出 Visual FoxPro", 参见【例 9-2】中的图 9-2 (e)

【×】释放表单，保留 Visual FoxPro 窗口

②单击"退出"按钮，可以释放表单并退出 Visual FoxPro 窗口

图 9-3 (e) 运行结果

9.2.3　综合举例

【例 9.4】修改【例 9.3】中的表单文件 formone.scx 如下。

（1）设置文本框的 Value 属性值为表达式 Date()。

（2）设置"查询"按钮（Command1）的 Click 事件代码，使得表单运行时单击该按钮能够完成如下查询功能：从 department 和 employee 表中查询指定日期之后（含）出生的职员的信息，查询结果依次包含职员号、姓名、性别、出生日期、部门名 5 项内容，各记录按"部门名"降序排序，"部门名"相同按"职员号"升序排序，并将查询结果存放在表 tablethree 中。

表单文件修改完成后，保存并关闭表单设计器，重新生成 projectone.exe。

最后在考生目录下运行可执行文件 projectone.exe，并通过上述表单查询 1970 年 1 月 10 日以后（含）出生的职员信息。

操作步骤：

（1）打开表单文件 formone，设置文本框 text1 的 value 属性为：=date()。

（2）通过查询设计器，按照"查询"按钮的查询要求新建一个查询，生成相应的 SQL 语句。

新建查询，添加 department 表和 employee 表，两表关联条件的设置如图 9-4（a）所示。

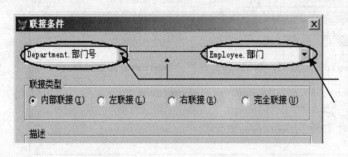

由于两表没有直接的公共字段，故需手工设置两表连接
由于 department 表的"部门号"字段的取值和 employee 表的取值范围相同，所以选"department.部门号"连接"employee.部门"→【确定】

图 9-4（a）两表连接

在弹出的"查询设计器"窗口设置各选项卡如下。

"字段"选项卡：选取"职员号"、"姓名"、"性别"、"出生日期"、"部门名"5 个字段。

"筛选"选项卡：字段名为"出生日期"，条件为">="，实例为{^1970-01-10}。

"排序"选项卡："部门名"降序，"职员号"升序。

查询去向：选表，表名为 tablethree。

运行查询，检查结果是否正确，复制查询设计器生成的 SQL 代码如图 9-4（b）所示，以任意文件名保存查询（用于修改），关闭查询设计器。

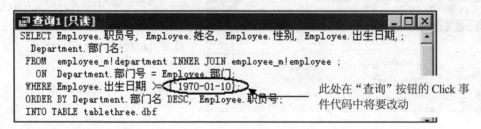

此处在"查询"按钮的 Click 事件代码中将要改动

图 9-4（b）生成查询 SQL 语句

（3）设置"查询"按钮（Command1）的 Click 事件代码，如图 9-4（c）所示。运行结果正确后，保存表单，关闭表单设计器。

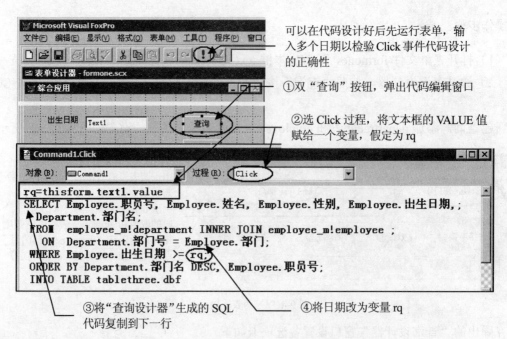

可以在代码设计好后先运行表单，输入多个日期以检验 Click 事件代码设计的正确性

①双"查询"按钮，弹出代码编辑窗口

②选 Click 过程，将文本框的 VALUE 值赋给一个变量，假定为 rq

③将"查询设计器"生成的 SQL 代码复制到下一行

④将日期改为变量 rq

图 9-4（c）编辑"查询"按钮的 Click 事件代码

（4）重新连编，生成可执行文件 projectone.exe，（操作参见【例 9.1】中的图 9-1（e）），运行程序如图 9-4（d）所示。

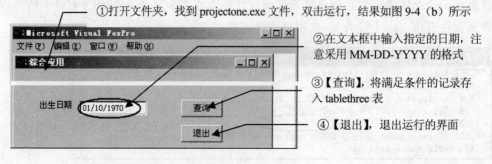

①打开文件夹，找到 projectone.exe 文件，双击运行，结果如图 9-4（b）所示

②在文本框中输入指定的日期，注意采用 MM-DD-YYYY 的格式

③【查询】，将满足条件的记录存入 tablethree 表

④【退出】，退出运行的界面

图 9-4（d）重新生成.exe 文件并运行

练习 9.2

1. 在考生文件夹下完成如下综合应用。

（1）新建项目 myproject。

（2）在项目中建立程序 SQL，该程序只有一个 SQL 查询语句，功能是：查询 7 月份以后（含）签订订单的客户名、图书名、数量、单价和金额（单价*数量），结果先按"客户名"，再按"图书名"升序排序，存储到表 MYSQLTABLE。

（3）在项目中建立菜单 mymenu，该菜单包含运行表单、执行程序和退出 3 个菜单项，它们的功能分别是执行表单 myform，执行程序 SQL，恢复到系统默认菜单（前两项直接使用命令方式；最后一项使用过程，其中包含一条 clear events 命令）。

（4）在项目中建立程序 main，该程序的第一条语句是执行菜单 mymenu，第二条语句是 read events，并将该程序设置为主文件。

（5）连编生成应用程序 myproject.app。

（6）最后运行连编生成的应用程序，并执行所有菜单项。

提示：可使用查询设计器生成 SQL 程序代码，通过题意分析需要 3 张表，注意添加表的顺序，筛选中用到的"7 月份以后"可以使用函数 month 实现。运行结果如图 LX9-2-1 所示。

图 LX9-2-1　练习 9.2-1 运行结果

2. 打开考生文件夹下的 sport_project 项目，项目中有一个表单 sport_form，表单中包括 3 个命令按钮。请完成如下操作：

（1）编写并运行程序 four.prg。程序功能是：根据"国家"和"获奖牌情况"两个表统计并建立一个新表"假奖牌榜"，新表包括"国家名称"和"奖牌总数"两个字段，要求先按"奖牌总数"降序排序（注意"获奖牌情况"的每条记录表示一枚奖牌），再按"国家名称"升序排列。

（2）为表单 sport_form 中的"生成表"命令按钮编写一条命令，执行 four.prg 程序。

（3）将考生文件夹下的快速报表 sport_report 加入项目文件，并为表单 sport_form 中的命令按钮"浏览报表"编写一条命令，预览快速报表 sport_report。

（4）将自由表"国家"和"获奖牌情况"加入项目文件 sport_project，然后将项目文件连编成应用程序文件 sport_app.app。运行结果如图 LX9-2-2 所示。

图 LX9-2 -2　练习 9.2-2 运行结果

3．打开考生文件夹，完成如下综合应用。

（1）新建一个项目 myproject。

（2）在新建的项目 myproject 中建立数据库 mybase。

（3）将考生文件夹下的 3 个自由表全部添加到新建的 mydase 数据库。

（4）将 SQL.prg 程序添加到项目 myproject 中。

（5）将菜单程序 mymenu.mnx 添加到项目 myproject 中，并修改菜单定义中的"退出"过程：添加退出事件循环的命令：clear events，并保存菜单定义，重新生成菜单程序。

（6）在项目中建立程序 maim，该程序的第一条语句是执行菜单 mymenu，第二条语句是 read events，并将该程序设置为主文件。

（7）连编生成应用程序 myproject.app。

最后运行连编生成的应用程序，并执行"运行表单"和"退出"菜单项（注意不要单击"执行程序"菜单项）。

第 10 章

理 论 题

10.1 Visual FoxPro 数据库基础理论题

1. 若一个班主任管理多个学生，每个学生对应一个班主任，则班主任和学生之间存在的联系类型为（　　）。

（A）一对多　　　　（B）一对一　　　　　　（C）多对多

2. 若一个经理管理一个分店，每个分店只有一个经理，则经理和分店之间存在的联系类型为（　　）。

（A）一对一　　　（B）多对多　　　　（C）一对多　　　　（D）都不正确

3. Visual FoxPro 提供了一些"向导"可以帮助用户快速地完成一些一般性的任务，其中没有（　　）。

（A）表单向导　　（B）表向导　　　　　（C）报表向导　　　（D）菜单向导

4. Visual FoxPro 提供了一些"向导"可以帮助用户快速地完成一些一般性任务，其中没有（　　）。

（A）程序向导　　（B）标签向导　　　　（C）表单向导　　　（D）报表向导

5. Visual Foxpro 的项目管理器包括多个选项卡，其中"表单"在（　　）。

（A）数据选项卡　（B）代码选项卡　　（C）类选项卡　　　（D）文档选项卡

6. 不属于"项目管理器"窗口"文档"选项卡中的文件类型是（　　）。

（A）报表　　　（B）表单　　　　（C）标签　　　（D）查询

7. 在 Visual FoxPro 的项目管理器中，表单在哪个选项卡中管理（　　）。

（A）"代码"选项卡　　　　　　（B）"其他"选项卡

（C）"文档"选项卡　　　　　　（D）"数据"选项卡

8. 在 Visual FoxPro 项目管理器中不包括的选项卡是（　　）。

（A）类　　　（B）表单　　　　（C）文档　　　　　（D）数据

9. 关于 Visual FoxPro 的配置，下列说法错误的是（　　）。

（A）在"选项"对话框中选择各项设置，单击"确定"按钮之后，所改变的设置是临时的，仅在本次系统运行期间有效

（B）在"选项"对话框中的"设置默认值"按钮，Visual FoxPro 将把系统环境还原成最

初始的系统默认配置

（C）可以通过 SET 命令和"选项"对话框定制自己的系统环境

（D）对于 Visual FoxPro 配置所做的更改既可以是临时的，也可以是永久的

10．在 Visual FoxPro 安装完成后可以在"选项"对话框中进行相关设置，设置货币符号在哪个选项卡完成（　　）。

（A）"显示"选项卡　　　　　　　　（B）"字段"选项卡

（C）"区域"选项卡　　　　　　　　（D）"常规"选项卡

11．在 Visual FoxPro 安装完成后可以在"选项"对话框中进行相关设置，设置日期显示格式在哪个选项卡完成（　　）。

（A）"项目"选项卡　　　　　　　　（B）"常规"选项卡

（C）"区域"选项卡　　　　　　　　（D）"显示"选项卡

12．在 Visual FoxPro 中创建项目，系统将建立一个项目文件，项目文件的扩展名是（　　）。

（A）.prj　　　　　（B）.itm　　　　　（C）.pro　　　　　（D）.pjx

13．在项目管理器中，选择一个数据库表并单击"移去"按钮，在弹出的对话框中单击"删除"按钮，该表将（　　）。

（A）从数据库中移出，并将从磁盘上删除

（B）从数据库中移出，变成自由表

（C）从数据库中移出，被保留在原目录里

（D）从数据库中移出，被放在 Windows 的回收站中

14．使用键盘操作重新打开命令窗口的方法是（　　）。

（A）按 Ctrl+F4 组合键　　　　　　（B）按 Ctrl+F2 组合键

（C）按 Alt+F2 组合键　　　　　　　（D）按 Alt+F4 组合键

15．显示与隐藏命令窗口的错误操作是（　　）。

（A）分别按 Ctrl+F4 和 Ctrl+F2 组合键

（B）通过"窗口"菜单下的"命令窗口"选项来切换

（C）退出 Visual FoxPro，再重新打开

（D）单击常用工具栏上的"命令窗口"按钮

16．"在命令窗口中键入 Exit 可以退出 Visual FoxPro 返回 Windows"的说法是（　　）。

（A）对　　　　　　　　　　　　　（B）错

17．下列关于项目和文件的说法，正确的是（　　）。

（A）当将一个文件添加到项目里，则该文件合并到项目中，不能独立存在

（B）一个项目可以包含多个文件，一个文件也可以包含在多个项目中

（C）在关闭项目时，Visual FoxPro 会自动删除不包含任何文件的项目

（D）一个项目可以包含多个文件，一个文件只能属于一个项目

18. Visual FoxPro 的设计器是创建和修改应用系统各种组件的可视化工具，打开设计器的方式不包括（　　）。

（A）在项目管理器环境下调用、打开　　（B）从系统"工具"菜单选择并打开

（C）使用命令方式

10.2　程序设计基础理论题

1．下列数据中，不合法的 Visual FoxPro 常量是（　　）。

（A）[变量]　　　（B）FALSE　　　　（C）1250　　　　　　（D）21.35

2．在 Visual FoxPro 中，命令"?"与命令"??"的区别是（　　）。

（A）"?"可以输出一个常量、变量或表达式；"??"可以输出若干个常量、变量或表达式

（B）命令"?"在当前光标位置输出表达式结果；命令"??"在下一行开始输出

（C）"?"在显示器上输出；"??"在打印机上输出

（D）命令"??"在当前光标位置输出表达式结果；命令"?"在下一行开始输出

3．下列哪个不是字符型变量（　　）。

（A）'Computer'　（B）" Computer "　　（C）[Computer]　　（D）(Computer)

4．在 Visual FoxPro 中，表示 2012 年 9 月 10 日 10 点整的日期时间常量是（　　）。

（A）{^2012-09-10 10:00:00}　　　　（B）{/ 2012-09-10 10:00:00}

（C）{-2012-09-10 -10:00:00}　　　　（D）{^2012-09-10-10:00:00}

5．从内存中清除内存变量的命令是（　　）。

（A）Destroy　　　（B）Delete　　　　　（C）Erase　　　　　（D）Release

6．将日期格式设置为中国习惯的"年月日"格式的命令是（　　）。

（A）SET DATE TO Y/M/D　　　　（B）SET DATE TO 年月日

（C）SET DATE TO YYYY/MM/DD　（D）SET DATE TO YMD

7．为了在"年月日"日期格式中显示 4 位年份，设置的命令是（　　）。

（A）SET YEAR ON　　　　　　（B）SET YEAR TO 4

（C）SET CENTURY ON　　　　　（D）SET CENTURY TO 4

8．在 Visual FoxPro 中，下面 4 个关于日期或日期时间的表达式中，错误的是（　　）。

（A）{^2012/02/01}－{^2011/02/01}

（B）{^2012.09.01 11:10:10 AM}－{^2011.09.01 11:10:10 AM}

（C）{^2012/02/01}+2

（D）{^2012.02.01}+{^2011.02.01}

9．执行命令 A=2005/4/2 之后，内存变量 A 的数据类型是（　　）。

（A）日期　　　（B）数值　　　　　（C）字符　　　　　（D）逻辑

10．逻辑运算符的优先顺序是（　　）。

（A）NOT OR AND　　　　　　　　（B）AND OR NOT

（C）OR NOT AND　　　　　　　　（D）NOT AND OR

11．假设变量 a1 的值为"数据库"，变量 a2 的值为"Visual FoxPro 数据库"，表达式的值为真（T）的是（　　）。

（A）a2 $ a1　　　（B）a1 $ a2　　　（C）a2 = a1　　　（D）a2 > a1

12．将表的当前记录复制到数组的命令是（　　）。

（A）ARRAY TO <数组名>　　　　（B）GATHER TO <数组名>

（C）COPY TO <数组名>　　　　　（D）SCATTER TO <数组名>

13．将数组的数据复制到当前表中当前记录的命令是（　　）。

（A）COPY FROM <数组名>　　　　（B）DATE FROM <数组名>

（C）SCATTER FROM <数组名>　　（D）GATHER FROM <数组名>

14．在 Visual FoxPro 中，下列关于数组的叙述，错误的是（　　）。

（A）一个数组中各个数组元素的数据类型必须相同

（B）数组是按照一定顺序排列的一组内存变量

（C）数组在使用前必须要用 DIMENSION 或 DECLARE 命令显示创建

（D）可以用一维数组形式访问二维数组

15．假设当前表有字段 ld、name 和 age，同时有内存变量 ld 和 name，命令 " ? name " 显示的是（　　）。

（A）变量不唯一的出错信息　　　（B）内存变量 name 的值

（C）当前记录字段 name 的值　　（D）不确定，和前面的命令有关

16．连续执行以下命令后，最后一条命令的输出结果是（　　）。

x=10

x=x=20

? x

（A）.T.　　　（B）.F.　　　（C）20　　　（D）10

17．连续执行以下命令后，最后一条命令的输出结果是（　　）。

d1={^2012-10-1}

d2={^2012-10-1 10:10:0}

d1=d1+1

d2=d2+1

? day(d1),day(d2)

（A）1,0　　　（B）2,1　　　（C）2,0　　　（D）1,1

18．连续执行以下命令后，最后一条命令的输出结果是（　　）。

t={^2012-10-1 10:10 AM}

t=t+1

? day(t),sec(t)

（A）1,0　　　　（B）1,1　　　　（C）2,0　　　　（D）2,1

19．执行下列命令后，输出的结果是（　　）。

A=＂+＂

?　＂5&A.7=＂+STR(5&A.7,2)

（A）5+.7=5.7　　（B）5&A.7=12　　（C）5+7=12　　（D）5&A.7=5.7

20．函数 LEN(STR(12.5,6,1)- '12.5')的值是（　　）。

（A）10　　　　　（B）8　　　　　（C）0　　　　　（D）4

21．假设变量 a 的值是字符串＂Computer＂,可以正确显示该值的命令是（　　）。

（A）? &a　　　　（B）? (a)　　　　（C）? {a}　　　　（D）? [a]

22．LEFT(＂123456＂,LEN(＂北京＂))的计算结果是（　　）。

（A）1234　　　　（B）12　　　　　（C）56　　　　　（D）3456

23．RIGHT(＂13579＂，LEN(＂公司＂))的计算结果是（　　）。

（A）3579　　　　（B）13　　　　　（C）79　　　　　（D）1357

24．在 Visual FoxPro 中，下列程序段执行后，内存变量 s1 的值是（　　）。

s1=＂奥运开幕日期＂

s2=substr(s1,5,4)+left(s1,4)+right(s1,4)

? S2

（A）开幕奥运日期　　（B）开幕日期奥运　　（C）开幕日期　　（D）奥运日期

25．执行如下程序段将打开表（　　）。

X='CRADE.DBF/CLASS.DBF/STUDE.DBF'

Y= '/'

L=AT('/',X)+1

F=SUBSTR(X,L,5)

USE &f

（A）语法错　　　　（B）CLASS　　　　（C）GRADE　　　　（D）STUDE

26．表达式 VAL(“2AB”)*LEN(＂中国＂)的值是（　　）。

（A）0　　　　　　（B）12　　　　（C）8　　　　（D）4

27．假设变量 s2 的值为＂Visual FoxPro 数据库＂，表达式的值为＂数据库＂的是（　　）。

（A）RIGHT(s2,6)　　　　　　　（B）AT(s2,6)

（C）LEFT(s2,6)　　　　　　　（D）SUBSTR(s2,3,6)

28．连续执行以下命令后，最后一条命令的输出结果是（　　）。

x=25.4

? INT(x+0.5),CEIL(X),ROUND(X,0)

（A）25,26,25　　（B）26,26,25　　（C）25,25,25　　　　（D）26,26,26

29．连续执行以下命令后，最后一条命令的输出结果是（　　）。

x=25.6

? INT(x),FLOOR(x),ROUND(x,0)

（A）25,26,26　　（B）26,26,26　　　（C）25,25,26　　　（D）25,25,25

30．设 x 的值为 345.345，如下函数返回值为 345 的是（　　）。

（A）ROUND(x,-1)　　　　　　　（B）ROUND(x,0)

（C）ROUND(x,2)　　　　　　　（D）ROUND(x,1)

31．在 Visual FoxPro 中，下列程序段执行后，内存变量 s1 的值是（　　）。

s1=" 奥运会体操比赛 "

s1=stuff(s1,7,4," 篮球 ")

（A）奥运会比赛　　　　　　　（B）奥运会篮球

（C）奥运会篮球比赛　　　　　（D）奥运会比赛体操

32．在 Visual FoxPro 中，下列程序段执行后，内存变量 e 的值是（　　）。

a=300

b=200

c=100

d=IIF(a>b,a,b)

e=IIF(c>d,c,d)

（A）100　　　（B）0　　　　　　（C）300　　　（D）200

33．连续执行以下命令后，最后一条命令的输出结果是（　　）。

SET EXACT OFF

x=" A "+SPACE(2)

? IIF(x=" A ",x-" BCD "+" E ",x+" BCD "-" E ")

（A）出错　　　（B）A　　BCDE　　（C）ABCDE　　（D）ABCD　E

34．执行以下代码后，屏幕显示结果是（　　）。

STORE 10 TO x

? SIGN(5-x)

（A）−1　　　　（B）−5　　　　　（C）5　　　　　（D）1

35．执行以下代码后，屏幕显示结果是（　　）。

STORE 10 TO x

? ABS(5-x)

（A）5　　　　（B）x−5　　　　　（C）−5　　　　（D）5−x

36．在当前工作区打开了一个包含 10 条记录的表，在执行了 GO BOTTOM 和 SKIP 两条命令后，如下函数返回真（T）的是（　　）。

（A）ERROR()　　（B）EOF()　　　（C）FOUND()　　（D）BOF()

37．执行以下代码后，屏幕显示结果是（　　）。

```
ACCEPT TO A
S=-1
IF [等级] $ A
    S=0
ENDIF
S=1
? S
```

（A）-1　　　　　　（B）1　　　　　　　　（C）程序出错　　　　　　（D）0

38．下列程序段的输出结果是（　　）。

```
ACCEPT TO A
IF A=[789]
S=0
ENDIF
S=1
? S
```

（A）1　　　　　　（B）0　　　　　　　　（C）程序出错　　　　　　（D）789

39．如下程序的输出结果是（　　）。

```
i=1
DO WHILE i<10
i=i+2
ENDDO
?  i
```

（A）1　　　　（B）3　　　　　（C）10　　　　　（D）11

40．如下程序的输出结果是（　　）。

```
i=1
DO WHILE i<5
i=i+3
ENDDO
? i
```

（A）1　　　　（B）3　　　　　（C）5　　　　　（D）7

41．下列程序的运行结果是（　　）。

```
CLEAR
x=1
y=1
i=2
```

```
DO WHILE i<10
   z=y+x
   x=y
   y=z
   i=i+1
ENDDO
? z
```

(A) 21　　　　　(B) 34　　　　　(C) 55　　　　　(D) 89

42. 在 Visual FoxPro 中，下列程序段执行以后，内存变量 Y 的值是（　　）。

```
CLEAR
x=45678
y=0
DO WHILE x>0
   y=y+x%10
   x=int(x/10)
ENDDO
? Y
```

(A) 45678　　　(B) 87654　　　(C) 15　　　　　(D) 30

43. 在 Visual FoxPro 中，下列程序段执行后，内存变量 S 的值是（　　）。

```
CLEAR
S=0
FOR I=5 TO 55 STEP 5
   S=S+I
ENDFOR
? S
```

(A) 440　　　　(B) 不能确定　　(C) 0　　　　　(D) 330

44. 下面程序的运行结果是（　　）。

```
CLEAR
a=0
i=-1
DO WHILE i<=20
i=i+2
   IF i%5!=0
      i=i+1
      LOOP
   ENDIF
```

```
    a=a+i
ENDDO
? a
```
（A）45   （B）0   （C）50   （D）35

45．在表 student.dbf 中存储了所有学生信息，设有如下程序：

```
SET TALK OFF
CLEAR
USE student
DO WHILE ！EOF()
IF 年龄<18
REPLACE 年龄 WITH 年龄+1
SKIP
EXIT
ENDIF
SKIP
ENDDO
USE
RETURN
```

程序执行完成后，作用是（   ）。

（A）将所有年龄大于 18 的学生年龄增加 1 岁

（B）将第 1 条年龄小于 18 的学生年龄增加 1 岁

（C）将第 1 条年龄大于 18 的学生年龄增加 1 岁

（D）将所有年龄小于 18 的学生年龄增加 1 岁

46．设表 student（学号，姓名，年龄）共有 4 条记录。其记录值如下：

(1,张三,18)

(2,李斯,20)

(3,钱力,18)

(4,章好,18)

执行如下程序后，屏幕显示学生信息的记录数是（   ）。

```
CLEAR
USE student
SCAN WHILE 年龄<=18
DISPLAY
ENDSCAN
USE
```

（A）0   （B）2   （C）1   （D）3

47．下面程序的运行结果是（　　）。

```
CLEAR
n=10
procl()
? n
PROCEDURE procl
n=1
FOR k=1 TO 5
    n=n*k
ENDFOR
RETURN
```

（A）10　　　　　　（B）16　　　　　　（C）24　　　　　　（D）120

48. 下面程序的运行结果是（　　）。

```
LEAR
STORE 10 TO x,y
DO p1
? x,y
**过程 p1
PROCEDURE p1
PRIVATE x
x=20
y=x+y
ENDPROC
```

（A）20　10　　　（B）20　30　　　　（C）10　10　　　　（D）10　30

49．在 Visual FoxPro 中，下列程序段执行以后，内存变量 X 和 Y 的值是（　　）。

```
CLEAR
STORE 3 TO X
STORE 5 TO Y
SET UDFPARMS TO REFERENCE
DO PLUS WITH (X),Y
? X,Y
PROCEDURE PLUS
PARAMETERS A1,A2
    A1=A1+A2
    A2=A1+A2
ENDPROC
```

（A）8　13　　　　（B）8　21　　　　　　（C）13　21　　　　　（D）3　13

50．执行如下程序显示的结果是（　　）。

```
SET TALK OFF
CLOSE ALL
CLEAR ALL
mX= " 大数据设计 "
mY= " 专为 "
DO s1 WITH mX
? mY+mX
RETURN


PROCEDURE s1
PARAMETERS Mx1
LOCAL mX
mX= " 云时代的大数据 "
mY= " 智慧运算 " +mY
RETURN
```

（A）专为云时代的大数据　　　　　（B）智慧运算专为大数据设计
（C）专为云时代的大数据设计　　　（D）专为大数据设计

51．执行下列程序后，屏幕显示的结果是（　　）。

```
CLEAR
STORE 20 to x, y
SET UDFPARMS TO REFERENCE
ap(x, (y))
?x, y
**过程 ap
PROCEDURE AP
PARAMETERS x1, x2
x1=100
x2=100
ENDPROC
```

（A）100　100　　　（B）100　20　　　（C）20　20　　　（D）20　100

52．用于声明某变量为全局变量的命令是（　　）。
（A）PUBLIC　　　　（B）PRIVATE　　　　（C）LOCAL　　　　（D）GLOBAL

10.3 数据库和表理论题

1．以下关于关系的说法正确的是（　　）。

（A）列可再分解成多列 　　　　　　（B）可以有重复列名

（C）列的顺序不可以改变 　　　　　　（D）不可有重复列名

2．下列关于关系的说法正确的是（　　）。

（A）列的次序无关紧要 　　　　　　（B）行的次序非常重要

（C）列的次序非常重要 　　　　　　（D）关键字必须指定为第一列

3．在 Visual FoxPro 中，"表"是指 （　　）。

（A）报表 　　　　（B）表单 　　　　（C）表格控件 　　　　（D）关系

4．Visual FoxPro 中数据库文件的扩展名是（　　）。

（A）.DBF 　　　　（B）.DBT 　　　　（C）.VFP 　　　　（D）.DBC

5．打开数据库 abc 的正确命令是（　　）。

（A）USE abc 　　　　　　　　　　（B）OPEN abc

（C）USE DATABASE abc 　　　　　　（D）OPEN DATABASE abc

6．在数据库设计器的"字段"选项卡，字段有效性的设置项中不包括（　　）。

（A）规则 　　　　（B）默认值 　　　　（C）信息 　　　　（D）标题

7．删除 Visual FoxPro 数据库的命令是（　　）。

（A）ALTER DATABASE 　　　　　　（B）REMOVE DATABASE

（C）DELETE DATABASE 　　　　　　（D）DROP DATABASE

8．下列打开数据库设计器的方法中，错误的是（　　）。

（A）从项目管理器中打开数据库设计器

（B）使用命令 USE DATABASE [Database Name]

（C）从"打开"对话框中打开数据库设计器

（D）使用命令 OPEN DATABASE [Database Name]

9．下面不能创建数据库的方式是（　　）。

（A）CREATE 命令 　　　　　　　　（B）CREATE DATABASE 命令

（C）在"项目管理器"窗口中选择"数据库"选项，然后单击"新建"按钮

（D）单击工具栏上的"新建"按钮，然后在打开的对话框中选择"数据库"文件类型并单击"新建文件"按钮

10．Visual FoxPro 的设计器是创建和修改应用系统各种组件的可视化工具，其中在表设计器中不可以（　　）。

（A）建立新表 　　（B）修改表结构 　　（C）修改数据 　　（D）建立索引

11．为表中一些字段创建普通索引的目的是（　　）。

（A）加快数据库表的更新速度　　　　（B）改变表中记录的物理顺序

（C）加快数据库表的查询速度　　　　（D）确保实体完整性约束

12．当用命令 CREATE DATABASE db 创建一个数据库后，磁盘上不会出现的文件是（　　）。

（A）db.dbc　　　（B）db.dcx　　　　　（C）db.dct　　　　　（D）db.dbf

13．在 Visual FoxPro 建立表的命令是（非 SQL 语句）（　　）。

（A）CREATE　　　　　　　　　　　（B）CREATE TABLE

（C）CREATE DATABASE　　　　　　（D）CREATE GRID

14．在 Visual FoxPro 中打开表的命令是（　　）。

（A）OPENTABLE　　　　　　　　　（B）USETABLE

（C）USE　　　　　　　　　　　　　（D）OPEN

15．在 Visual FoxPro 中以下叙述错误的是（　　）。

（A）用 CREATE DATABASE 命令建立的数据库文件不存储用户数据

（B）关系也称作表

（C）多个表存储在一个物理文件中

（D）表文件的扩展名是.dbf

16．在 Visual FoxPro 中数据库表文件的扩展名是（　　）。

（A）.dcx　　　（B）.dbc　　　　　（C）.dbt　　　　　（D）.dbf

17．在 Visual FoxPro 中表的字段类型不包括（　　）。

（A）日期时间型　（B）日期型　　　　（C）货币型　　　　（D）时间型

18．在 Visual FoxPro 中表的字段类型不包括（　　）。

（A）长整型　　　（B）数值型　　　　（C）双精度型　　　（D）整型

19．在创建表文件时要定义一个逻辑型字段，应在该字段的宽度位置插入（　　）。

（A）不必输入　　（B）3　　　　　　（C）F　　　　　　（D）1

20．在创建表文件时要定义一个日期型字段，应在该字段的宽度位置插入（　　）。

（A）8　　　　　（B）I　　　　　　（C）不必输入　　　（D）D

21．可以直接修改记录的 Visual FoxPro 命令是（非 SQL 命令，不需要交互操作）（　　）。

（A）REPLACE　（B）CHANGE　　　（C）EDIT　　　　（D）UPDATE

22．为表增加记录的 Visula FoxPro 命令是（　　）。

（A）仅 APPEND　　　　　　　　　（B）仅 INSERT

（C）INSERT 和 APPEND　　　　　　（D）UPDATE

23．在 Visual FoxPro 中与逻辑删除操作相关的命令包括（　　）。

（A）DELETE、RECALL 和 PACK　　（B）DELETE、PACK 和 ZAP

（C）DELETE、RECALL、PACK 和 ZAP（D）无正确答案

24．职工表中的婚姻状态字段是逻辑型，执行如下程序后，最后一条命令显示的结果是

（　）。

USE 职工

APPEND BLANK

REPLACE 职工号 WITH " E11 ",姓名 WITH " 张三 ",婚姻状态 WITH .F.

? IIF(婚姻状态," 已婚 "," 未婚 ")

　　（A）未婚　　　　（B）.F.　　　　（C）.T.　　　　（D）已婚

　　25．Visual FoxPro 中，存储图像的字段类型是（　）。

　　（A）双精度型　　（B）字符型　　　　（C）备注型　　　　（D）通用型

　　26．在 Visual FoxPro 中，如果要保存 Word 格式的数据，需要使用的数据类型是（　）。

　　（A）通用型　　　（B）文本型　　　　（C）备注型　　　　（D）字符型

　　27．设 student 表中共有 10 条记录，则执行下列程序后，屏幕显示的结果是（　）。

CLEAR

USE student

GO BOTTOM

DELETE

?RECON(),RECCOUNT()

　　（A）10 10　　　（B）9 9　　　　（C）9 10　　　　（D）10 9

　　28．假设已经打开了课程表，为了将记录指针定位在第一个学时等于 32 的记录上，应该使用的命令是（　）。

　　（A）LIST FOR 学时=32　　　　　（B）FOUND FOR 学时=32

　　（C）DISPLAY FOR 学时=32　　　　（D）LOCATE FOR 学时=32

　　29．使用 LOCATE 命令定位后，要找到下一条满足同样条件的记录应该使用命令（　）。

　　（A）SKIP　　（B）GOTO　　　　（C）LOCATE FOR　　　　（D）CONTINUE

　　30．在 Visual FoxPro 中一个表中只能建一个索引的是（　）。

　　（A）唯一索引　　（B）主索引　　　（C）候选索引　　　（D）普通索引

　　31．以下关于主关键字的说法，错误的是（　）。

　　（A）主关键字的值不允许重复

　　（B）不能确定任何单字段的值的唯一性时，可以将两个或更多的字段组合成为主关键字

　　（C）VisualFoxPro 并不要求在每一个表中都必须包含一个主关键字

　　（D）不能利用主关键字来对记录进行快速排序和索引

　　32．尽管结构索引在打开表时能够自动打开，但也可以利用命令指定特定的索引，指定索引的命令是（　）。

　　（A）SET LACATE　　　　　　（B）SET SEEK

　　（C）SET ORDER　　　　　　　（D）SET INDEX

　　33．只有在建立索引后才适合使用的命令是（　）。

　　（A）SORT　　（B）SEEK　　　　（C）LOCATE　　　　（D）GOTO

34．在表设计器的"字段"选项卡中，通过"索引"列创建的索引是（　　）。

（A）主索引　　　（B）唯一索引　　　　　（C）普通索引　　　　（D）候选索引

35．假设当前表包括记录且有索引，命令 GO TOP 的功能是（　　）。

（A）将记录指针定位在 1 号记录

（B）将记录指针定位在 1 号记录的前面位置

（C）将记录指针定位在索引排序在第 1 的记录的前面位置

（D）将记录指针定位在索引排序在第 1 的记录

36．命令 " INDEX ON 姓名 CANDIDATE " 创建了一个（　　）。

（A）候选索引　　（B）主索引　　　　　（C）唯一索引　　　（D）普通索引

37．在表设计器中可以定义字段有效性规则，规则（字段有效性规则）是（　　）。

（A）字符串表达式　　　　　　（B）随字符的类型来确定

（C）逻辑表达式　　　　　　　（D）控制符

38．在打开表时，Visual FoxPro 会自动打开（　　）。

（A）单独的.idx 索引　　　　　（B）非结构复合索引

（C）采用非默认名的.cdx 索引　（D）结构复合索引

39．设有一个数据库表：学生（学号，姓名，年龄），规定学号字段的值必须是 10 个数字组成的字符串，这一规则属于（　　）。

（A）实体完整性　（B）参照完整性　　　（C）域完整性　　　　（D）限制完整性

40．在建立数据库表 baby.dbf 时，将年龄字段的字段有效性规则设为"年龄>0"，能保证数据的（　　）。

（A）表完整性　　（B）参照完整性　　　（C）实体完整性　　　（D）域完整性

41．Visual FoxPro 的"参照完整性"中"插入规则"包括的选择是（　　）。

（A）级联和限制　（B）级联和删除　　　（C）级联和忽略　　　（D）限制和忽略

42．如果病人和病人家属两个表之间的删除完整性规则为"限制"，下列选项正确的描述是（　　）。

（A）若病人家属中有相关记录，则禁止删除病人表中记录

（B）删除病人表中的记录时，病人家属表中的相应记录将自动删除

（C）不允许删除病人家属表中的任何记录

（D）可以不受限制地删除病人表中记录

43．如果学生和学生监护人 2 个表的删除参照完整性规则为"级联"，下列选项正确的描述是（　　）。

（A）不允许删除学生监护人表中的任何记录

（B）删除学生表中的记录时，学生监护人表中的相应记录不变

（C）不允许删除学生表中的任何记录

（D）删除学生表中的记录时，学生监护人表中的相应记录将自动删除

44．在数据库设计器中建立表之间的联系时，下列说法正确的是（　　）。

（A）只要在父表中建立主索引或候选索引就可以建立表之间的联系

（B）只要两个表有相关联的字段就可以建立表之间的联系

（C）在父表中建立主索引，在子表中建立候选索引就可以建立两个表之间的一对多关系

（D）在父表中建立主索引或候选索引，在子表中建立普通索引就可以建立两个表之间的一对多关系

45．在 Visual FoxPro 中，为了使表具有更多的特性，应该使用（　　）。

（A）数据库表　　　　　　　　　（B）自由表

46．在 Visual FoxPro 中，下列关于表的叙述正确的是（　　）。

（A）在自由表中，能给字段定义有效性规则和默认值

（B）在数据库表中，能给字段定义有效性规则和默认值

（C）在数据库表和自由表中，都不能给字段定义有效性规则和默认值

（D）在数据库表和自由表中，都能给字段定义有效性规则和默认值

47．在 Visual FoxPro 中，下面有关表和数据库的叙述中错误的是（　　）。

（A）一个表可以属于多个数据库

（B）一个自由表可以添加到数据库中成为数据库表

（C）一个表可以不属于任何数据库

（D）一个数据库表可以从数据库中移去成为自由表

48．在当前数据库中添加一个表的命令是（　　）。

（A）APPEND TABLE 命令　　　（B）APPEND 命令

（C）ADD TABLE 命令　　　　　（D）ADD 命令

49．下列关于工作区的描述，错误的是（　　）。

（A）SELECT 0 命令是指在尚未使用的工作区里选择编号最小的工作区

（B）Visual FoxPro 最小的工作区是 0

（C）如果没有指定工作区，选择在当前工作区打开和操作表

（D）在一个工作区中只能打开一个表

50．在 Visual FoxPro 中，使用 SEEK <索引键值>的命令按索引键值查找记录，当查找到具有指定索引键值的第 1 条记录后，如果还需要查找下一条具有相同索引键值的记录，应使用命令（　　）。

（A）GO 命令　　　　　　　　　（B）SKIP 命令

（C）CONTINUE 命令　　　　　（D）SEEK <索引键值>命令

10.4 SQL 语言理论题

10.4.1 SELECT 查询语句

1. Employee 的表结构为：职工号、单位号、工资，查询单价号为"002"的所有记录存储于临时表文件 info 中，正确的 SQL 命令是（   ）。

（A）SELECT * FROM Employee WHERE 单位号=" 002 " TO DBF CURSOR info

（B）SELECT * FROM Employee WHERE 单位号=" 002 " INTO CURSOR info

（C）SELECT * FROM Employee WHERE 单位号=" 002 " INTO CURSOR DBF info

（D）SELECT * FROM Employee WHERE 单位号=" 002 " TO CURSOR info

2. "客户"表和"贷款"表的结构如下：

客户（客户号,姓名,出生日期,身份证号）

贷款（贷款编号,银行号,客户号,贷款金额,贷款性质）

在贷款表中,按贷款金额降序排列,将结果保存到名为 temp.dbf 的临时表中,应该使用的 SQL 语句是（   ）。

（A）SELECT * FROM 贷款 INTO FILE temp ORDER BY 贷款金额 DESC

（B）SELECT * FROM 贷款 INTO TABLE temp ORDER BY 贷款金额 DESC

（C）SELECT * FROM 贷款 TO FILE temp ORDER BY 贷款金额 DESC

（D）SELECT * FROM 贷款 INTO CURSOR temp ORDER BY 贷款金额 DESC

3. 以下哪个不是 SQL 查询命令中的关键字（   ）。

（A）LOCATE   （B）GROUP BY   （C）ORDER BY   （D）HAVING

4. 在 SQL 查询中将结果存储于指定表应使用短语（   ）。

（A）TO CURSOR（B）TO TABLE   （C）INTO CURSOR   （D）INTO TABLE

5. 查询主编为"李四平"的所有图书的书名和出版社,正确的 SQL 语句是（   ）。

（A）SELECT 书名, 出版社 FROM 图书 WHERE 主编=李四平

（B）SELECT 书名, 出版社 FROM 图书 WHERE " 主编 "=李四平

（C）SELECT 书名, 出版社 FROM 图书 WHERE " 主编 "=" 李四平 "

（D）SELECT 书名, 出版社 FROM 图书 WHERE 主编=" 李四平 "

6. 查询车型为"胜利"的所有小客车的车号和所有人,正确的 SQL 语句是（   ）。

（A）SELECT 车号,所有人 FROM 小客车 WHERE 车型=" 胜利 "

（B）SELECT 车号,所有人 FROM 小客车 WHERE " 车型 "=" 胜利 "

（C）SELECT 车号,所有人 FROM 小客车 WHERE " 车型 "=胜利

（D）SELECT 车号,所有人 FROM 小客车 WHERE 车型=胜利

7. 如下 SQL 语句的功能是（　　）。

SELECT * FROM 话单 INTO CURSOR temp WHERE 手机号= " 13211234567 "

（A）将手机号为 13211234567 的所有话单信息存放在数组 temp 中

（B）将手机号为 13211234567 的所有话单信息存放临时文件 temp.dbf 中

（C）将手机号为 13211234567 的所有话单信息存放在永久表 temp.dbf 中

（D）将手机号为 13211234567 的所有话单信息存放在文本文件 temp.txt 中

8. 查询 2013 年已经年检的驾驶证编号和年检日期，正确的 SQL 语句是（　　）。

（A）SELECT 驾驶证编号,年检日期 FROM 驾驶证年检 WHERE 年检日期=year(2013)

（B）SELECT 驾驶证编号,年检日期 FROM 驾驶证年检 WHERE year(年检日期)=year(2013)

（C）SELECT 驾驶证编号,年检日期 FROM 驾驶证年检 WHERE 年检日期=2013

（D）SELECT 驾驶证编号,年检日期 FROM 驾驶证年检 WHERE year(年检日期)=2013

9. 有如下主题帖表：主题帖（编号 C,用户名 C,标题 C,内容 M,发帖时间 T）查询所有的主题帖，要求各主题帖按其发帖时间的先后次序倒序排序，正确的 SQL 语句是（　　）。

（A）SELECT * FROM 主题帖 ORDER BY 发帖时间 DESC

（B）SELECT * FROM 主题帖 ORDER 发帖时间 DESC

（C）SELECT * FROM 主题帖 ORDER BY 发帖时间

（D）SELECT * FROM 主题帖 ORDER 发帖时间

10. 假设"学生"表中有学号、专业和成绩字段，正确的 SQL 语句只能是（　　）。

（A）SELECT 专业 FROM 学生 GROUP BY 专业 HAVING AVG(成绩)>80 WHERE COUNT(*)>3

（B）SELECT 专业 FROM 学生 GROUP BY 专业 WHERE COUNT(*)>3 AND AVG(成绩)>80

（C）SELECT 专业 FROM 学生 GROUP BY 专业 HAVING COUNT(*)>3 WHERE AVG(成绩)>80

（D）SELECT 专业 FROM 学生 GROUP BY 专业 HAVING COUNT(*)>3 AND AVG(成绩)>80

11. 有如下用户表和主题帖表：

用户(用户名 C,密码 C,性别 L,电子邮箱 C)

主题帖（编号 C,用户名 C,标题 C,内容 M,发帖时间 T）

查询发表了编号为"00003"的主题帖的用户信息，正确的 SQL 语句是（　　）。

（A）SELECT 用户.用户名,用户.电子邮箱 FROM 用户，主题帖 WHERE 编号= " 00003 " AND 用户.用户名=主题帖.用户名

（B）SELECT 用户.用户名,用户.电子邮箱 FROM 用户 INNER JOIN 主题帖 WHERE 用户.用户名=主题帖.用户名 AND 编号= " 00003 "

（C）SELECT 用户.用户名,用户.电子邮箱 FROM 用户 JOIN 主题帖 WHERE 用户.用户名=主题帖.用户名 AND 编号=" 00003 "

（D）SELECT 用户名,电子邮箱 FROM 用户 WHERE 主题帖.编号=" 00003 "

12．有如下主题帖表：主题帖（编号 C，用户名 C，标题 C，内容 M，发帖时间 T）查询所有 2012 年 1 月发表的主题帖，正确的 SQL 语句是（　　）。

（A）SELECT * FROM 主题帖 WHERE YEAR(发帖时间)=2012 OR MONTH(发贴时间)=1

（B）SELECT * FROM 主题帖 WHERE YEAR(发帖时间)=2012，MONTH(发贴时间)=1

（C）SELECT * FROM 主题帖 WHERE YEAR(发帖时间)=2012 AND MONTH(发贴时间)=1

（D）SELECT * FROM 主题帖 WHERE 发帖时间 LIKE {^2012-01}

13．在表结构为（职工号，姓名，工资）的表 Employee 中查询职工号的第 5 位开始的 4 个字符为"0426"职工情况，正确的 SQL 命令是（　　）。

（A）SELECT * FROM Employee WHERE STR(职工号,4,5)=" 0426 "

（B）SELECT * FROM Employee WHERE SUBSTR(职工号,4,5)=" 0426 "

（C）SELECT * FROM Employee WHERE SUBSTR(职工号,5,4)=" 0426 "

（D）SELECT * FROM Employee WHERE STR(职工号,5,4)=" 0426 "

14．设借阅表的表结构为（读者编号，图书编号，借书日期，还书日期）。其中借书日期和还书日期的数据类型是日期类型，当还书日期为空值时，表示还没有归还。如果要查询尚未归还，且借阅天数已经超过 60 天的借阅信息时，应该使用的 SQL 语句是（　　）。

（A）SELECT * FROM 借阅表 WHERE (DATE()-借书日期)>60 OR 还书日期 IS NULL

（B）SELECT * FROM 借阅表 WHERE (DATE()-借书日期)>60 AND 还书日期 IS NULL

（C）SELECT * FROM 借阅表 WHERE (借书日期)-DATE())>60 OR 还书日期 = NULL

（D）SELECT * FROM 借阅表 WHERE (借书日期-DATE())>60 AND 还书日期 = NULL

15．有考生（考号，姓名，性别）和科目（考号，科目号，成绩），检索还未确定成绩的考生科目信息，正确的 SQL 命令是（　　）。

（A）SELECT 考生.考号,姓名，科目.科目号 FROM 考生 JOIN 科目;
WHERE 考生.考号=科目.考号 AND 科目.成绩 IS NULL

（B）SELECT 考生.考号,姓名，科目.科目号 FROM 考生 JOIN 科目;
ON 考生.考号=科目.考号 WHERE 科目.成绩 IS NULL

（C）SELECT 考生.考号,姓名，科目.科目号 FROM 考生 JOIN 科目;
ON 考生.考号=科目.考号 AND 科目.成绩 = NULL

（D）SELECT 考生.考号,姓名，科目.科目号 FROM 考生 JOIN 科目;
WHERE 考生.考号=科目.考号 AND 科目.成绩 = NULL

16．有如下用户表和主题帖表：
用户（用户名 C，密码 C，性别 L，电子邮箱 C）
主题帖（编号 C，用户名 C，标题 C，内容 M，发帖时间 T）
查询没有发表过任何主题帖的用户信息，正确的 SQL 语句是（　　）。

（A）SELECT * FROM 用户 WHERE NOT EXISTS(SELECT * FROM 主题帖 WHERE 用户名=用户.用户名)

（B）SELECT * FROM 用户 WHERE 用户名 !=(SELECT 用户名 FROM 主题帖)

（C）SELECT * FROM 用户 WHERE 用户名 NOT IN(SELECT * FROM 主题帖)

（D）SELECT * FROM 用户 WHERE EXISTS(SELECT * FROM 主题帖 WHERE 用户名!=用户.用户名)

17．Employee 的表结构为：职工号、单位号、工资，Department 的表结构为：单位号、单位名称、人数，查询信息管理学院和计算机学院教师的工资总和，正确的 SQL 命令是（   ）。

（A）SELECT ALL(工资) FROM Employee WHERE 单位号 IN (SELECT 单位号 FROM;
Dempartment WHERE 单位名称=＂计算机学院＂ OR 单位名称=＂信息管理学院＂）

（B）SELECT SUM(工资) FROM Employee WHERE 单位号 IN (SELECT 单位号 FROM;
Dempartment WHERE 单位名称=＂计算机学院＂ OR 单位名称=＂信息管理学院＂）

（C）SELECT SUM(工资) FROM Employee WHERE 单位号 NOT IN (SELECT 单位号 FROM;
Dempartment WHERE 单位名称=＂计算机学院＂ OR 单位名称=＂信息管理学院＂）

（D）SELECT SUM(工资) FROM Employee WHERE 单位号 IN (SELECT 单位号 FROM;
Dempartment WHERE 单位名称=＂计算机学院＂ AND 单位名称=＂信息管理学院＂）

18．查询各系教师人数的正确 SQL 语句是（   ）。

（A）SELECT 学院.系名,COUNT(*) AS 教师人数 FROM 教师 INNER JOIN 学院;
教师.系号=学院.系号 GROUP BY 学院.系名

（B）SELECT 学院.系名,COUNT(*) AS 教师人数 FROM 教师 INNER JOIN 学院;
教师.系号=学院.系号

（C）SELECT 学院.系名,COUNT(*) AS 教师人数 FROM 教师 INNER JOIN 学院;
ON 系号 GROUP BY 学院.系名

（D）SELECT 学院.系名,COUNT(*) AS 教师人数 FROM 教师 INNER JOIN 学院;
ON 教师.系号=学院.系号 GROUP BY 学院.系名

19．设话单表的表结构为（手机号，通话起始日期，通话时长，话费），通话时长的单位为分钟，话费的单位为元。如果希望查询"通话时长超过 5 分钟并且总话费超过 100 元的手机号和总话费"，则应该使用的 SQL 语句是（   ）。

（A）SELECT 手机号,SUM(话费) AS 总话费 FROM 话单;
WHERE 通话时长>5 GROUP BY 手机号 HAVING SUM(话费)>100

（B）SELECT 手机号,SUM(话费) AS 总话费 FROM 话单;
GROUP BY 手机号 HAVING SUM(话费)>100 AND 通话时长>5

（C）SELECT 手机号,SUM(话费) AS 总话费 FROM 话单;
WHERE SUM(话费)>100 GROUP BY 手机号 HAVING 通话时长>5

（D）SELECT 手机号,SUM(话费) AS 总话费 FROM 话单;
WHERE SUM(话费)>100 AND 通话时长>5 GROUP BY 手机号

20．设用户表和话单表的结构分别为（手机号，姓名）和（手机号，通话起始日期，通话时长，话费），如果希望查询"在 2012 年里有哪些用户没有通话记录"，则应该使用的 SQL 语句是（　　）。

（A）SELECT 用户.* FROM 用户 JOIN 话单 ON 用户.手机号=话单.手机号；

WHERE YEAR(通话起始日期)=2012 AND 话单.手机号 IS NOT NULL

（B）SELECT * FROM 用户 WHERE NOT EXISTS；

(SELECT * FROM 话单 WHERE YEAR(通话起始日期)=2012)

（C）SELECT 用户.* FROM 用户 , 话单 ；

WHERE YEAR(通话起始日期)=2012 AND 用户.手机号=话单.手机号

（D）SELECT * FROM 用户 WHERE NOT EXISTS；

(SELECT * FROM 话单 WHERE YEAR(通话起始日期)=2012 AND 用户.手机号 =话单.手机号)

21．有学生表 S（学号，姓名，性别）和选课成绩表 SC（学号，课程号，成绩），用 SQL 语言检索选修课程在 5 门以上(含 5 门)的学生的学号、姓名和平均成绩,正确的命令是(　　)。

（A）SELECT S.学号,姓名,AVG(成绩) 平均成绩 FROM S,SC；

WHERE S.学号=SC.学号 AND COUNT(*) >=5；

GROUP BY S.学号,姓名 ORDER BY 平均成绩 DESC

（B）SELECT S.学号,姓名,平均成绩 FROM S,SC；

WHERE S.学号=SC.学号 ；

GROUP BY S.学号,姓名 HAVING COUNT(*) >=5 ORDER BY 平均成绩 DESC

（C）SELECT S.学号,姓名,AVG(成绩) FROM S,SC；

WHERE S.学号=SC.学号 AND COUNT(*) >=5；

GROUP BY S.学号,姓名 ORDER BY 3 DESC

（D）SELECT S.学号,姓名,AVG(成绩) 平均成绩 FROM S,SC；

WHERE S.学号=SC.学号 ；

GROUP BY S.学号,姓名 NAVING COUNT(*) >=5 ORDER BY 3 DESC

22．有如下用户表和主题帖表：

用户(用户名 C,密码 C,性别 L,电子邮箱 C)

主题帖（编号 C,用户名 C,标题 C,内容 M,发帖时间 T）

统计并显示发表主题帖数量大于等于 3 的用户信息,正确的 SQL 语句是（　　）。

（A）SELECT 用户.用户名,电子邮箱,COUNT(*) 主题帖数量 FROM 用户,主题帖；

WHERE 用户.用户名=主题帖.用户名；

GROUP BY 用户.用户名,电子邮箱 WHERE 主题帖数量>=3

（B）SELECT 用户.用户名,电子邮箱,SUM(*) 主题帖数量 FROM 用户,主题帖；

WHERE 用户.用户名=主题帖.用户名；

GROUP BY 用户.用户名,电子邮箱 WHERE 主题帖数量>=3

（C）SELECT 用户.用户名,电子邮箱,COUNT(*) 主题帖数量 FROM 用户,主题帖;

WHERE 用户.用户名=主题帖.用户名;

GROUP BY 用户.用户名,电子邮箱 HAVING 主题帖数量>=3

（D）SELECT 用户.用户名,电子邮箱,SUM(*) 主题帖数量 FROM 用户,主题帖;

WHERE 用户.用户名=主题帖.用户名;

GROUP BY 用户.用户名,电子邮箱 HAVING 主题帖数量>=3

23．在 Visual FoxPro 的 SQL 查询中，用于指定分组必须满足条件的短语是（　　）。

（A）HAVING　　　（B）GROUP BY　　　（C）WHERE　　　（D）ORDER BY

24．有如下主题帖表：主题帖（编号 C，用户名 C，标题 C，内容 M，发帖时间 T，单击数 N，回复数 N）

查询单击数最高的主题帖，正确的 SQL 语句是（　　）。

（A）SELECT * FROM 主题帖 WHERE 单击数 >= ALL(SELECT 单击数 FROM 主题帖)

（B）SELECT * FROM 主题帖 WHERE 单击数 = (SELECT 单击数 FROM 主题帖)

（C）SELECT * TOP 1 FROM 主题帖 ORDER BY 单击数 DESC

（D）SELECT * FROM 主题帖 WHERE 单击数 >= ANY(SELECT 单击数 FROM 主题帖)

25．有如下主题帖表：主题帖（编号 C,用户名 C,标题 C,内容 M,发帖时间 T，单击数 N，回复数 N）

查询回复数最高的主题帖（可能有多个），正确的 SQL 语句是（　　）。

（A）SELECT * FROM 主题帖 WHERE 回复数 >= (SELECT 回复数 FROM 主题帖)

（B）SELECT * FROM 主题帖 WHERE 回复数 >= ANY (SELECT 回复数 FROM 主题帖)

（C）SELECT * FROM 主题帖 WHERE 回复数 >= ALL (SELECT 回复数 FROM 主题帖)

（D）SELECT * FROM 主题帖 WHERE 回复数 >= SOME (SELECT 回复数 FROM 主题帖)

26．在 SQL SELECT 语句中，如果要限制返回结果的记录个数，需要使用的关键字是（　　）。

（A）DISTINCT　　（B）ORDER BY　　　（C）TOP　　　（D）UNION

27．Employee 的表结构为：职工号、单位号、工资，与 SELECT * FROM Employee WHERE 工资>=10000 AND 工资<=12000 等价的 SQL 命令是（　　）。

（A）SELECT * FROM Employee WHERE 工资>=10000 OR <=12000

（B）SELECT * FROM Employee WHERE 工资>=10000 AND <=12000

（C）SELECT * FROM Employee WHERE BETWEEN 10000 OR 12000

（D）SELECT * FROM Employee WHERE 工资 BETWEEN 10000 AND 12000

28．查询工资在 3000 到 5000 之间（包括 3000 和 5000）的职工信息的正确 SQL 语句是（　　）。

（A）SELECT * FROM 职工 WHERE 工资>3000 AND 工资<5000

（B）SELECT * FROM 职工 WHERE 工资<=3000 AND 工资>=5000

（C）SELECT * FROM 职工 WHERE 工资>3000 or 工资<5000

（D）SELECT * FROM 职工 WHERE 工资 BETWEEN 3000 AND 5000

29. 从"商品"表中检索单价（数据类型为整数）大于等于 60 并且小于 90 的记录信息，正确的 SQL 命令是（   ）。

（A）SELECT * FROM 商品 WHERE 单价 BETWEEN 60 AND 89

（B）SELECT * FROM 商品 WHERE 单价 BETWEEN 60 TO 90

（C）SELECT * FROM 商品 WHERE 单价 BETWEEN 60 TO 89

（D）SELECT * FROM 商品 WHERE 单价 BETWEEN 60 AND 90

30. Employee 的表结构为：职工号、单位号、工资，Department 的表结构为：单位号、单位名称、人数，与下列语句等价的 SQL 命令是（   ）。

SELECT 职工号,单位名称 FROM Employee,Department;

WHERE 工资>12000 AND Employee.单位号=Department.单位号

（A）SELECT 职工号,单位名称 FROM Department INNER JOIN Employee ON Department.单位号=Employee.单位号 WHERE Employee.工资>12000

（B）SELECT 职工号,单位名称 FROM Department INNER JOIN Employee ON Department.单位号=Employee.单位号 Employee.工资>12000

（C）SELECT 职工号,单位名称 FROM Department JOIN INNER Employee Department.单位号=Employee.单位号 WHERE Employee.工资>12000

（D）SELECT 职工号,单位名称 FROM Department JOIN INNER Employee ON Department.单位号=Employee.单位号 WHERE Employee.工资>12000

31. 在 Visual FoxPro 的 SQL 查询中，为计算某字段值的合计应使用函数（   ）。

（A）SUM　　　　（B）MAX　　　　　　（C）AVG　　　　　　　（D）COUNT

32. Employee 的表结构为：职工号、单位号、工资，将工资最多的前 3 名记录存储到文本 Em_text，正确的 SQL 命令是（   ）。

（A）SELECT * TOP 3 FROM Employee INTO FILE Em_text ORDER BY 工资

（B）SELECT * TOP 3 FROM Employee TO FILE Em_text ORDER BY 工资 DESC

（C）SELECT * TOP 3 FROM Employee INTO FILE Em_text ORDER BY 工资 DESC

（D）SELECT * TOP 3 FROM Employee TO FILE Em_text ORDER BY 工资

33. 假设同一名称的产品有不同的型号和单价，则计算每种产品平均单价的 SQL 语句是（   ）。

（A）SELECT 产品名称,AVG(单价) FROM 产品 GROUP BY 单价

（B）SELECT 产品名称,AVG(单价) FROM 产品 ORDER BY 产品名称

（C）SELECT 产品名称,AVG(单价) FROM 产品 ORDER BY 单价

（D）SELECT 产品名称,AVG(单价) FROM 产品 GROUP BY 产品名称

34. 假设同一名称的器材有不同的款式和重量，则计算每种器材平均重量的 SQL 语句是（   ）。

（A）SELECT 器材名称,AVG(重量) FROM 器材 GROUP BY 器材名称

（B）SELECT 器材名称,AVG(重量) FROM 器材 GROUP BY 重量

（C）SELECT 器材名称,AVG(重量) FROM 器材 ORDER BY 器材名称

（D）SELECT 器材名称,AVG(重量) FROM 器材 ORDER BY 重量

35．假设同一种蔬菜有不同的产地，则计算每种蔬菜平均单价的 SQL 语句是（　　）。

（A）SELECT 蔬菜命令,AVG(单价) FROM 蔬菜 GROUP BY 蔬菜名称

（B）SELECT 蔬菜命令,AVG(单价) FROM 蔬菜 ORDER BY 蔬菜名称

（C）SELECT 蔬菜命令,AVG(单价) FROM 蔬菜 GROUP BY 单价

（D）SELECT 蔬菜命令,AVG(单价) FROM 蔬菜 ORDER BY 单价

36．有回复帖表：回复帖（编号 C,用户名 C,内容 M,回复时间 T,主题帖编号 C）查询所有内容包含"春节"字样的回复帖，正确的 SQL 语句是（　　）。

（A）SELECT * FROM 回复帖 WHERE 内容 LIKE " *春节* "

（B）SELECT * FROM 回复帖 WHERE 内容 LIKE " %春节% "

（C）SELECT * FROM 回复帖 WHERE 内容 LIKE " ?春节? "

（D）SELECT * FROM 回复帖 WHERE 内容 LIKE " _春节_ "

37．在 Visual FoxPro 的 SQL 查询中，当利用 LIKE 运算符进行字符串匹配查询时，通常会用到通配符，其中代表 0 个或多个字符的通配符是（　　）。

（A）?　　　　　　　（B）*　　　　　　　（C）_　　　　　　　（D）%

38．"客户"表和"贷款"表的结构如下：

客户（客户号,姓名,出生日期,身份证号）

贷款（贷款编号,银行号,客户号,贷款金额,贷款性质）

检索所有身份证号为"110"开头的客户信息，可以使用的 SQL 语句是（　　）。

（A）SELECT * FROM 客户 WHERE 身份证号 like " 110% "

（B）SELECT * FROM 客户 WHERE 身份证号 like " 110* "

（C）SELECT * FROM 客户 WHERE 身份证号 like " [110]% "

（D）SELECT * FROM 客户 WHERE 身份证号 like " 110? "

39．查询姓名中带有"海"字的用户信息，则条件语句应包含（　　）。

（A）WHERE 姓名=" %海% "　　　　　（B）WHERE 姓名 like " 海% "

（C）WHERE 姓名 like " %海 "　　　　　（D）WHERE 姓名 like " %海% "

40．将两个 SELECT 语句的查询结果通过并运算合并成一个查询结果，需要使用的关键字是（　　）。

（A）JOIN　　　　（B）MINUS　　　　（C）ALL　　　　（D）UNION

41．"客户"表和"贷款"表的结构如下：

客户（客户号,姓名,出生日期,身份证号）

贷款（贷款编号,银行号,客户号,贷款金额,贷款性质）

如果要检索从来没有贷过款的客户信息，正确的 SQL 语句是（　　）。

（A）SELECT 客户.* FROM 客户 RIGHT JOIN 贷款;

ON 客户.客户号=贷款.客户号 WHERE 贷款.客户号=NULL

（B）SELECT 客户.* FROM 客户 RIGHT JOIN 贷款;

ON 客户.客户号=贷款.客户号 WHERE 贷款.客户号 IS NULL

（C）SELECT 客户.* FROM 客户 LEFT JOIN 贷款;

ON 客户.客户号=贷款.客户号 WHERE 贷款.客户号 IS NULL

（D）SELECT 客户.* FROM 客户 LEFT JOIN 贷款;

ON 客户.客户号=贷款.客户号 WHERE 贷款.客户号=NULL

42．在 SQL 连接查询中和 JION 等价的是（   ）。

（A）RIGHT JOIN   （B）FULL JOIN

（C）LEFT JOIN   （D）INNER JOIN

43．Employee 的表结构为：职工号、单位号、工资。查询至少有 5 名职工的每个单位的人数和最高工资，结果按"工资"降序排序，正确的 SQL 命令是（   ）。

（A）SELECT 单位号,MAX(工资) FROM Employee GROUP BY 单位号;

HAVING COUNT(*)>=5 ORDER BY 3 DESC

（B）SELECT 单位号,COUNT(*),MAX(工资) FROM Employee ORDER BY 单位号;

HAVING COUNT(*)>=5 ORDER BY 3 DESC

（C）SELECT 单位号,COUNT(*),MAX(工资) FROM Employee GROUP BY 单位号;

HAVING COUNT(*)>=5 ORDER BY 3 DESC

（D）SELECT 单位号,COUNT(*),MAX(工资) FROM Employee GROUP BY 单位号;

WHERE COUNT(*)>=5 ORDER BY 3 DESC

44．有学生表 S(学号，姓名，性别)和选课成绩表 SC(学号，课程号，成绩)，用 SQL 检索选修课程在 3 门以上（含 3 门）的学生的学号、姓名和平均成绩，并按"平均成绩"降序排序，正确的 SQL 命令是（   ）。

（A）SELECT 学号,姓名,AVG(成绩) FROM S,SC;

WHERE S.学号=SC.学号 AND COUNT(*) >=3;

GROUP BY 学号,姓名 ORDER BY 3 DESC

（B）SELECT S.学号,姓名,平均成绩 FROM S,SC;

WHERE S.学号=SC.学号 ;

GROUP BY S.学号,姓名 HAVING COUNT(*) >=3 ORDER BY 平均成绩 DESC

（C）SELECT S.学号,姓名,AVG(成绩) 平均成绩 FROM S,SC;

WHERE S.学号=SC.学号 AND COUNT(*) >=3;

GROUP BY S.学号,姓名 ORDER BY 平均成绩 DESC

（D）SELECT S.学号,姓名,AVG(成绩) 平均成绩 FROM S,SC;

WHERE S.学号=SC.学号 ;

GROUP BY S.学号,姓名 HAVING COUNT(*) >=3 ORDER BY 3 DESC

45．有如下主题帖表和回复帖表：

主题帖（编号 C,用户名 C,标题 C,内容 M,发帖时间 T）

回复帖（编号 C,用户名 C,内容 M,回复时间 M,主题帖编号 C）

查询所有没有回复帖的主题帖信息，正确的 SQL 语句是（   ）。

（A）SELECT * FROM 主题帖 WHERE EXISTS(SELECT * FROM 回复帖 WHERE 主题帖编号!=主题帖.编号)

（B）SELECT * FROM 主题帖 WHERE 编号 != (SELECT 主题帖编号 FROM 回复帖)

（C）SELECT * FROM 主题帖 WHERE NOT EXISTS(SELECT * FROM 回复帖 WHERE 主题帖编号! =主题帖.编号)

（D）SELECT * FROM 主题帖 WHERE 编号 NOT IN (SELECT 主题帖编号 FROM 回复帖)

46．有职工（职工号,姓名,性别）和项目（职工号，项目号，酬金），检索还未确定酬金的职工信息，正确的 SQL 命令是（   ）。

（A）SELECT 职工.职工号,姓名,项目.项目号 FROM 职工 JOIN 项目;

　　　　ON 职工.职工号=项目.职工号 WHERE 项目.酬金 IS NULL

（B）SELECT 职工.职工号,姓名,项目.项目号 FROM 职工 JOIN 项目;

　　　　ON 职工.职工号=项目.职工号 WHERE 项目.酬金 = NULL

（C）SELECT 职工.职工号,姓名,项目.项目号 FROM 职工 JOIN 项目;

　　　　WHERE 职工.职工号=项目.职工号 WHERE 项目.酬金 IS NULL

（D）SELECT 职工.职工号,姓名,项目.项目号 FROM 职工 JOIN 项目;

　　　　WHERE 职工.职工号=项目.职工号 WHERE 项目.酬金 = NULL

47．设有学生（学号，姓名，性别）和选课（学号，课程号，成绩）两个表，如下 SQL 语句查询选修的每门课程的成绩都大于 70 分（含）的学生的学号、姓名和性别，正确的是（   ）。

（A）SELECT 学号,姓名,性别 FROM 学生 S WHERE EXISTS;

　　　　(SELECT * FROM 选课 SC WHERE SC.学号=S.学号 AND 成绩 <70)

（B）SELECT 学号,姓名,性别 FROM 学生 S WHERE EXISTS;

　　　　(SELECT * FROM 选课 SC WHERE SC.学号=S.学号 AND 成绩 >=70)

（C）SELECT 学号,姓名,性别 FROM 学生 S WHERE NOT EXISTS;

　　　　(SELECT * FROM 选课 SC WHERE SC.学号=S.学号 AND 成绩 >=70)

（D）SELECT 学号,姓名,性别 FROM 学生 S WHERE NOT EXISTS;

　　　　(SELECT * FROM 选课 SC WHERE SC.学号=S.学号 AND 成绩 <70)

48．与"SELECT DISTINCT 系号 FROM 教师 WHERE 工资>=(SELECT MAX(工资) FROM 教师 WHERE 系号=" 02 ")"等价的 SQL 语句是（   ）。

（A）SELECT DISTINCT 系号 FROM 教师 WHERE 工资>=SOME;

　　　　(SELECT 工资 FROM 教师 WHERE 系号=" 02 ")

（B）SELECT DISTINCT 系号 FROM 教师 WHERE 工资>=ANY;

　　　　(SELECT 工资 FROM 教师 WHERE 系号=" 02 ")

（C）SELECT DISTINCT 系号 FROM 教师 WHERE 工资>=ALL;

　　（SELECT 工资 FROM 教师 WHERE 系号=＂02＂）

（D）SELECT DISTINCT 系号 FROM 教师 WHERE 工资>=;

　　（SELECT 工资 FROM 教师 WHERE 系号=＂02＂）

49．在 SQL 的嵌套查询中不可以使用量词（　　）。

（A）ALL　　　　（B）ONE　　　　（C）SOME　　　　（D）ANY

10.4.2　SQL 操纵语句 INSERT、UPDATE、DELETE 理论题

1．不属于 SQL 操纵命令的是（　　）。

（A）UPDATE　　（B）DELETE　　　（C）REPLACE　　　（D）INSERT

2．如果客户表是在使用下面 SQL 语句创建的

CREATE TABLE 客户表(客户号 C(6) PRIMARY KEY, ;

　　　　姓名 C(8)　NOT NULL,;

　　　　出生日期 D)

则下面的 SQL 语句中可以正确执行的是（　　）。

（A）INSERT INTO 客户表(客户号,姓名) VALUES(＂1001＂,＂张三＂,{^1999-2-12})

（B）INSERT INTO 客户表(客户号,姓名) VALUES(1001,＂张三＂)

（C）INSERT INTO 客户表(客户号,姓名,出生日期) VALUES(＂1001＂,＂张三＂,＂1999-2-12＂)

（D）INSERT INTO 客户表 VALUES(＂1001＂,＂张三＂,{^1999-2-12})

3．SQL 的数据插入命令中不会出现的关键字是（　　）。

（A）INTO　　　（B）INSERT　　　（C）VALUES　　　（D）APPEND

4．有如下用户表：

用户（用户名 C,密码 C,性别 L,电子邮箱 C）

假设已存在与表各字段变量同名的内存变量，现在要把这些内存变量的值作为一条新记录的值插入表中，正确的 SQL 语句是（　　）。

（A）INSERT TO 用户 FROM MEMVAR

（B）INSERT INTO 用户 FROM MEMVAR

（C）INSERT INTO 用户 WITH MEMVAR

（D）INSERT TO 用户 WITH MEMVAR

5.有如下主题帖表：

主题帖（编号 C,用户名 C,标题 C,内容 M,发帖时间 T）

要将编号为"00002"的主题帖的标题改为＂Visual FoxPro＂，正确的 SQL 语句是（　　）。

（A）UPDATE INTO 主题帖 SET 标题 WITH ＂Visual FoxPro＂ WHERE 编号=＂00002＂

（B）UPDATE　主题帖 SET 标题 WITH　＂Visual FoxPro＂　WHERE 编号=＂00002＂

（C）UPDATE INTO 主题帖 SET 标题 = " Visual FoxPro " WHERE 编号= " 00002 "

（D）UPDATE 主题帖 SET 标题 = " Visual FoxPro " WHERE 编号= " 00002 "

6．SQL 的数据更新命令中不包括（ ）。

（A）WHERE　　　（B）REPLACE　　　（C）UPDATE　　　（D）SET

7．要是"产品"表中所有产品的单价下浮 8%，正确的 SQL 命令是（ ）。

（A）UPDATE 产品 SET 单价=单价－单价*8% FOR ALL

（B）UPDATE 产品 SET 单价=单价*0.92 FOR ALL

（C）UPDATE 产品 SET 单价=单价－单价*8%

（D）UPDATE 产品 SET 单价=单价－单价*0.92

8．有如下用户表：

用户（用户名 C，密码 C，性别 L，电子邮箱 C）

要修改用户名为"liuxiaobo"的用户的密码和电子邮箱，正确的 SQL 语句是（ ）。

（A）UPDATE TO 用户 SET 密码= " abcdef " AND 电子邮箱= " lxb@123.com " ;
WHERE 用户名= " liuxiaobo "

（B）UPDATE 用户 SET 密码= " abcdef " ，电子邮箱= " lxb@123.com " ;
WHERE 用户名= " liuxiaobo "

（C）UPDATE TO 用户 SET 密码= " abcdef " ，电子邮箱= " lxb@123.com " ;
WHERE 用户名= " liuxiaobo "

（D）UPDATE 用户 SET 密码= " abcdef " AND 电子邮箱= " lxb@123.com " ;
WHERE 用户名= " liuxiaobo "

9．将 Employee 表中职工号为"19620426"的记录中"单位号"修改为 " 003 " ，正确的
SQL 语句是（ ）。

（A）UPDATE Employee 单位号 WITH " 003 " WHERE 职工号= " 19620426 "

（B）UPDATE Employee SET 单位号 = "003" WHERE 职工号= "19620426"

（C）UPDATE Employee WHERE 职工号 IS "19620426" SET 单位号 = "003"

（D）UPDATE Employee SET 单位号 = "003" WHERE 职工号 IS "19620426"

10．如果要将借阅表中还书日期置为空值，应该使用的 SQL 语句是（ ）。

（A）UPDATE 借阅表 SET 还书日期=NULL

（B）DELETE FROM 借阅表 WHERE 还书日期=NULL

（C）UPDATE 借阅表 SET 还书日期 IS NULL

（D）DELETE FROM 借阅表 WHERE 还书日期 IS NULL

11．使用 SQL 语句完成"将所有冷饮商品的单价优惠 1 元"，正确的操作是（ ）。

（A）UPDATE 商品 SET 单价-1 WHERE 类别= " 冷饮 "

（B）UPDATE 商品 SET 单价=1 WHERE 类别= " 冷饮 "

（C）UPDATE 商品 SET 单价=单价-1 WHERE 类别= " 冷饮 "

（D）UPDATE 商品 SET 单价-1 WHERE " 类别 " = " 冷饮 "

12. 使用 SQL 语句完成"将所有女职工的工资提高 5%"，正确的操作是（ ）。

（A）UPDATE 职工 SET 工资*0.5 WHERE 性别=" 女 "

（B）UPDATE 职工 SET 工资*1.05 WHERE 性别=" 女 "

（C）UPDATE 职工 SET 工资=工资*1.05 WHERE 性别=" 女 "

（D）UPDATE 职工 SET 工资=工资*5% WHERE 性别=" 女 "

13. "客户"表和"贷款"表的结构如下：

客户（客户号,姓名,出生日期,身份证号）

贷款（贷款编号,银行号,客户号,贷款金额,贷款性质）

语句"DELETE FROM 贷款 WHERE 贷款性质=1"的功能是（ ）。

（A）删除贷款表中"贷款性质"为 1 的记录，并保存到临时表里

（B）删除贷款表的"贷款性质"字段

（C）将贷款表中"贷款性质"为 1 的记录加上删除标记

（D）从贷款表中彻底删除"贷款性质"为 1 的记录

14. SQL 数据操纵的删除命令是（ ）。

（A）DELETE   （B）PEMOVE   （C）DROP   （D）UPDATE

15. 从产品表中删除生产日期为 2013 年 1 月 1 日之前（含）的记录，正确的 SQL 语句是（ ）。

（A）DROP FROM 产品 FOR 生产日期<={^2013-1-1}

（B）DROP FROM 产品 WHERE 生产日期<={^2013-1-1}

（C）DELETE FROM 产品 FOR 生产日期<={^2013-1-1}

（D）DELETE FROM 产品 WHERE 生产日期<={^2013-1-1}

10.4.3 创建表、修改表结构及创建视图理论题

1．下列 SQL 短语中与域完整性有关的是（　　）。

（A）数量 I CHECK(数量>=0)　　　　（B）数量 I 10

（C）订单号 C(10) PRIMARY KEY　　（D）供应商号 C(10) REFERENCES 供应商

2．在 SQL 的 CREATE TABLE 语句中定义外部关键字需使用（　　）。

（A）OUT　　　　（B）CHECK　　　　（C）REFERENCE　　　（D）PRIMARY KEY

3．在 SQL 的 CREATE TABLE 语句中和定义参照完整性有关的是（　　）。

（A）PRIMARY KEY　　　　　　（B）CHECK

（C）FOREIGN KEY　　　　　　（D）DEFAULT

4．为"乘客"表的"体重"字段增加有效性规则"体重必须在 50～80 公斤之间"的 SQL 语句是（　　）。

（A）ALTET TABLE 乘客 ALTER 体重 WHERE 体重>=50 AND 体重<=80

（B）ALTET TABLE 乘客 ALTER 体重 ADD 体重>=50 AND 体重<=80

（C）ALTET TABLE 乘客 ALTER 体重 SET CHECK 体重>=50 AND 体重<=80

（D）ALTET TABLE 乘客 ALTER 体重 MODI 体重>=50 AND 体重<=80

5．为"学生"表的"年龄"字段增加有效性规则"年龄必须在 18～45 之间"的 SQL 语句是（　　）。

（A）ALTER TABLE 学生 ALTER 年龄 ADD 年龄<=45 AND 年龄>=18

（B）ALTER TABLE 学生 ALTER 年龄 MODI 年龄<=45 AND 年龄>=18

（C）ALTER TABLE 学生 ALTER 年龄 WHERE 年龄<=45 AND 年龄>=18

（D）ALTER TABLE 学生 ALTER 年龄 SET CHECK 年龄<=45 AND 年龄>=18

6．为选手.dbf 数据库表增加一个字段"最后得分"的 SQL 语句是（　　）。

（A）CHANGE DBF 选手 INSERT 最后得分 F(6,2)

（B）CHANGE TABEL 选手 ADD 最后得分 F(6,2)

（C）UPDATE DBF 选手 ADD 最后得分 F(6,2)

（D）ALTER TABLE 选手 ADD 最后得分 F(6,2)

7．表 Employee 的表结构是（职工号，姓名，工资），为表 Employee 添加字段"住址"的 SQL 命令是（　　）。

（A）ALTER TABLE Employee ADD 住址 C(30)

（B）UPDATE DBF Employee ADD 住址 C(30)

（C）CHANGE TABLE Employee ADD C(30)

（D）CHANGE DBF Employee ADD C(30)

8．"客户"表和"贷款"表的结构如下：

客户(客户号,姓名,出生日期,身份证号)

贷款(贷款编号,银行号,客户号,贷款金额,贷款性质)

如果要删除客户表中的出生日期字段，应使用的 SQL 语句是（　　）。

（A）ALTER TABLE 客户 DROP FROM 出生日期

（B）ALTER TABLE 客户 DELETE 出生日期

（C）ALTER TABLE 客户 DELETE COLUMN 出生日期

（D）ALTER TABLE 客户 DROP 出生日期

9．如果在话单中已经定义了话费字段的有效性规则，下列语句中可以删除"话费"字段的有效性规则的是（　　）。

（A）ALTER TABLE 话单 MODIFY 话费 DROP CHECK

（B）ALTER TABLE 话单 ALTER 话费 DROP CHECK

（C）ALTER TABLE 话单 MODIFY 话费 DELETE CHECK

（D）ALTER TABLE 话单 ALTER 话费 DELETE CHECK

10．SQL 删除表的命令是（　　）。

（A）REMOVE DBF　（B）DROP TABLE　（C）DELETE TABLE　(D)DELETE DBF

11.删除 Em_temp 表的 SQL 语句是（　　）。

（A）DELETE TABLE Em_temp　　　（B）DROP FILE Em_temp

（C）DELETE FILE Em_temp　　　（D）DROP TABLE Em_temp

12．根据"职工"表建立一个"部门"视图，该视图包括了"部门编号"和（该部门的）"平均工资"两个字段，正确的 SQL 语句是（　　）。

（A）CREATE VIEW 部门 SELECT 部门编号,AVG(工资) AS 平均工资 FROM 职工 GROUP BY 部门编号

（B）CREATE VIEW 部门 AS SELECT 部门编号,AVG(工资) AS 平均工资 FROM 职工 GROUP BY 部门名称

（C）CREATE VIEW 部门 AS SELECT 部门编号,AVG(工资) AS 平均工资 FROM 职工 GROUP BY 部门编号

（D）CREATE VIEW 部门 SELECT 部门编号,AVG(工资) AS 平均工资 FROM 职工 GROUP BY 部门名称

13．在表 Employee 上建立视图 Em_view 的正确 SQL 命令是（　　）。

（A）CREATE AS Em_view VIEW SELECT 职工号，工资 FROM Employee

（B）CREATE VIEW Em_view WHILE SELECT 职工号，工资 FROM Employee

（C）CREATE VIEW Em_view AS SELECT 职工号，工资 FROM Employee

（D）CREATE VIEW Em_view SELECT 职工号，工资 FROM Employee

14．"客户"表和"贷款"表的结构如下：

客户（客户号，姓名，出生日期，身份证号）

贷款（贷款编号，银行号，客户号，贷款金额，贷款性质）

建立视图统计每个客户贷款的次数，正确的 SQL 语句是（　　）。

（A）CREATE VIEW V_DK AS SELECT 客户号,count(*) as 次数;

FROM 贷款 COMPUTE BY 客户号

（B）CREATE VIEW V_DK AS SELECT 客户号,count(*) as 次数;

　　FROM 贷款 GROUP BY 客户号

（C）CREATE VIEW V_DK AS SELECT 客户号,count(*) as 次数;

　　FROM 贷款 ORDER BY 客户号

（D）CREATE VIEW V_DK AS SELECT 客户号,count(*) as 次数 FROM 贷款

15．设有学生（S），课程（C）和选课（SC）三个表，创建一个名称为"计算机系"的视图，该视图包含计算机系学生的学号、姓名和学生所选课程的课程名及成绩，正确的 SQL 命令是（　　）。

（A）CREATE VIEW 计算机系 AS SELECT S.学号,姓名,课程名,成绩 FROM S,SC,C;

　　WHERE S.学号=SC.学号 AND SC.课程号=C.课程号 AND 院系＝"计算机系"

（B）CREATE VIEW 计算机系 AS SELECT 学号,姓名,课程名,成绩 FROM S,SC,C;

　　WHERE S.学号=SC.学号 AND SC.课程号=C.课程号 AND 院系＝"计算机系"

（C）CREATE VIEW 计算机系 AS SELECT 学号,姓名,课程名,成绩 FROM S,SC,C;

　　ON S.学号=SC.学号 AND SC.课程号=C.课程号 AND 院系＝"计算机系"

（D）CREATE VIEW 计算机系 AS SELECT S.学号,姓名,课程名,成绩 FROM S,SC,C;

　　ON S.学号=SC.学号 AND SC.课程号=C.课程号 AND 院系＝"计算机系"

10.5　查询设计器与视图设计器理论题

1．查询学生关系中所有年龄为 18 岁学生的操作属于关系运算中的（　　）。

（A）查找　　　（B）连接　　　　　（C）投影　　　　　（D）选择

2．查询学生关系中所有学生姓名的操作属于关系运算中的（　　）。

（A）投影　　　（B）查找　　　　　（C）连接　　　　　（D）选择

3．SQL SELECT 语句中的 GROUP BY 子句对应于查询设计器的（　　）。

（A）"筛选"选项卡　　　　　　（B）"分组依据"选项卡

（C）"排序依据"选项卡　　　　（D）"字段"选项卡

4．利用"查询设计器"设计查询，若要指定是否要重复记录（对应于 DISTINCT），应使用（　　）。

（A）"字段"选项卡　　　　　　（B）"排序依据"选项卡

（C）"分组依据"选项卡　　　　（D）"杂项"选项卡

5．利用"查询设计器"设计查询，若要只为查询设置一个查询计算表达式,应使用（　　）。

（A）"杂项"选项卡　　　　　　（B）"筛选"选项卡

（C）"分组依据"选项卡　　　　（D）"字段"选项卡

6. 在查询设计器中，与 SQL 的 WHERE 子句对应的选项卡是（　　）。

（A）筛选　　　　（B）分组依据　　　　（C）联接　　　　（D）字段

7. 在查询设计器中可以根据需要制定查询的去向。下列选项中不属于 Visual FoxPro 指定的查询输出去向的是（　　）。

（A）文本　　　　（B）图形　　　　（C）临时表　　　　（D）标签

8. 可以运行查询的命令是（　　）。

（A）BROWSE　　（B）CREATE　　（C）DO QUERY　　（D）DO

9. 下列关于 Visual FoxPro 查询对象的描述，错误的是（　　）。

（A）执行查询文件和执行该文件包含的 SQL 命令的效果是一样的

（B）执行查询时，必须要事先打开相关的表

（C）可以基于表或视图创建查询

（D）不能利用查询来修改相关表里的数据

10. 下面有关查询的叙述中错误的是（　　）。

（A）查询是一种特殊的文本，只能通过查询设计器创建

（B）查询文件的扩展名是.QPR

（C）查询的去向包括表、临时表、报表等

（D）查询的数据源包括表和视图

11. 打开视图后，可以显示视图中数据的命令是（　　）。

（A）CREATE　　（B）DO　　　　（C）BROWSE　　（D）USE

12. 关于 Visual FoxPro 视图的描述，说法正确的是（　　）。

（A）通过远程视图可以访问其他数据库

（B）视图设计器完成之后，将以.VPR 为扩展名的文件形式保持在磁盘上

（C）不用打开数据库也可以使用视图

（D）通过视图只能查询数据，不能更新数据

13. 下列有关视图的叙述中错误的是（　　）。

（A）使用 USE 命令可以打开或关闭视图

（B）在视图设计器中不能指定"查询去向"

（C）视图文件的扩展名是.VCX

（D）通过视图可以更新相应的基本表

14. 下面有关视图的叙述中错误的是（　　）。

（A）视图没有相应的文件，视图定义保存在数据库文件中

（B）使用 USE 命令可以打开或关闭视图

（C）在视图设计器中不能指定"查询去向"

（D）视图的数据源只能是数据库表和视图不能是自由表

15. 以下关于视图的描述，正确的是（　　）。

（A）使用视图不需要打开数据库

（B）当某个视图被删除后，则基于该视图创建的视图也将自动被删除

（C）利用视图，可以更新表中的数据

（D）使用视图，可以提高查询速度

10.6 表单理论题

1．下面关于类、对象、属性和方法的叙述中，错误的是（　　）。

（A）基于同一个类产生的两个对象可以分别设置自己的属性值

（B）类是对一类相似对象的描述，这些对象具有相同种类的属性和方法

（C）属性用于描述对象的状态，方法用于表示对象的行为

（D）通过执行不同对象的同名方法，其结果必然是相同的

2．Visual FoxPro 基类的最小事件集不包括的事件是（　　）。

（A）Error　　　　（B）Init　　　　　　（C）destroy　　　　　（D）Click

3．从"表单"菜单中选择"快速表单"可以打开（　　）。

（A）表单编辑器　（B）表单向导　　　（C）表单生成器　　　　（D）表单设计器

4．表单关闭或释放时将引发事件（　　）。

（A）Hids　　　　（B）Load　　　　　（C）Release　　　　　（D）Destroy

5．表单启动或运行时将引发事件（　　）。

（A）run　　　　　（B）load　　　　　（C）show　　　　　　（D）destroy

6．在 Visual FoxPro 的一个表单中设计一个"退出"命令按钮负责关闭表单，该命令按钮的 Click 事件代码是（　　）。

（A）Thisform.Close　（B）Thisform.Unload　（C）Thisform.Release（D）Thisform.Free

7．在 Visual FoxPro 中，属于表单方法的是（　　）。

（A）Destroy　　　（B）Show　　　　　（C）Click　　　　　　（D）DblClick

8．在 Visual FoxPro 中为表单指定标题的属性是（　　）。

（A）Top　　　　　（B）Name　　　　　（C）Title　　　　　　（D）Caption

9．在 Visual FoxPro 中，列表框基类的类名是（　　）。

（A）ListBox　　　（B）EditBox　　　　（C）ComboBox　　　　（D）CheckBox

10．在表单控件中希望能够编辑日期型数据，可创建（　　）。

（A）列表框　　　（B）编辑框　　　　（C）文本框　　　　　（D）标签

11．在 Visual FoxPro 中，若要文本框控件内显示用户输入时全部以"*"号代替，需要设置属性（　　）。

（A）Passvalue　　（B）Value　　　　（C）PaswordChar　　　（D）Password

12．下列关于列表控件（ListBox）的说法，错误的是（　　）。

（A）列表框可以有多个列，即一个条目可包含多个数据项

（B）列表框控件可实现一个数据项列表，用户只能从中选择一个条目

（C）不能修改列表框中 Value 属性的值

（D）当列表框的 RowSourceType 为 0 时，在程序运行中，可以通过 AddItem 方法添加列表框条目

13．在表单中为了快速设计表格可以使用（　　）。

（A）表格生成器　（B）表格设计器　　　　（C）表格向导　　（D）无正确答案

14．在设计界面时，为提供多选功能，通常使用的控件是（　　）。

（A）命令按钮组　（B）一组复选框　　　　（C）编辑框　　　　（D）选项按钮组

10.7　菜单、报表及应用程序开发理论题

1．如果希望屏蔽系统菜单，使系统菜单不可用，应该使用的命令是（　　）。

（A）SET SYSMENU TO　　　　　　（B）SET SYSMENU TO CLOSE

（C）SET SYSMENU TO OFF　　　　（D）SET SYSMENU OFF

2．为顶层表单设计菜单时需要做一系列设置，下面有关这些设置的描述错误的是（　　）。

（A）在表单的 Destroy 事件代码中清除相应的菜单

（B）在表单的 Init 事件代码中运行菜单程序

（C）需要将表单的 WindowType 属性值设置为"2--作为顶层表单"

（D）在设计相应的菜单时，需要在"常规选项"对话框中选择"顶层表单"复选框

3．为顶层表单添加菜单时，需要在表单的事件代码中添加调用菜单程序的命令，该事件是（　　）。

（A）PreInit　　　（B）PreLoad　　　　（C）Init　　　　　　（D）Load

4．释放或清除快捷菜单的命令是（　　）。

（A）CLEAR POPUPS　　　　　　　（B）RELEASE POPUPS

（C）CLEAR MENU　　　　　　　　（D）RELEASE MENU

5．如果要显示的记录和字段较多，并且希望可以同时浏览多条记录和方便比较同一字段的值，则应创建（　　）。

（A）列报表　　　（B）多栏报表　　　（C）一对多报表　　　（D）行报表

6．为了在报表的某个区显示表达式的值，需要在设计报表时添加（　　）。

（A）文本空间　　　（B）标签控件　　　（C）域控件　　　　（D）表达式控件

7．连编生成的应用系统的主程序至少应具有以下功能（　　）。

（A）初始化环境

（B）初始化环境、显示初始用户界面、控制事件循环

（C）初始化环境、显示初始的用户界面、控制事件循环、退出时恢复环境

（D）初始化环境、显示初始用户界面

8．在连编生成的应用程序中，显示初始界面之后需要建立一个事件循环来等待用户的交互操作，相应的命令是（　　）。

（A）WAIT EVENTS　　　　　　（B）READ EVENTS

（C）CIRCLE EVENTS　　　　　　（D）CONTROL EVENTS

9．在应用程序生成器的"常规"选项卡中，对应程序类型设置为"顶层"，将生成一个（　　）。

（A）.app 应用程序（B）应用程序框架（C）.dll 动态链接库（D）.exe 可执行程序

10．在 Visual FoxPro 中，编译或连编生成的程序文件的扩展名不包括（　　）。

（A）.FXP　　　　（B）.DBC　　　　　（C）.EXE　　　　　（D）.APP

参考答案

10.1　理论题答案

1. A	2. A	3. D	4. A	5. D	6. D	7. C
8. B	9. D	10. C	11. C	12. D	13. D	14. B
15. C	16. B	17. D	18. B			

10.2　理论题答案

1. B	2. D	3. D	4. A	5. D	6. D	7. C
8. D	9. B	10. D	11. B	12. D	13. D	14. A
15. C	16. B	17. B	18. B	19. C	20. A	21. B
22. A	23. A	24. A	25. B	26. C	27. A	28. B
29. C	30. B	31. C	32. C	33. D	34. A	35. A
36. B	37. B	38. A	39. D	40. D	41. C	42. D
43. D	44. A	45. D	46. D	47. D	48. D	49. D
50. B	51. B	52. A				

10.3 理论题答案

1. D	2. A	3. D	4. D	5. D	6. D	7. C
8. B	9. A	10. C	11. C	12. D	13. A	14. C
15. C	16. D	17.B	18. A	19. A	20. C	21. A
22. C	23. D	24. A	25. D	26. A	27. A	28. D
29. D	30. B	31. D	32. C	33. B	34. C	35. D
36. A	37. C	38. D	39. C	40. D	41. D	42. A
43. D	44. D	45. A	46. B	47. A	48. C	49. B
50. C						

10.4.1 理论题答案

1. B	2. D	3. A	4. D	5. D	6.A	7. B
8. D	9. A	10. D	11. A	12. C	13. C	14. B
15. B	16. C	17. B	18. D	19. A	20. B	21. D
22. C	23. A	24. A	25. C	26. C	27. D	28. D
29. A	30. A	31. A	32. B	33. D	34. A	35. A
36. B	37. D	38. A	39. D	40. D	41. C	42. A
43. C	44. D	45. D	46.A	47.D	48.C	49. B

10.4.2 理论题答案

1. C	2. D	3. D	4. B	5. D	6. B	7. C
8. B	9. B	10. C	11. C	12. C	13. C	14. A
15. D						

10.4.3 理论题答案

1. A	2. C	3. C	4. C	5. D	6. D	7. A
8. D	9. B	10. B	11. D	12. C	13.C	14. B
15. A						

10.5 理论题答案

1. D	2. A	3. B	4. D	5. D	6. A	7. A
8. D	9. B	10. A	11. C	12. A	13. C	14. D
15. C						

10.6 理论题答案

1. D	2. D	3. C	4. D	5. B	6. C	7. B
8. D	9. A	10. C	11. C	12. B	13. A	14. B

10.7 理论题答案

1. D	2. C	3. C	4. B	5. B	6. C	7. C
8. B	9. B	10. B				